Dreamweaver+Flash+Photoshop
网页设计基础培训教程

数字艺术教育研究室◎编著

U0347538

人民邮电出版社

北 京

图书在版编目（ＣＩＰ）数据

Dreamweaver+Flash+Photoshop网页设计基础培训教程 / 数字艺术教育研究室编著. -- 北京：人民邮电出版社，2015.4
ISBN 978-7-115-38298-6

Ⅰ．①D… Ⅱ．①数… Ⅲ．①网页制作工具—教材
Ⅳ．①TP393.092

中国版本图书馆CIP数据核字(2015)第006637号

内 容 提 要

本书全面系统地介绍了 Dreamweaver、Photoshop、Flash 的功能和使用方法，以及在设计与制作网页时的方法与技巧。

全书内容的编写体系做了精心设计，按照"课堂案例—软件功能解析—课堂练习—课后习题"这一思路进行编排，通过对各个案例的实际操作，可以使学生快速上手，熟悉软件功能和网页设计与制作的思路。书中的软件功能解析部分使学生能够深入学习软件功能；课堂练习和课后习题，可以拓展并提高学生的实际应用能力，强化学生的软件使用技能；商业案例实训，可以帮助学生快速掌握网页设计与制作的设计理念和设计元素，顺利提升到实战水平。

随书配套光盘和网络资源中提供了书中所有实例的源文件和相关素材，以及书中实例的视频教程和 PPT课件，方便读者学习和参考。

本书适合作为院校和培训机构艺术专业课程的教材，也可作为网页设计与制作自学人员的参考书。

◆ 编   著 数字艺术教育研究室
  责任编辑 杨 璐
  责任印制 程彦红

◆ 人民邮电出版社出版发行   北京市丰台区成寿寺路 11 号
  邮编 100164   电子邮件 315@ptpress.com.cn
  网址 http://www.ptpress.com.cn
  固安县铭成印刷有限公司印刷

◆ 开本：787×1092 1/16
  印张：21.5
  字数：558 千字   2015 年 4 月第 1 版
  印数：1 – 4 000 册   2015 年 4 月河北第 1 次印刷

定价：39.00 元（附光盘）

读者服务热线：(010)81055410   印装质量热线：(010)81055316
反盗版热线：(010)81055315

前　言

现如今在网页设计与制作当中最常用也是最流行的软件非 Dreamweaver、Photoshop 和 Flash 莫属。这 3 款软件不仅功能强大而且易学易用，在行业中被称为"网页三剑客"，是多媒体网站设计与制作的梦幻组合，本书将为广大的读者分别介绍这 3 款软件的相关知识并讲解如何通过这 3 款软件的综合使用制作出优秀的网页作品。

内容安排

本书共 19 章，分为 5 部分，了解网页设计部分、Photoshop CC 部分、Flash CC 部分、Dreamweaver CC 部分和网站案例部分，由浅入深地向读者介绍了网页设计制作软件的相关知识点和操作方法。

了解网页设计部分（第 1 章）：介绍了有关网页设计制作的相关基础知识，包括什么是网页设计、网页开发常用软件和技术、网站建设的基本流程等内容。通过对该部分内容的学习，读者可以对网页设计与制作有更加深入的了解。

Photoshop CC 部分（第 2~6 章）：简单介绍了 Photoshop CC 的工作界面和文件的基本操作方法，详细讲解了选区工具、基本绘图工具、矢量绘图工具的使用和处理文本、修改图像的技巧。通过该部分的学习，读者可以掌握 Photoshop CC 的使用方法，以及常见网页元素的设计和表现方法。

Flash CC 部分（第 7~11 章）：简单讲解了 Flash CC 的基本操作方法和一些绘图工具、修改工具的使用，以及文本与对象的操作，重点介绍了各种不同类型的 Flash 动画的制作方法。通过对该部分内容的学习，读者可以掌握 Flash CC 软件的使用方法，并能够制作出网页中常见的动画效果。

Dreamweaver CC 部分（第 12~18 章）：详细介绍了 Dreamweaver CC 软件的操作方法和各知识点，包括网页文本的基本操作、创建站点、在网页中添加文本、在网页中插入图像、在网页中插入多媒体元素、各种不同类型网页链接的创建方法，还介绍了使用行为实现网页特效、CSS 样式与 Div+CSS 布局、在网页中插入表单元素等高级网页制作高级功能。通过对该部分内容的学习，读者可以掌握 Dreamweaver CC 软件的操作和网页制作过程中的各方面知识。

综合案例部分（第 19 章）：通过一个完整的网站案例，按照从 Photoshop 设计网页、制作网页中的 Flash 动画、使用 Dreamweaver 制作 HTML 页面这样的整体流程，全面分析和介绍了网页设计制作方法和技巧。通过对该部分内容的学习，读者能够掌握网页设计制作的流程，并掌握设计制作的方法和技巧，为学习和制作网页打下深厚的基础。

本书特点

我们对本书的编写体系做了精心设计，按照"课堂案例 – 软件功能解析 – 课堂练习 – 课后习题"这一思路进行编排：

（1）力求通过课堂案例的演练使学生能够快速地熟悉软件功能和艺术设计思路；

（2）力求通过软件功能解析使学生深入地学习软件功能和制作特色；

（3）力求通过课堂练习和课后习题，拓展学生的实际应用能力。

在内容编写方面，我们力求通俗易懂，细致全面；在文字叙述方面，我们注意言简意赅、重点突出；在案例选取方面，我们强调案例的针对性和实用性。

● 配套光盘

本书的配套光盘中包含了书中所有案例的素材及效果文件。另外，如果您是老师，购买本书作为授课教材，我们为您提供教学 PPT 和教学视频等资源。

● 网站资源

本书正文中所述的视频教学内容和课程的 PPT 课件均已作为学习资料提供下载，扫描右侧二维码即可获得文件下载方式。视频文件包括相关案例的全程同步教学视频，PPT 内容包括本书 1~19 章配套课程的课件。其中，视频讲解清晰流畅，方便读者通过书与视频教学相结合的学习，牢固掌握相关技能；PPT 课件的结构完整，便于相关课程的讲师根据自己的实际需求完善课件，提高教学质量。

如果大家在阅读或使用过程中遇到任何与本书相关的技术问题或者需要什么帮助，请发邮件至 szys@ptpress.com.cn，我们会尽力为大家解答。

读者对象

本书适合想进入网页设计领域的读者朋友与网页设计专业的大中专学生阅读，同时对专业设计人士也有很高的参考价值。希望读者通过对本书的学习，能够早日成为优秀的网页设计师。

本书在写作过程中力求严谨，但由于时间有限，疏漏之处在所难免，望广大读者批评指正。

编者

Dreamweaver、Flash、Photoshop 教学辅助资源及配套教辅

素材类型	名称或数量	素材类型	名称或数量
课堂实例	74 个	综合案例	3 个
课后实例	34 个	PPT 课件	19 个
第 2 章 Photoshop CC 入门	新建一个网页常用尺寸的文档	第 11 章 广告文字动画和按钮动画	制作图像切换遮罩动画
	在 Photoshop 中查看网页图像		制作广告文字动画
	校正倾斜图像		制作闪烁文字动画
	修改图像大小		制作按钮菜单动画
	制作镜面投影效果		制作游戏按钮动画
	裁剪网页图像		制作发光文字动画
	输入广告文字		制作翻转按钮动画
第 3 章 使用 Photoshop 处理网页文本	制作淘宝促销广告	第 12 章 Dreamweaver CC 入门	制作第一个 HTML 页面
	制作变形广告文字		创建站点并设置远程服务器
	制作路径文字		创建本地静态站点
	制作游戏网站导航		在代码视图中创建 HTML 页面
	使用图层样式制作网页广告文字	第 13 章 在网页中插入基础网页元素	控制欢迎页面整体外观
	制作网站导航菜单		制作关于我们页面
	制作网页图文混排		制作新闻列表
第 4 章 修改网页图像的形状和颜色	制作精美网站促销广告		制作游戏介绍页面
	去除图像不需要的内容		制作图像页面
	使用仿制图章工具复制图像		制作文本网页
	去除水印	第 14 章 创建网页链接	创建文字和图像链接
	调整网页中的图像		创建空链接和下载链接
	调整网站广告的色调		创建 EMail 链接
	替换图像颜色		创建脚本链接
	调整网站广告效果		创建图像热点链接
	匹配网站广告颜色	第 15 章 在网页中运用多媒体元素	为网页插入 HTML5 视频和音频
第 5 章 绘制网页元素	设计网站广告图片		制作 Flash 网页
	制作网站水晶质感按钮		制作 FLV 视频页面
	设计教育网站 Logo		在网页中插入视频
	设计网站广告页面		为网页添加背景音乐
	设计网站实用图标		制作 Flash 欢迎页
	设计企业网站页面	第 16 章 CSS样式与Div+CSS布局	创建标签 CSS 样式和类 CSS 样式
第 6 章 网页动画制作与切片输出	为网页创建切片		创建 ID CSS 样式和复合 CSS 样式
	创建切片并输出网页		制作图像展示页面
	创建网页 Gif 动画		制作网页文本介绍
	将图片输出为 HTML 网页		为网页中的图像添加边框效果
	制作 Gif 广告条		设置网页背景图像
第 7 章 Flash CC 入门	自定义 Flash CC 工作区		美化新闻列表
	通过 Flash 模板快速制作动画		制作游戏网站新闻
	打开 Flash 文件		在网页中实现特殊字体效果
	制作海底世界动画		CSS 盒模型
	制作下雨动画		创建网页中超链接 CSS 样式
	绘制卡通表情		网页布局中的空白边叠加
第 8 章 掌握 Flash 绘图技法	绘制卡通向日葵	第 17 章 布局制作网页表单	制作用户登录页面
	绘制可爱雪人		制作网站投票
	绘制可爱卡通猫		制作搜索栏
	绘制苹果		制作网站留言表单页面
第 9 章 基础 Flash 动画制作	制作人物舞蹈动画		制作登录窗口
	制作太阳公公动画		制作用户注册页面
	文字淡入淡出动画	第 18 章 为网页添加特效	为网页添加弹出信息
	制作卡通角色入场动画		为网页添加弹出广告
	制作圣诞老人飞入动画		为网页添加状态栏文本
	制作图像切换动画		实现网页元素的动态隐藏
第 10 章 高级 Flash 动画制作	制作汽车路径动画		检查网页表单
	多层次遮罩动画		改变网页元素的属性
	制作 3D 旋转动画	第 19 章 制作社区类网站	设计社区类网站首页面
	添加背景音乐		制作网站 Flash 动画
	制作网站视频广告		制作社区网站页面
	制作 3D 平移动画		

目　录

第**1**章 了解网页设计

本章介绍

想要成为网页设计高手，制作出精美的网站页面，首先需要熟练掌握网页设计相关软件的使用方法和技巧。常用的网页设计软件主要包括 Dreamweaver、Photoshop 和 Flash。了解网页设计相关的一些基本概念和设计常识也是非常有必要的，这样可以使读者对网页设计有更加深入的了解。

学习目标

● 了解网页设计以及网页设计的相关术语
● 理解"网页三剑客"以及它们之间的关系
● 清楚网站建设的基本流程

1.1 什么是网页设计

网页设计是近年来兴起的设计领域，是继报纸、广播、电视之后的又一全新的设计媒介。网页设计代表着一种新的设计思路，一种为客户服务的理念，一种对网络特点的把握和对网络限制条件的理解。

1.1.1 网页设计概述

随着时代的发展、科学的进步、审美需求的不断提高，网页设计已经在短短数年内跃升成为一个新的艺术门类，而不再仅仅是一门技术。相比其他传统的艺术设计门类而言，它更突出艺术与技术的结合、形式与内容的统一、交互与情感的诉求。

在这种时代背景的要求下，人们对网页设计产生了更深层次的审美需求。网页不仅仅是把各种信息简单地堆积起来，达到能看或者表达清楚的目的，更要考虑通过各种设计手段与技术技巧，让受众能更多更有效地接收网页上的各种信息，从而对网站留下深刻的印象，催生消费行为，提升企业品牌形象。

随着互联网技术的进一步发展与普及，当今时代的网站，更注重审美的要求和个性化的视觉表达，这也对网页设计师这一职业提出了更高层次的要求。一般来说，平面设计中的审美观点都可以套用到网页设计上来，可以利用各种色彩的搭配营造出不同氛围和不同形式的美。

但网页设计也有自己的独特性，在颜色的使用上，它有自己的标准色——"安全色"；在界面设计上，要充分考虑到浏览者使用的不同浏览器、不同分辨率的各种情况；在元素的使用上，它可以充分利用多媒体的长处，选择最恰当的音频与视频相结合的表达方式，给用户以身临其境的感觉和比较直观的印象。这只是一个比较模糊抽象的概念，在网络世界中，有许许多多设计精美的网页值得去欣赏、学习和借鉴，如图 1-1 所示。

图 1-1

图 1-1 中的网页，也仅仅是互联网海洋中众多优秀网页作品的一朵朵小浪花而已，但从以上作品不难看出，一般来说，好的网站应该给人这样的感觉：干净整洁、条理清晰、专业水准、引人入胜。优秀的网页设计作品是艺术与技术的高度统一，它应该包含视听元素与版式设计两项内容；以主题鲜

明、形式与内容相统一、强调整体为设计原则；具有交互性与持续性、多维性、综合性、版式的不可控性、艺术与技术结合的紧密性等 5 个特点。

1.1.2   网页设计中的术语

在相同的条件下，有些网页不仅美观、大方，打开的速度也非常快，而有些网页却要等很久，这就说明网页设计不仅仅需要页面精美、布局整洁，很大程度上还要依赖于网络技术。因此网站不仅仅是设计者审美观、阅历的体现，更是设计者知识面、技术等综合素质的展示。

下面向大家介绍一些与网页设计相关的术语，只有了解了网页设计的相关术语，才能够制作出具有艺术性和技术性的网页。

- **因特网**

因特网，英文为 Internet，整个因特网的世界是由许许多多遍布全世界的电脑组织而成的，当一台电脑在连接上网的一瞬间，它就已经是因特网的一部分了。网络是没有国界的，通过因特网，你随时可传递文件信息到世界上任何因特网所能覆盖的角落，当然也可以接收来自世界各地的实时信息。

在因特网上查找信息，"搜索"是最好的办法。比如可以使用搜索引擎"百度"，它提供了强大的搜索能力，只需要在文本框中输入几个查找内容的关键字，就可以找到成千上万与之相关的信息，如图 1-2 所示。

图 1-2

- **浏览器**

浏览器是安装在电脑中用来查看因特网中网页的一种工具，每一个用户都要在电脑上安装浏览器来"阅读"网页中的信息，这是使用因特网的最基本的条件，就好像人们要用电视机来收看电视节目一样。目前大多数用户所用的 Windows 操作系统中已经内置了浏览器。

- URL

URL 是 Universal Resource Locater 的缩写，中文为"全球资源定位器"。它就是网页在因特网中的地址，访问网站需要 URL 来找到网站的地址。例如"搜狐"的 URL 是 www.sohu.com，也就是他的网址，如图 1-3 所示。

- HTTP

HTTP 是 Hypertext Transfer Protocol 的缩写，中文为"超文本传输协议"，它是一种最常用的网络通信协议。如果想链接到某一特定的网页时，就必须通过 HTTP 协议，不论你是用哪一种网页编辑软件，在网页中加入什么资料，或是使用哪一种浏览器，利用 HTTP 协议都可以看到正确的网页效果。

- TCP/IP

TCP/IP 是 Transmission Control Protocol/Internet Protocol 的缩写，中文为"传输控制协议/网络协议"。

它是因特网所采用的标准协议，因此只要遵循 TCP/IP，不管电脑是什么系统或平台，均可以在因特网的世界中畅行无阻。

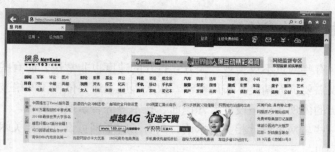

图 1-3

- **FTP**

FTP 是 File Transfer Protocol 的缩写，中文为"文件传输协议"。与 HTTP 协议相同，它也是 URL 地址使用的一种协议名称，以指定传输某一种因特网资源，HTTP 协议用于链接到某一网页，而 FTP 协议则是用于上传或是下载文件。

- **IP 地址**

IP 地址是分配给网络上计算机的一组由 32 位二进制数值组成的编号，来对网络中计算机进行标识。为了方便记忆地址，采用了十进制标记法，每个数值小于等于 225，数值中间用"."隔开。一个 IP 地址对应一台计算机并且是唯一的，这里需要注意的是所谓的唯一是指在某一时间内唯一，在使用网络的这一时段内，这个 IP 是唯一的指向正在使用的计算机的，如果使用动态 IP，那么每一次分配的 IP 地址是不同的；另一种是静态 IP，它是固定将这个 IP 地址分配给某计算机使用的。网络中的服务器就是使用的静态 IP。

- **域名**

IP 地址是一组数字，人们记忆起来不够方便，因此人们给每个计算机赋予了一个具有代表性的名字，这就是主机名，主机名由英文字母或数字组成。将主机名和 IP 对应起来，这就是域名，以方便大家记忆。

域名和 IP 地址是可以交替使用的，但一般域名还是要通过转换成 IP 地址才能找到相应的主机，这就是上网的时候经常用到的 DNS 域名解析服务。

- **虚拟主机**

虚拟主机（Virtual Host/Virtual Server）是使用特殊的软硬件技术，把一台计算机主机分成一台台"虚拟"的主机，每一台虚拟主机都具有独立的域名和 IP 地址（或共享的 IP 地址），有完整的 Internet 服务器（WWW、FTP、Email 等）功能。在同一台硬件、同一个操作系统上，运行着为多个用户打开的不同的服务器程序，互不干扰；而各个用户拥有自己的一部分系统资源（IP 地址 、文件存储空间、内存、CPU 时间等）。虚拟主机之间完全独立，并可由用户自行管理，在外界看来，每一台虚拟主机和一台独立的主机的表现完全一样。

虚拟主机属于企业在网络营销中比较简单的应用，适合初级建站的小型企事业单位。这种建站方式，适合用于企业宣传、发布比较简单的产品和经营信息。

- **租赁服务器**

租赁服务器是通过租赁 ICP 的网络服务器来建立自己的网站。

使用这种建站方式，用户无须购置服务器只需租用他们的线路、端口、机器设备和所提供的信息发布平台就能够发布企业信息，开展电子商务。它能替用户减轻初期投资的压力，减少对硬件长期维护所带来的人员及机房设备投入，使用户既不必承担硬件升级负担又可以建立一个功能齐全的网站。

- **主机托管**

主机托管是企业将自己的服务器放在 ICP 的专用托管服务器机房，利用它们的线路、端口、机房设备为信息平台建立自己的宣传基地和窗口。

使用独立主机是企业开展电子商务的基础。虚拟主机会被共享环境下的操作系统资源所限，因此，当用户的站点需要满足日益发展的要求时，虚拟主机将不再满足用户的需要，这时候用户需要选择使用独立的主机。

1.2 网页设计常用软件和技术

要想制作出精美的网站页面，需要综合运用各种网页制作工具和技术，本节将向读者简单介绍网站开发常用的软件和技术。

1.2.1 网页图像处理软件——Photoshop CC

最常用的网页图像处理软件主要有 Photoshop 和 Fireworks，其中 Photoshop 凭借其强大的功能和广泛的应用范围，一直占据着图像处理软件的领先地位。Photoshop 支持多种图像格式以及多种色彩模式，可以任意调整图像的尺寸、分辨率及画布的大小，使用 Photoshop 可以设计整体的网页效果、处理网页中的图像效果、设计网站 Logo、设计网页按钮和网页宣传广告图像等。本书主要以最新版本的 Photoshop CC 为读者进行讲解，Photoshop CC 的工作界面如图 1-4 所示。

图 1-4

1.2.2 网页动画制作软件——Flash CC

Flash 是一款非常优秀的交互式矢量动画制作软件，能够制作包含矢量图、位图、动画、音频、视频、交互式动画等内容在内的站点。为了引起浏览者的注意和兴趣，传递网站的动感和魅力，许多网站的介绍页面、宣传广告、按钮，甚至整个网站，都是采用 Flash 制作出来的。用 Flash 制作的网页文件比普通网页文件要小很多，这大大加快了网页的浏览速度，所以 Flash 是一款十分适合网页动画制作的软件。本书主要以最新版本的 Flash CC 为读者进行讲解，Flash CC 的工作界面如图 1-5 所示。

图 1-5

1.2.3　网页编辑制作软件——Dreamweaver CC

Dreamweaver 是网页设计与制作领域中用户最多、应用最广泛、功能最强大的软件，无论是在国内还是在国外，Dreamweaver 都备受专业网站开发人员的喜爱。Dreamweaver 用于网页的整体布局和设计，以及对网站的创建和管理，与 Flash、Photoshop 并称为"网页三剑客"，利用 Dreamweaver 可以轻而易举地制作出充满动感的网页。本书主要以最新版本的 Dreamweaver CC 为读者进行讲解，Dreamweaver CC 的工作界面如图 1-6 所示。

图 1-6

1.2.4　网页标记语言——HTML

要想专业地进行网页的设计和编辑，最好还要具备一定的 HTML 语言知识。虽然现在有很多可视化的网页设计制作软件，但网页的本质都是由 HTML 语言构成的，要想精通网页制作，必须要对 HTML 语言有相当的了解。

HTML 是 HyperText Marked Language 的缩写，即超文本标记语言，是一种用来制作超文本文档的简单标记语言。超文本传输协议规定了浏览器在运行 HTML 文档时所遵循的规则和进行的操作。HTTP 协议的制定使浏览器在运行超文本时有了统一的规则和标准。

1.2.5 网页特效脚本语言——JavaScript

在网页设计中使用脚本语言，不仅可以缩小网页的规模，提高网页的浏览速度，还可以丰富网页的表现力，因此脚本语言已成为网页设计中不可缺少的一种技术。目前最常用的脚本有 JavaScript 和 VBScript 等，其中 JavaScript 是众多脚本语言中较为优秀的一种，是许多网页开发者首选的脚本语言。

JavaScript 是一种描述性语言，它可以被嵌入到 HTML 文件中。和 HTML 一样，用户可以用任何一种文本编辑工具对它进行编辑，并在浏览器中进行预览。同时，JavaScript 也是一种解释性编程语言，即当用户向服务器请求页面资源时，其源代码在发往客户端执行之前并不需要经过编译，而是将文本格式的字符代码随 HTML 一起发送给客户端，完全由客户端支持 JavaScript 的浏览器来解释和执行。如图 1-7 所示为使用 JavaScript 实现的网页特效。

图 1-7

1.3 "网页三剑客"的关系

之所以将 Dreamweaver、Photoshop 和 Flash 称为"网页三剑客"，是因为通过这三种软件相互之间的无缝合作，可以设计制作出精美的网页。可以说"网页三剑客"是当今网页设计制作的必备工具。

"网页三剑客"是相辅相成的关系，缺少其中任何一种软件，都可能无法制作出精美的网页。在设计制作网页时，通常是使用 Photoshop 将网站页面设计出来，这样可以直观地看到整个网页所呈现的效果，便于对网页进行细化和修改，直至最终定稿。然后使用 Flash 将网页中相应的部分制作成 Flash 动画，通过 Flash 动画可以增强网页的表现力。最后在 Dreamweaver 中将设计好的网站页面制作成 HTML 网页。如图 1-8 所示为网页设计制作的基本流程。

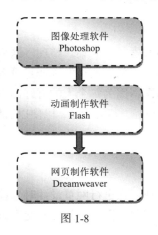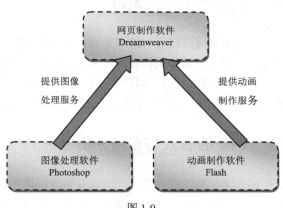

图 1-8   图 1-9

在网页设计领域的应用中,"网页三剑客"主要用于网页设计制作,最终的目的是需要制作成HTML页面,其中最重要的是网页制作软件 Dreamweaver,通过 Dreamweaver 软件可以对网页的背景、文字、图像、动画等各种元素进行控制,并应用各种技术最终生成 HTML 页面。而图像处理软件 Photoshop 和动画制作软件 Flash 在网页设计领域中主要还是用于辅助网页设计制作的,使用 Photoshop 设计网页界面、处理网页图片等,使用 Flash 制作网页中的 Flash 动画。如图 1-9 所示为"网页三剑客"之间的关系。

1.4　网站建设的基本流程

开始建设网站之前就应该有一个整体的战略规划和目标,规划好网页的大致外观后就可以进行设计。当整个网站测试完成后,就可以发布到网上。大部分站点需要定期进行维护,以实现内容的更新和功能的完善。

1.4.1　前期网站策划

一件事情的成功与否,其前期策划举足轻重。网站建设也是如此。网站策划是网站设计的前奏,主要包括确定网站的用户群和定位网站的主题,还有形象策划、制作规划和后期宣传推广等方面的内容。网站策划在网站建设的过程中尤为重要,它是制作网站过程中所迈出的重要的第一步。作为建设网站的第一步,网站策划应该切实地遵循"以人为本"的创作思路。

网络是用户主宰的世界,由于可选择对象众多,而且寻找起来也相当便利,所以网络用户明显缺乏耐心,并且想要迅速满足自己的要求。如果他们不能在一分钟之内弄明白如何使用一个网站,他们会认为这个网站不值得再浪费时间,然后就会离开,因此只有那些经过周密策划的网站才能吸引更多的访问者。

1.4.2　规划站点结构

一个网站设计得成功与否、很大程度上取决于设计者规划水平的高低。网站规划包含的内容很多,如网站的结构、栏目的设置、网站的风格、网站导航、颜色搭配、版面布局、文字图片的运用等。只有在制作网站之前把这些方面都考虑到了,才能在制作时胸有成竹。

1.4.3　收集网站相关素材

网站的前期策划完成以后,接下来就是按照确定的主题进行资料和素材的收集、整理。这一步也是特别重要的,好的想法如果没有内容来充实是肯定不能实现的。但是资料、素材的选择是没有什么规律的,可以寻找一些自己认为好的东西,同时也要考虑浏览者的情况,因为每个人的喜好都不同,如何权衡取舍,就要看设计者如何把握了。收集回来的资料一定要整理好,归类清楚,以便以后使用。

1.4.4　网页的版式与布局分析

当资料的收集、整理完成后,就可以开始进行具体的网页设计工作。在进行网页设计时,首先要做的就是设计网页的版式与布局。现在,网页的布局设计变得越来越重要,因为访问者不愿意再看到只注重内容的站点。虽然内容很重要，但只有当网页布局和网页内容成功结合时，这种网页或者说站点才是受人欢迎的。取任何一面都有可能无法留住"挑剔"的访问者。

网页布局的方法有两种，第一种为纸上布局法，第二种为软件布局法。

纸上布局法。许多网页制作者不喜欢先画出页面布局的草图，而是直接在网页设计软件中边设计布局边添加内容。这种不打草稿的方法很难设计出优秀的网页来，所以在开始制作网页时，要先在纸上画出页面的布局草图。

软件布局法。如果制作者不喜欢用纸来画出布局图，那么还可以利用软件来完成这些工作。可以使用 Photoshop，Photoshop 所具有的对图像的编辑功能正适合设计网页布局。利用 Photoshop 可以方便地使用颜色、图形，并且可以利用层的功能设计出用纸张无法实现的布局概念。

1.4.5 确定网页的主色调

色彩是艺术表现的要素之一。在网页设计中，根据和谐、均衡和重点突出的原则，将不同的色彩进行组合、搭配来构成美丽的页面。同时应该根据色彩对人们心理的影响，合理地加以运用。按照色彩的记忆性原则，一般暖色较冷色的记忆性强；色彩还具有联想与象征的特质，如红色象征血、太阳，蓝色象征大海、天空和水面等。网页的颜色应用并没有数量的限制，但不能毫无节制地运用多种颜色。一般情况下，先根据整体风格的要求定出一到两种主色调，有 CIS（企业形象识别系统）的，更应该按照其中的 VI 进行色彩运用。如图 1-10 所示为成功的网站配色。

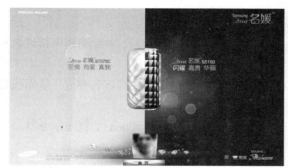

图 1-10

在色彩的运用过程中，还应该注意的一个问题是由于国家和种族、宗教和信仰的不同，以及生活的地理位置、文化修养的差异等，不同的人群对色彩的喜好程度有着很大的差异。如儿童喜欢对比强烈、个性鲜明的纯颜色；生活在草原上的人喜欢红色；生活在闹市中的人喜欢淡雅的颜色；生活在沙漠中的人喜欢绿色等。设计者在设计中要考虑主要读者群的背景和构成，以便选择恰当的色彩组合。

1.4.6 设计网站页面

在版式布局完成的基础上，将确定需要的功能模块（功能模块主要包含网站标志、主菜单、新闻、搜索、友情链接、广告条、邮件列表、版权信息等）、图片、文字等放置到页面上。需要注意的是，这里必须遵循突出重点、平衡协调的原则，将网站标志、主菜单等最重要的模块放在最显眼、最突出的位置，然后再考虑次要模块的摆放。

1.4.7　切割和优化网页图像

整体的页面效果制作好以后，就要考虑如何把整个页面分割开来，使用什么样的方法可以使最后生成的页面的文件量最小。对页面进行切割与优化是具有一定规律和技巧的。

1.4.8　制作网站 HTML 页面

这一步就是具体的制作阶段，也就是大家常说的网页制作。目前主流的网页可视化编辑软件是 Adobe 公司 Dreamweaver，它具有强大的网页编辑功能，适合专业的网页设计制作人员，本书将主要介绍使用 Dreamweaver 对网页进行设计制作。完成了这一步整个网页也就制作完成。

1.4.9　开发动网站模块

完成网站 HTML 静态页面的制作后，如果还需要动态功能的话，就需要开发动态功能模块。网站中常用的功能模块有新闻发布系统、搜索功能、产品展示管理系统、在线调查系统、在线购物、会员注册管理系统、统计系统、留言系统、论坛及聊天室等。

1.4.10　申请域名和服务器空间

网页制作完毕，最后要发布到 Web 服务器上，才能够让众多的浏览者观看。首先需要申请域名和空间，然后才能上传到服务器上。

可以用搜索引擎查找相关的域名空间提供商，在他们的网站上可以进行在线域名查询，从而找到最适合自己的而且还没有被注册的域名。

有了自己的域名后，就需要一个存放网站文件的空间，而这个空间在 Internet 上就是服务器。一般情况下，可以选择虚拟主机或独立服务器的方式。

1.4.11　测试并上传网站

网站制作完成以后，暂时还不能发布，需要在本机上内部测试，并进行模拟浏览。测试的内容包括版式、图片等显示是否正确，是否有死链接或者空链接等，发现有显示错误或功能欠缺后需要进一步修改，如果没有发现任何问题，就可以发布上传了。发布上传是网站制作最后的步骤，完成这一步骤后，整个过程就结束了。

1.4.12　网站的更新与维护

严格地说，后期更新与维护不能算是网站设计过程中的环节，而是制作完成后应该考虑的。但是这一项工作却是必不可少的，尤其是信息类网站，更新和维护更是必不可少。这是网站保持鲜活力、吸引力以及正常运行的保障。

第2章 Photoshop CC 入门

本章介绍

Photoshop 是一款具有强大功能的图像处理及绘图软件，涉及许多领域，几乎可以编辑所有的图像格式，能够实现对图像的复制粘贴、调整大小、色彩调整等基本功能。本章将对 Photoshop CC 的工作界面和基本操作进行相应的介绍。

学习目标

- 了解 Photoshop 在网页设计中的用途
- 认识 Photoshop CC 的工作界面
- 掌握 Photoshop 中文件的基本操作
- 掌握图像编辑的辅助操作
- 掌握调整网页图像的方法

技能目标

- 掌握"新建一个网页尺寸文档"的方法。
- 掌握"在 Photoshop 中查看网页图像"的方法。
- 掌握"修改网页图像大小"的方法。

2.1 "网页三剑客" 之 Photoshop

网页设计的特点在于将最先进的电脑技术应用于现代艺术设计之中,强调技术与艺术的高度融合,培养目标为网页设计师、平面助理设计师、三维图形辅助设计师等一专多能的实用、综合性人才。网页设计中应用最为广泛的软件是 Photoshop,它已经成为网页视觉设计的标准工具。

2.1.1 选择合适的网页图像处理软件

网页设计师所使用的工具,除了笔和纸,最主要的使用工具是计算机。对于网页设计师来说,当把大量精力花费在思考和创意上后,接下来的实施工作中就应该运用一些技巧来简化这些想法。一个好的想法,经常因为实现过程过于复杂而无法实现。工欲善其事,必先利其器。

能够处理网页图像的软件有很多,包括 Photoshop、Fireworks、Illustrator 等,在众多的网页图像处理软件中,Photoshop 以其强大的图像处理功能、丰富的应用以及广泛的应用范围成为网页图像处理软件的首选。

- Photoshop

Photoshop 是一款具备强大功能的图像处理软件,它也是迄今为止使用范围最广泛的图像处理软件。Photoshop 在网页设计上也发挥着重要的作用,通过该软件设计制作网页页面,再将设计制作好的页面通过 Dreamweaver 网页软件进行处理,便可以创建互动网站。在 Photoshop 中制作设计的页面不仅可以被网页制作软件使用,还可以使用 Photoshop 输出为网页和动画。

- Fireworks

Fireworks 是一款创建与优化 Web 图像和快速构建网站与网页界面原型的理想软件。Fireworks 不但具备编辑位图图像与矢量图形的灵活性,还提供一个预先构建资源的公用库,并可与 Photoshop、Illustrator、Dreamweaver 和 Flash 软件集成。但是 Fireworks 软件的位图图像处理能力不及 Photoshop 强大。

- Illustrator

Illustrator 是 Adobe 公司推出的基于矢量图形绘制的设计软件。主要应用于出版、多媒体、UI 设计、插画和网页设计等领域。但由于 Illustrator 是一款矢量图形设计软件,而在网页中只能使用位图,所以其在网页图像处理中的应用并不是非常广泛,但可以使用 Illustrator 设计处理网站标志、图标等。

2.1.2 了解网页图像处理软件——Photoshop

Photoshop 是 Adobe 公司旗下最知名的图像处理软件,它可以将摄影图片、绘画、图形剪辑等结合在一起,并进行处理,使之产生各种绚丽甚至超越想象的艺术效果。Photoshop 的应用领域非常广泛,在平面设计、网页设计、插画艺术设计、UI 设计、数码照片后期处理、效果图、三维动画等领域均有涉及。

Photoshop 的专长在于图像处理,而不是图形创作,需要区分一下这两个不同的概念。图像处理是对已有的位图图像进行编辑加工处理以及运用一些特殊效果,其重点在于对图像的处理加工;图形创作是按照自己的构思创意,使用矢量图形来设计图形,这类软件主要有 Adobe 公司的矢量绘图软件 Illustrator。

2.2 认识 Photoshop CC 工作界面

Photoshop CC 的工作界面较 Photoshop CS6 而言没有太大的变化，依旧保持着简约、开阔的操作界面和快捷、便利的文档切换方法，使得页面在整体的视觉效果上更加精致和美观，下面我们将向大家介绍一下 Photoshop CC 的基本工作界面。

启动 Photoshop CC 后，会出现如图 2-1 所示的工作界面，其中包含文档窗口、菜单栏、工具箱、工具选项栏以及面板等模块。

图 2-1

菜单栏：Photoshop CS6 的菜单栏中共有文件、编辑、图像、图层、类型、选择、滤镜、3D、视图、窗口和帮助 11 个菜单，包含了所有 Photoshop CC 操作所需要的命令。

"选项"栏："选项"栏会根据所选工具或命令的不同而对应显示不同的设置选项。

工具箱：工具箱中包含了 Photoshop CC 中所有的操作工具，Photoshop CC 更新了所有工具图标，并且增强了很多工具的功能。

状态栏：显示当前打开的文档的状态，包括了显示比例、文档大小、文档尺寸等。

图像窗口：图像窗口用来显示当前打开的图像文件，在其标题栏中显示文件的名称、格式、缩放比例及颜色模式等信息。

面板：面板中汇集了编辑图像时常用的选项和相关属性参数。默认状态下，面板显示在操作窗口的右侧，用户可以按照自身的操作习惯修改面板的排列方式。

2.3 文件的基本操作

在开始 Photoshop CC 各项功能的学习之前，首先需要了解并掌握的是一些关于图像文件的基本操作方法和技巧，其中包括文件的新建、打开以及保存等操作，掌握了这些基本操作可以为之后的图像编辑打下坚实的基础，从而能够快速并熟练地制作出精美的作品。

命令介绍

"新建"命令：使用该命令可以在 Photoshop 中创建新的空白文档。

"打开"命令：使用该命令可以在 Photoshop 中打开一个已有的文档进行编辑。

"导入"命令：在 Photoshop 中可以通过"导入"命令将外部文件合并在一起。

"置入"命令："置入"命令与"导入"命令相似，可以通过该命令将外部文件合并在一起。

"保存"命令：新建文档或对文档进行编加处理后，都需要对文档进行保存操作，通过执行该命令即可保存当前文档。

"导出"命令：使用该命令，可以将 Photoshop 所创建的文档导出到其他软件和设备中。

"关闭"命令：使用该命令，可以关闭 Photoshop 文档。

2.3.1　课堂案例——新建一个网页常用尺寸的文档

【案例学习目标】学习如何新建网页常用尺寸的文档。

【案例知识要点】使用"新建"命令，使用"新建文档"对话框，使用"保存"命令，如图 2-2 所示。

【效果所在位置】光盘\源文件\第 2 章\新建一个网页尺寸文档.psd。

（1）安装 Photoshop CC 后，单击桌面左下角的"开始"按钮，在打开的菜单中选择"所有程序"，单击 Adobe Photoshop CC 选项，如图 2-3 所示，软件启动界面如图 2-4 所示。

图 2-2

图 2-3

图 2-4

（2）稍等一会儿待软件启动后，即可进入 Photoshop CC 工作界面，如图 2-5 所示。执行"文件>新建"命令，弹出"新建"对话框，如图 2-6 所示。

图 2-5

图 2-6

（3）在"预设"下拉列表中选择 Web 选项，如图 2-7 所示。在"大小"下拉列表中选择 1280×1204 选项，如图 2-8 所示。

（4）其他选项使用默认设置，如图 2-9 所示。单击"确定"按钮，即可新建一个尺寸大小为 1280×1024 的网页空白文档，如图 2-10 所示。

（5）执行"文件>存储为"命令，弹出"另存为"对话框，浏览到需要保存该文档的文件夹，并设置文件名称，如图 2-11 所示。单击"保存"按钮，即可保存所新建的 Photoshop 文档，可以在保存位置看到该文件，如图 2-12 所示。

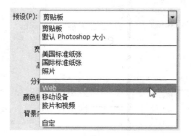

图 2-7

图 2-8

图 2-9

图 2-10

图 2-11

图 2-12

2.3.2 新建文件

在 Photoshop CC 中进行创作之前，首先需要创建新文件，然后才能在新建的文件中进行相应的操作。执行"文件>新建"命令，弹出"新建"对话框，如图 2-13 所示，为 Photoshop 创建画布。在"新建"对话框中可以设置文件的名称、尺寸、分辨率、颜色模式和背景内容等。

名称：该选项可以用来输入新文件的名称。如果不输入，则以默认名"未标题-1"为名。

预设：在该选项的下拉列表存放了很多预先设置好的文件尺寸，如图 2-14 所示。用户可以根据自己的实际情况选择。

宽度/高度：该选项用来设定新建图像的宽度和高度，可以在文本框中输入具体数值；并且在输入数值之前应先确定文档尺寸的单位，然后在后面的文本框选择相应的单位。

分辨率：该选项可以用来设置图像的分辨率。根据作品的不同用途来设定，通常使用的单位为像素/英寸。

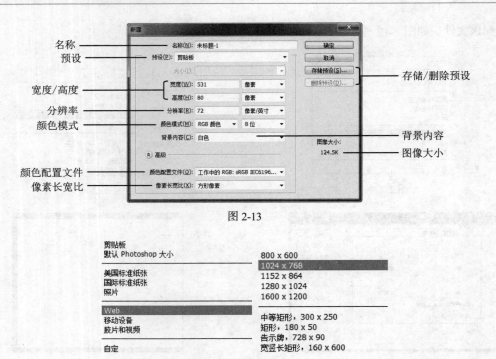

图 2-13

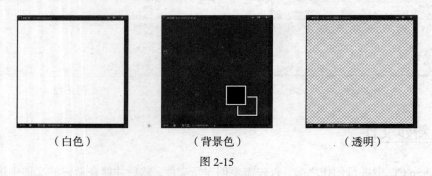

图 2-14

颜色模式：该选项可以用来设定图像的色彩模式，共有 5 种颜色模式供选择，可以从右侧的列表框中选择色彩模式的位数，其中包括 1 位、8 位、16 位和 32 位 4 种选择。位数越高，图像的质量越高，但是对系统的要求也越高。

背景内容：在该选项的下拉列表中可以选择新图像的背景层颜色，其中包括白色、背景色和透明 3 种方式，效果如图 2-15 所示。另外，在选择"背景色"选项之前应设置好工具箱中的"背景色"。

（白色）　　　　　　　　　　（背景色）　　　　　　　　　　（透明）

图 2-15

颜色配置文件：该选项可以用来设定当前图像文件要使用的色彩配置文件。

像素长宽比：该选项主要在图像输出到电视屏幕时起作用。电脑显示器上的图像是由方形像素组成的，当要输出用于视频的图像时，才会选择其他选项。

存储/删除预设：单击该按钮，弹出"新建文档预设"对话框，如图 2-16 所示。输入预设的名称并选择相应的选项，可以将当前设置的文件大小、分辨率、颜色模式等创

图 2-16

建为一个预设，使用时只需要在"预设"下拉列表中选择该预设即可；同时也可以使用"删除预设"

按钮删除预设。

图像大小：用来显示新建文档的大小。

2.3.3　打开文件

如果想将一个已有的图像放在 Photoshop CC 中进行编辑或调整等操作，首先需要将其打开。

在 Photoshop CC 中打开文件的方法有很多，既可以使用命令打开，也可以使用快捷键 Ctrl+O 打开，还可以直接将图像拖至软件界面中打开，用户可根据不同的实际情况进行相应的选择。

2.3.4　保存文件

在 Photoshop CS6 中创建新文件、对文档进行编辑或者调整等相关操作后，应及时保存处理后的结果，避免因为断电或者死机等原因造成不必要的丢失。

需要保存正在编辑文件的操作，可执行"文件>存储"命令，或者按快捷键 Ctrl+S 对文件进行保存，图像会按照原有的格式存储；如果是新建的文件，则会自动弹出"存储为"对话框。

如果要将文件保存为新的名称和其他格式，或者存储到其他位置，可执行"文件>存储为"命令，或者按快捷键 Shift+Ctrl+S，弹出"存储为"对话框将文件另存。

2.3.5　导入文件

在 Photoshop CC 中，"导入"命令可以将视频帧、注释和 WIA 支持等内容导入到打开的文件中，因此，通过这种方法可以将外部文件合并在一起。

如果电脑配置有扫描仪并安装了相关软件，则可以在"导入"下拉菜单中选择扫描仪的名称，使用扫描仪扫描图像并将图像保存，然后再在 Photoshop 中打开；另外，对于数码相机中的图像文件，由于某些数码相机是使用"Windows 图像采集"（WIA）导入图像，因此，可以将数码相机连接到电脑，然后执行"文件>导入>WIA 支持"命令，即可将照片导入到 Photoshop CC 中。执行"文件>导入"命令，在弹出菜单中包含了用于导入文件的命令，如图 2-17 所示。

图 2-17

2.3.6　置入文件

在 Photoshop CC 中，置入文件和导入文件的效果相似，都是通过该种方式将外部文件合并在一起。不同的是，"导入"命令可以简单理解为用于外部设备，包括扫描仪、数码相机等；而"置入"命令则是针对其他软件做的文件或图片格式，且使用"置入"命令可以将照片、图像或者 EPS、AI、PDF 等矢量格式的文件作为智能对象置入 Photoshop 文档中。

例如，执行"文件>置入"命令，弹出"置入"对话框，选择需要置入的文件，如图 2-18 所示。弹出"置入 PDF"对话框，默认设置，如图 2-19 所示。单击"确定"按钮，即可将所选择的文件置入到 Photoshop 当前文档中，如图 2-20 所示。

拖动图形四角可以调整所置入图形的大小，如图 2-21 所示。按下 Enter 键确认，将置入的文件设置为智能对象置入到当前文档中，如图 2-22 所示。

图 2-18

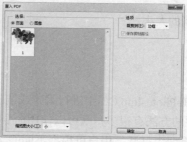
图 2-19

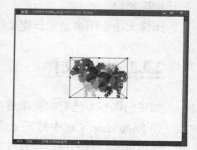
图 2-20

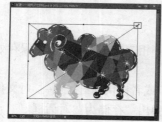

图 2-21

图 2-22

2.3.7　导出文件

　　导出和关闭文件是文件创建与编辑完成后需要进行的操作，我们要将制作好的文件以适当的格式保存到相应的位置，才算是完成了整个工作。

　　在 Photoshop 中创建与编辑的图像可以导出到 Illustrator 以及一些视频设备中，从而满足不同的使用目的。执行"文件>导出"命令，在弹出菜单中包含了用于导出文件的命令，如图 2-23 所示。

图 2-23

2.3.8　关闭文件

　　完成图像的编辑操作后，我们可以使用下列方法来关闭文件。

　　关闭文件：执行"文件>关闭"命令，或者按快捷键 Ctrl+W 以及单击文档窗口右上角的"关闭"按钮 ✕ ，都可以关闭当前的图像文件，如图 2-24 所示。

图 2-24

　　关闭全部文件：如果要关闭 Photoshop 中打开的多个文件，可以执行"文件>关闭全部"命令，关闭所有文件。

关闭并转到 Bridge：执行"文件>关闭并转到 Bridge"命令，可以关闭当前文件，并运行 Bridge。

退出程序：执行"文件>退出"命令，或者单击程序窗口右上角的"关闭"按钮 ❌ ，可以关闭文件，并退出 Photoshop，如图 2-25 所示。如果有文件没有进行保存，Photoshop 会自动弹出一个对话框，询问是否保存该文件。

图 2-25

2.4　图像编辑辅助操作

在 Photoshop CC 中对图像进行编辑或调整等操作时，可以使用相应的辅助工具来帮助我们更好更快地完成图像的编辑，Photoshop CC 中所包含的辅助工具有"标尺"、"参考线"和"裁剪工具"等。

命令介绍

"屏幕模式"命令：执行该命令中的 3 个子菜单命令可以切换图像在 Photoshop 中的显示方式。

"标尺"命令：执行该命令，可以显示或隐藏文档窗口中的标尺，辅助使用者对图像的操作。

"参考线"相关操作：参考线在图像处理过程中起到辅助作用，可以添加、删除、锁定参考线等。

"裁切"命令：执行该命令，可以在弹出的对话框中进行设置从而对图像进行自动裁切操作。

"裁剪工具"：使用该工具可以在图像上单击并拖动鼠标进行自定义裁剪图像操作。

"拉直工具"：在使用"裁剪工具"对图像进行裁剪操作时，才可以使用该工具，通过该工具可以自动校正倾斜的对象。

2.4.1　课堂案例——在 Photoshop 中查看网页图像

【案例学习目标】学习如何在 Photoshop 中打开并查看图像。

【案例知识要点】掌握 3 种不同的屏幕模式及其切换方法，如图 2-26 所示。

【效果所在位置】光盘\源文件\第 2 章\素材\24101.jpg。

（1）执行"文件>打开"命令，打开网页图像"光盘\源文件\第 2 章\素材\24101.jpg"，如图 2-27 所示。在 Photoshop CC 中提供了 3 种不同的屏幕模式，执行"视图>屏幕模式"命令，在其下级菜单中提供了 3 种屏幕模式可供选择，如图 2-28 所示。

图 2-26

图 2-27

（2）默认情况下，采用"标准屏幕模式"查看网页图像，如图 2-29 所示。执行"视图>屏幕模式>带有菜单栏的全屏模式"命令，在 Photoshop 中显示有"菜单"栏和 50%灰色背景，无"标题"栏和滚动条的全屏窗口，如图 2-30 所示。

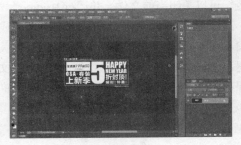

图 2-28　　　　　　　　　　　　　　　　　　　图 2-29

（3）执行"视图>屏幕模式>全屏模式"命令，显示只有黑色背景，无"标题"栏、"菜单"栏和滚动条的全屏窗口，如图 2-31 所示。

图 2-30　　　　　　　　　　　　　　　　　　　图 2-31

2.4.2　使用标尺和参考线

在 Photoshop CC 中对图像进行裁剪、定位等操作时，使用标尺工具可以精确地测量图像或者确定图像以及元素的位置，从而得到更加精准的定位。参考线的使用可以有效地帮助用户更加精准、确切地定位图像在进行裁切或缩放操作时的位置。

执行"视图>标尺"命令，或者按快捷键 Ctrl+R，即可在文档窗口的顶部和左侧显示标尺，如图 2-32 所示。将光标移至水平标尺上，单击并向下拖动即可拖出一条水平参考线，如图 2-33 所示。

图 2-32　　　　　　　　　　　　　　　　　　　图 2-33

将光标移至垂直标尺上，单击并向右拖动即可拖出一条垂直参考线，如图 2-34 所示。使用"移动工具"，将光标移至参考线上，当光标变为 ↔ 状时，单击并拖动即可移动该参考线，如图 2-35 所示。

如果要删除参考线，将其拖回标尺上即可。如果要删除所有的参考线，可执行"视图>清除参考线"命令。

图 2-34

图 2-35

如果要在精确的点位上创建参考线，可以执行"视图>新建参考线"命令，在弹出的"新建参考线"对话框中对参考线的取向和位置进行设置，如图 2-36 所示。设置完成后，单击"确定"按钮，即可在精确的位置上创建参考线。

图 2-36

2.4.3 课堂案例——校正倾斜图像

【案例学习目标】学习如何校正倾斜的图像。
【案例知识要点】掌握"裁切"命令、"裁剪工具"和"拉直工具"的使用方法，如图 2-37 所示。
【效果所在位置】光盘\源文件\第 2 章\校正倾斜图像.jpg。

图 2-37

（1）执行"文件>打开"命令，打开网页图像"光盘\源文件\第 2 章\素材\24301.jpg"，如图 2-38 所示。执行"图像>裁切"命令，弹出"裁切"对话框，采用默认设置，如图 2-39 所示。

图 2-38

图 2-39

（2）单击"确定"按钮，自动将图像四周的白色部分裁切，如图 2-40 所示。单击工具箱中的"裁剪工具"按钮 ，在图像中显示裁剪框，如图 2-41 所示。

（3）单击"选项"栏上的"拉直"按钮，在图像中原来应该水平的位置按住鼠标左键不放，拖动鼠标绘制拉直线，如图 2-42 所示。释放鼠标左键，Photoshop CC 会根据所绘制的拉直线自动计算照片的旋转角度并创建裁剪区域，如图 2-43 所示。

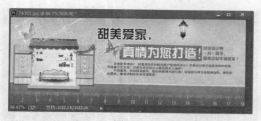

甜美爱家，
真情为您打造！

图 2-40

甜美爱家，
真情为您打造！

图 2-41

甜美爱家，
真情为您打造！

图 2-42

甜美爱家，
真情为您打造！

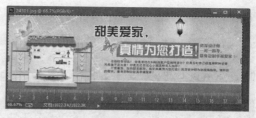

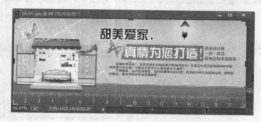

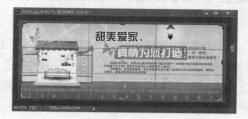

图 2-43

（4）单击“选项”栏上的“提交当前裁剪操作”按钮，或按 Enter 键，对图像进行裁剪，完成倾斜图像的校正，如图 2-44 所示。

甜美爱家，
真情为您打造！

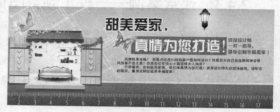

图 2-44

2.4.4 使用“裁剪工具”

单击工具箱中的“裁剪工具”按钮，在“选项”栏上可以进一步设置各项裁剪属性，如图 2-45 所示。

“预设”下拉列表
设置裁剪比例
设置其他裁切选项
相关操作按钮
比例
清除
拉直
删除裁剪的像素
设置裁剪工具的叠加选项

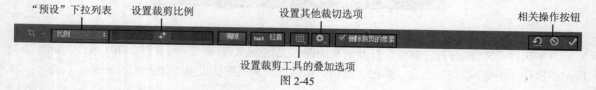

图 2-45

“预设”下拉列表：在该下拉列表中可以选择预设的裁剪大小，如图 2-46 所示。

设置裁剪比例：可以在这两个文本框中分别输入需要裁剪区域的宽度和高度，从而创建一个固定尺寸的裁剪区域。

“清除”按钮：单击该按钮，可以清除所设置的裁剪区域的宽度和高度。

“拉直”按钮：单击该按钮，可以在图像上绘制一条直线，Photoshop CS6 将自动根据所绘制的直线对图像进行旋转并创建裁剪框。

“设置裁剪工具的叠加选项”按钮：单击该按钮，可在弹出菜单中看到预设的 6 种裁剪参考线以及裁剪参考线的显示方式，如图 2-47 所示。

“设置其他裁切选项”按钮：单击该按钮，弹出其他裁剪选项的设置窗口，如图 2-48 所示。如果选中“使用经典模式”复选框，则部分选项将不可用，如图 2-49 所示。

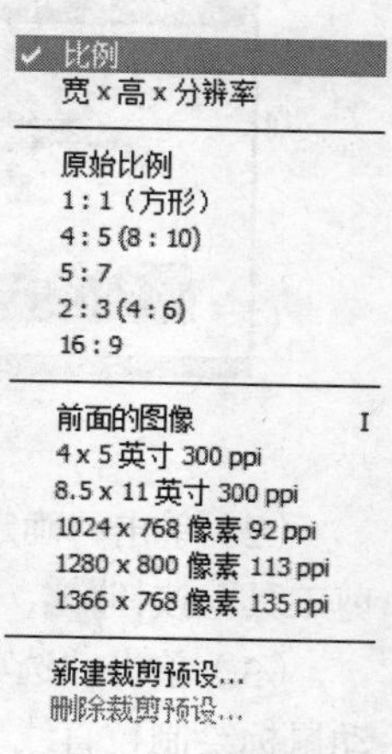

比例
宽 x 高 x 分辨率
原始比例
1 : 1（方形）
4 : 5（8 : 10）
5 : 7
2 : 3（4 : 6）
16 : 9
前面的图像
4 x 5 英寸 300 ppi
8.5 x 11 英寸 300 ppi
1024 x 768 像素 92 ppi
1280 x 800 像素 113 ppi
1366 x 768 像素 135 ppi
新建裁剪预设...
删除裁剪预设...

图 2-46

图 2-47　　　　　　　　　　图 2-48　　　　　　　　　　图 2-49

删除裁剪的像素：选中"删除裁剪的像素"复选项，对图像进行裁剪操作后，将删除裁剪区域以外的内容；如果不勾选该复选框，对图像进行裁剪操作后，将隐藏裁剪区域以外的内容，可以通过移动图像来使隐藏区域可见或者重新使用"裁剪工具"，同样可以显示裁剪前的图像。

相关操作按钮：单击"复位裁剪框"按钮 ，可以复位对裁剪所做的旋转、宽度和高度的调整。单击"取消当前裁剪操作"按钮 ⊘，可以取消当前的裁剪框。单击"提交当前裁剪操作"按钮 ✔，可以按当前裁剪框对图像进行裁剪操作。

2.4.5　使用"裁切"命令

在 Photoshop 中，执行"图像>裁切"命令，弹出"裁切"对话框，如图 2-50 所示。在该对话框中进行相应的设置，可以去除图像多余的空白边。

透明像素：可以删除图像边缘的透明区域，留下包含非透明像素的最小图像。

左上角像素颜色：从图像中删除左上角像素颜色的区域。

右下角像素颜色：从图像中删除右下角像素颜色的区域。

裁切：用来设置需要修整的图像区域。

图 2-50

2.5　调整网页图像

由于图像在不同领域中的应用非常广泛，需要经常对图像以及画布的尺寸进行适当的调整，直至达到满意的效果为止。在 Photoshop CC 中修改图像或者画布大小时，需要注意像素大小、文档大小以及分辨率的设置。

命令介绍

"图像大小"命令：执行该命令，可以在弹出的"图像大小"对话框中设置图像的尺寸和分辨率等相关信息。

"画布大小"命令：执行该命令，可以在弹出的"画布大小"对话框中设置图像画布的大小，可以扩展画布也可以收缩画布。

2.5.1　课堂案例——修改网页图像大小

【案例学习目标】学习如何调整网页图像的大小。

【案例知识要点】掌握"图像大小"对话框的设置方法，如图 2-51 所示。

【效果所在位置】光盘\源文件\第 2 章\修改网页图像大小.png。

（1）执行"文件>打开"命令，打开图像"光盘\源文件\第 2 章\素材\25101.png"，效果如图 2-52 所示。执行"图像>图像大小"命令，弹出"图像大小"对话框，如图 2-53 所示。

图 2-51

图 2-52

图 2-53

（2）修改图像的宽度为 800，则图像的高度会自动进行修改，如图 2-54 所示。设置完成后，单击"确定"按钮，可以看到图像效果，如图 2-55 所示。

图 2-54

图 2-55

2.5.2　"图像大小"对话框

如果要调整一个现有文件的像素大小、分辨率和打印尺寸等参数，可以在 Photoshop CC 中打开该图像，然后执行"图像>图像大小"命令或者按快捷键 Ctrl+Alt+I，可以弹出"图像大小"对话框，如图 2-56 所示。在该对话框中即可通过输入相应的数值来调整图像的相关参数。

图像大小：该选项用于显示当前图像的容量大小，当对图像尺寸进行修改后，可以看到修改前后图像容量大小的对比。

图 2-56

尺寸：该选项用于显示当前图像的尺寸大小，单击该选项后的三角形按钮，可以在弹出菜单中选择图像尺寸大小的单位，默认为像素单位，如图 2-57 所示。

宽度和高度：这两个选项用于设置图像的宽度和高度尺寸，可以直接在选项文本框中输入尺寸大小数值。

分辨率：该选项用于设置图像的分辨率，在该选项后的下拉列表中可以选择分辨率单位，包括"像素/英寸"和"像素/厘米"两个选项，默认为"像素/英寸"。

重新采样：勾选该复选框后，在修改图像尺寸时图像像素不会改变，缩小图像的尺寸会自动增加分辨率，反之，增加分辨率也会自动缩小图像的尺寸。在该选项的下拉列表中包含了 7 个选项，如图 2-58 所示。

减少杂色：该选项用于设置减少图像中的杂色，取值范围为 0% 至 100%。

图 2-57

自动	Alt+1
保留细节（扩大）	Alt+2
两次立方（较平滑）（扩大）	Alt+3
两次立方（较锐利）（缩减）	Alt+4
两次立方（平滑渐变）	Alt+5
邻近（硬边缘）	Alt+6
两次线性	Alt+7

图 2-58

2.5.3 "画布大小"对话框

在 Photoshop CC 中，经常会根据需要来调整画布的尺寸，画布就是整个文档的工作区域，可以通过执行"图像>画布大小"命令或按快捷键 Ctrl+Alt+C，在弹出的"画布大小"对话框中对画布的尺寸进行相应的调整，如图 2-59 所示。

当前大小：此处显示了当前图像的宽度和高度以及文档的实际大小。

图 2-59

新建大小：该选项可以用来设置画布的"宽度"和"高度"。如果输入的数值大于原图像尺寸，则增加画布大小，反之则减小画布的大小。

相对：勾选该复选框后，"宽度"和"高度"选项中的数值将代表实际增加或减小的区域大小，而不再显示整个文档的尺寸。如果输入的是正值则增加画布，输入负值则减小画布。

定位：该选项可以选择为图像扩大画布的方向，效果如图 2-60 所示。

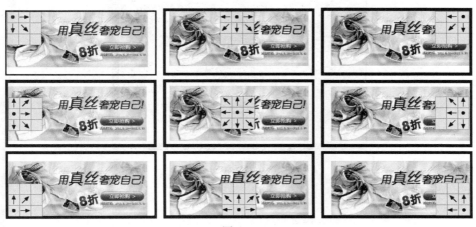

图 2-60

画布扩展颜色：在该选项的下拉列表中可以选择填充新画布的颜色。当图像的背景设置为透明时，该选项不可用。

2.6 课堂练习——制作镜面投影效果

【练习知识要点】拖入素材图像并原位复制，将复制得到的素材图像垂直翻转并旋转，调整到合适的位置，为该图形添加图层蒙版，在图层蒙版中填充黑白线性渐变，降低该图层的不透明度，效果如图 2-61 所示。

【素材所在位置】光盘\源文件\第 2 章\素材\2601.jpg、2602.png。

【效果所在位置】光盘\源文件\第 2 章\制作镜面投影效果.psd。

图 2-61

2.7 课后习题——裁剪网页图像

【习题知识要点】掌握使用"裁剪工具"对图像进行裁剪操作的方法，效果如图 2-62 所示。

【素材所在位置】光盘\源文件\第 2 章\素材\2701.jpg。

【效果所在位置】光盘\源文件\第 2 章\裁剪网页图像.jpg。

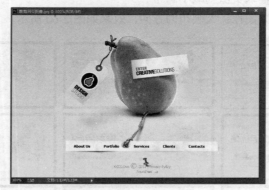

图 2-62

第3章

使用 Photoshop 处理网页文本

本章介绍

文字是设计作品的重要组成部分，不仅可以传达信息，还能起到美化版面、强化主题的作用。Photoshop 提供了多个用于创建文字的工具，文字的编辑方法也非常灵活。本章将向读者介绍如何在 Photoshop 中对网页中的文本进行设置和编辑等操作。

学习目标

● 掌握在 Photoshop 中输入文本的方法
● 使用"选项"栏和"字符"面板对文字属性进行设置
● 掌握变形文字的创建方法
● 掌握路径文字的创建方法
● 掌握"图层"面板的操作
● 掌握添加图层样式的方法

技能目标

● 掌握"输入广告文字"的方法
● 掌握"制作淘宝促销广告"的方法
● 掌握"制作变形广告文字"的方法
● 掌握"制作路径文字"的方法
● 掌握"制作游戏网站导航"的方法
● 掌握"使用图层样式制作网页广告文字"的方法

3.1 输入文本

在 Photoshop CC 中有两种文字输入方法，即横排文字输入法与直排文字输入法，下面将对文字输入方法进行具体讲解。

命令介绍

横排文字工具：使用该工具在画布中单击输入文字，即可输入横排文字。

直排文字工具：使用该工具在画布中单击输入文字，即可输入直排文字。

文字工具的"选项"栏：单击工具箱中的任意一种文字工具后，在"选项"栏中可以设置文字的相关属性。

3.1.1 课堂案例——输入广告文字

【案例学习目标】学习使用不同的文字工具在图像中输入文字。

【案例知识要点】使用"横排文字工具"输入横排文字，使用"直排文字工具"输入直排文字，效果如图 3-1 所示。

【效果所在位置】光盘\源文件\第 3 章\输入广告文字.psd。

（1）执行"文件>打开"命令，打开图像素材"光盘\源文件\第 3 章\素材\31101.png"，如图 3-2 所示。单击工具箱中的"横排文字工具"按钮 T，打开"字符"面板，设置如图 3-3 所示。

图 3-1

图 3-2

图 3-3

> **提示：** 使用文字工具在画布中单击输入文字所创建的文本称为点文本。使用文字工具在画布中按住鼠标左键拖动绘制出文本框，可以输入段落文本。

（2）在画布中合适位置单击并输入相应文字，如图 3-4 所示。使用相同的制作方法，使用"横排文字工具"在图像中合适的位置单击并输入横排文字，效果如图 3-5 所示。

> **提示：** 如果需要移动当前所输入文本位置，可以按住 Ctrl 键不放，然后将指针移至文本上（指针会变成 ▶ 形状），拖动鼠标即可移动所输入文本的位置。

图 3-4 图 3-5

（3）单击工具箱中"直排文字工具"按钮 ，打开"字符"面板，对文字属性进行设置，如图 3-6 所示。在图像中合适位置单击并输入直排文字，如图 3-7 所示。使用相同的制作方法，可以在图像中单击并输入其他直排文字，执行"文件>保存"命令，将文件保存为"光盘\源文件\第 3 章\输入广告文字.psd"，如图 3-8 所示。

图 3-6 图 3-7 图 3-8

3.1.2　文字工具组

文字工具组包括 4 个文字工具，分别是"横排文字工具"、"直排文字工具"、"横排文字蒙版工具"和"直排文字蒙版工具"，使用鼠标右键单击工具箱中的"横排文字工具"按钮 ，可打开文字工具下拉菜单，如图 3-9 所示。

横排文字工具：在画布中单击输入文字，即可输入横排文字，此外使用"横排文字工具"还可以创建段落文字，即使用"横排文字工具"在画布中拖动出定界框并在其中输入文字。

图 3-9

提示：段落文字是在定界框内输入文字，在输入段落文字时，文字会基于文字框的尺寸大小自动换行，在需要处理大量文本时，可使用段落文字来完成。创建段落文字后，用户可以根据需要自由调整定界框的大小，使文字在调整后的矩形框中重新排列，通过定界框还可以旋转、缩放和斜切文字。

直排文字工具：使用该工具在画布中单击输入文字，即可输入直排文字。

横排文字蒙版工具：使用该工具在画布中输入的横排文字会以选区的方式出现。

直排文字蒙版工具：使用该工具在画布中输入直排文字可以创建直排文字选区。

3.1.3　文字工具的"选项"栏

单击文字工具后，在"选项"栏中将会显示该工具的设置选项，如字体、大小、文字颜色等，如图 3-10 所示为"横排文字工具"的"选项"栏。

"更改文本方向"按钮 ：单击该按钮，可以在横排文字与直排文字之间切换。

字体：在该选项下拉列表中可以选择各种不同的字体。

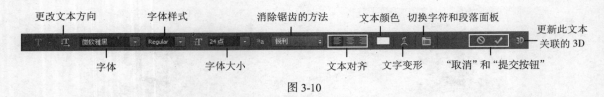

图 3-10

字体样式：用来为字符设置样式，包括 Regular（规则的）、Italic（斜体）、Bold（粗体）和 Bold Italic（粗斜体）等，"字体样式"只针对于部分的英文字体有用。

字体大小：可以选择字体的大小，或者直接输入数值进行字体大小的调整。

消除锯齿的方法：可以在下拉列表菜单中选择一种为文字消除锯齿的方法。Photoshop 会通过部分地填充边缘像素，来产生边缘平滑的文字，使文字的边缘混合到背景中而看不出锯齿。

文本对齐：根据输入文字时光标的位置来设置文本的对齐方式，包括"左对齐文本" 、"居中对齐文本" 和"右对齐文本" 。

文本颜色：单击颜色块，可以在弹出的"拾色器"对话框中设置文字的颜色。

"创建文字变形"按钮 ：单击该按钮，可以在弹出的"变形文字"对话框中为文本添加变形样式，创建变形文字。

"切换字符和段落面板"按钮 ：单击该按钮，可以显示或隐藏"字符"和"段落"面板。

"取消"和"提交"按钮：单击"取消当前所有编辑"按钮 ，即可取消对文字进行的所有操作；单击"提交所有当前编辑"按钮 ，即可提交对文字进行的所有操作。

"更新此文本关联的 3D"按钮 ：单击该按钮，可以将当前所输入的文本创建为 3D 文本。

3.2　编辑文本

在 Photoshop 中，无论是输入横排文字还是直排文字，都可以使用"字符"和"段落"面板来指定文字的字体、粗细、大小、颜色、字距调整、基线移动以及对齐等其他字符属性。

命令介绍

"字符"面板：在"字符"面板中可以详细地设置文字的相关属性，"字符"面板相对于文本工具的"选项"栏，该面板的选项更全面。

3.2.1　课堂案例——制作淘宝促销广告

【案例学习目标】掌握文字属性的设置。

【案例知识要点】使用渐变颜色填充和"画笔工具"绘制出广告的背景，拖入素材并进行处理，使用"横排文字工具"在画布中输入文字，并对文字进行处理，效果如图 3-11 所示。

【效果所在位置】光盘\源文件\第 3 章\制作淘宝促销广告.psd。

图 3-11

（1）执行"文件>新建"命令，在弹出"新建"对话框设置，如图 3-12 所示，单击"确定"按钮，新建一个空白文档。使用"渐变工具"，在"渐变编辑器"对话框中设置渐变色，在"背景"图层中填充径向渐变，如图 3-13 所示。

图 3-12 图 3-13

（2）新建图层组，重命名为 one，在该图层组中新建"图层 1"，使用"画笔工具"，设置"前景色"为 RGB（221、116、70），设置相应的画笔不透明度，在画布中进行绘制，效果如图 3-14 所示。使用相同的制作方法，完成该组中其他图层的制作，效果如图 3-15 所示。

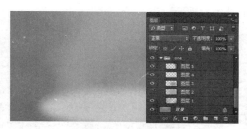

图 3-14 图 3-15

（3）打开并拖入素材图像"光盘\源文件\第 3 章\素材\32101.png"，调整至合适的位置，效果如图 3-16 所示。使用"横排文字工具"，打开"字符"面板进行设置，如图 3-17 所示。在画布中单击并输入文字，如图 3-18 所示。

图 3-16 图 3-17 图 3-18

（4）新建图层组，将其重命名为 two，打开并拖入素材图像"光盘\源文件\第 2 章\素材\32102.png"，调整至合适的位置，如图 3-19 所示。复制"图层 7"得到"图层 7 副本"，按快捷键 Ctrl+T，进行相应的变换操作，调整至合适位置，效果如图 3-20 所示。

图 3-19 图 3-20

（5）将"图层 7 副本"的"不透明度"设置为 30%，效果如图 3-21 所示。为"图层 7 副本"添

43

加图层蒙版，使用"渐变工具"在蒙版中填充黑白线性渐变，效果如图 3-22 所示。

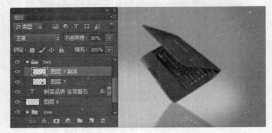
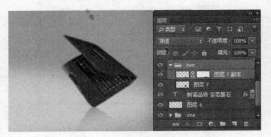

图 3-21　　　　　　　　　　　　　　　　图 3-22

（6）使用相同的制作方法，完成相似内容的制作，效果如图 3-23 所示。使用"自定形状工具"，设置"前景色"为 RGB（233、56、110），在"选项"栏中进行相应的设置，在画布中绘制形状，效果如图 3-24 所示。

图 3-23　　　　　　　　　　　　　　　　图 3-24

（7）使用"钢笔工具"，在"选项"栏中进行设置，在画布中绘制形状，效果如图 3-25 所示。使用"矩形工具"，设置"前景色"为 RGB（70、119、33），在画布中绘制形状，并进行相应的变换操作，效果如图 3-26 所示。

图 3-25　　　　　　　　　　　　　　　　图 3-26

（8）双击"图层 12"，弹出"图层样式"对话框，选择"渐变叠加"选项，设置如图 3-27 所示，单击"确定"按钮，可以看到图像效果，如图 3-28 所示。

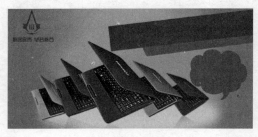

图 3-27　　　　　　　　　　　　　　　　图 3-28

（9）使用"横排文字工具"，在"字符"面板中进行设置，在画布中输入文字，如图 3-29 所示。双击该文字图层，弹出"图层样式"对话框，选择"投影"选项，设置如图 3-30 所示。

图 3-29

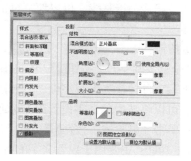

图 3-30

（10）单击"确定"按钮，可以看到文字效果，如图 3-31 所示。使用相同方法，完成其他文字的制作，完成淘宝促销广告的制作，执行"文件>保存"命令，将文件保存为"光盘\源文件\第 3 章\制作淘宝促销广告.psd"，最终效果如图 3-32 所示。

图 3-31

图 3-32

3.2.2 "字符"面板

默认设置下，Photoshop 工作区域内不显示"字符"面板。要对文字格式进行设置时，可以单击文本工具的"工具"栏上的"切换字符和段落按钮" ，或执行"窗口>字符"命令，打开"字符"面板，如图 3-33 所示。

行距：行距指的是两行文字之间的基线距离，Photoshop 默认的行距设置为"自动"。如果自动调整行距，可选取需要调整行距的文字，在"字符"面板的"行距"文本框中直接输入行距数值，或在其下拉列表中选中想要设置的行距数值，即可设置文本的行间距。

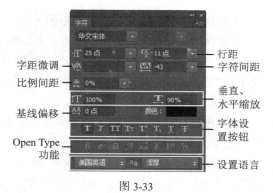

图 3-33

字距微调：是指增加或减少特定字符之间的间距的过程，也就是调整两个字符之间的间距。

字符间距：在该选项下拉列表中直接输入字符间距的数值（正值为扩大间距，负值为缩小间距），或者在下拉列表框中选中想要设置的字符间距数值，就可以设置文本的字间距。

比例间距：是指按指定的百分比减少字符周围的空间，但字符自身不会发生变化。

　　垂直、水平缩放：在"垂直缩放"文本框和"水平缩放"文本框中输入数值，即可缩放所选的文字比例。比例大于 100%则文字越长或越宽，小于 100%则反之。

　　基线偏移：偏移字符基线，可以使字符根据设置的参数上下移动位置，正值使文字向上移，负值使文字向下移。

　　字体设置按钮：单击"仿粗体"按钮 $\boxed{T}$，可以将字体加粗；单击"仿斜体"按钮 $\boxed{T}$，可以将字体倾斜；单击"全部大写字母"按钮 $\boxed{TT}$，可将小写字母转换为大写字母；单击"小型大写字母"按钮 $\boxed{Tr}$，同样可以将小写字母转换为大写字母，但转换后的大写字母都相对缩小；单击"上标"按钮 $\boxed{T}$ 或"下标"按钮 $\boxed{T}$，可以将选中的文字设置为上标或下标效果；单击"下划线"按钮 $\boxed{T}$，可以为选中的文字添加下划线；单击"删除线"按钮 $\boxed{T}$，可以为选中的文字添加删除线。

　　Open Type 功能：主要用于设置文字的各种特殊效果，共包括 8 个按钮，分别是"标准连字"、"上下文替代字"、"自由连字"、"花饰字"、"替代样式"、"标题替代字"、"序数字"和"分数字"。

　　设置语言：可以对所选字符进行有关字符和拼写规则的语言设置，Photoshop 使用语言词典连字符连接。

3.3　制作特殊文字效果

　　在 Photoshop 中除了可以输入文字并对文字的属性进行设置外，还可以创建变形文字和路径文字的效果。通过变形文字和路径文字效果的创建，可以使原本呆板生硬的文字变得富有生机和活力，从而增强图像的观赏性。

命令介绍

　　变形文字：变形文字是指对创建的文字进行变形处理后得到的文字效果，例如可以将文字变形为扇形或波浪形。

　　路径文字：路径文字是指创建在路径上的文字，文字会沿着路径排列，改变路径形状时，文字的排列方式也会随之改变。

3.3.1　课堂案例——制作变形广告文字

　　【案例学习目标】掌握文字变形的方法。

　　【案例知识要点】在画布中输入文字，通过"文字变形"对话框的设置创建出变形文字的效果，为文字添加相应的图层样式，并添加相应的素材，效果如图 3-34 所示。

图 3-34

　　【效果所在位置】光盘\源文件\第 3 章\制作变形广告文字.psd。

　　（1）打开图像素材"光盘\源文件\第 3 章\素材\33101.jpg"，效果如图 3-35 所示。新建"图层 1"，设置"前景色"为 RGB（255、241、141），使用"矩形选框工具"在画布中绘制选区，按快捷键 Alt+Delete，为选区填充前景色，然后取消选区，效果如图 3-36 所示。

　　（2）为"图层 1"添加图层蒙版，使用"渐变工具"在蒙版中填充黑白对称渐变，效果如图 3-37 所示。使用"横排文字工具"，在画布中单击并输入文字，效果如图 3-38 所示。

　　（3）单击"选项"栏中的"创建文字变形"按钮 $\boxed{T}$，弹出"变形文字"对话框，设置如图 3-39 所示。单击"确定"按钮，完成"变形文字"对话框的设置，效果如图 3-40 所示。

图 3-35

图 3-36

图 3-37

图 3-38

图 3-39

图 3-40

提示： 选择一种文字工具，单击"选项"栏中的"创建文字变形"按钮，或执行"文字>文字变形"命令，弹出"变形文字"对话框，修改变形参数，或者在"样式"下拉列表中选择另外一种样式，即可重置文字变形。

（4）为该文字图层添加"内阴影"图层样式，在弹出的"图层样式"对话框中进行相应的设置，如图 3-41 所示。选择"光泽"选项，对相关选项进行设置，如图 3-42 所示。选择"渐变叠加"选项，对相关选项进行设置，如图 3-43 所示。

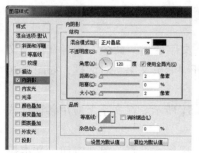

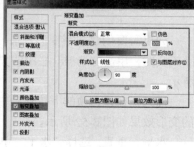

图 3-41

图 3-42

图 3-43

（5）单击"确定"按钮，完成"图层样式"对话框的设置，可以看到文字效果，如图 3-44 所示。使用"横排文字工具"，打开"字符"面板，设置文字属性，在画布中单击并输入文字，效果如图 3-45 所示。

图 3-44   图 3-45

（6）使用相同的制作方法，在画布中输入其他文字，效果如图 3-46 所示。打开并拖入素材"光盘\源文件\第 2 章\素材\33102.png"，调整至合适的位置，生成"图层 2"，如图 3-47 所示。

图 3-46   图 3-47

（7）复制"图层 2"，调整至合适的大小和位置，并添加相应的图层样式，效果如图 3-48 所示。使用相同的制作方法，拖入其他素材图像，完成变形广告文字的制作，执行"文件>保存"命令，将文件保存为"光盘\源文件\第 3 章\制作变形广告文字.psd"，最终效果如图 3-49 所示。

图 3-48   图 3-49

3.3.2 创建变形文字

如果需要创建文字变形效果，可以选择文字图层，执行"文字>文字变形"命令，或者在使用文字工具时，单击"选项"栏中的"创建文字变形"按钮，即可打开"变形文字"对话框，如图 3-50 所示。

样式：在该选项的下拉列表中可以选择 15 种变形样式，如图 3-51 所示。在文字上应用各种样式的变形效果如图 3-52 所示。

水平、垂直：选择"水平"单选按钮，文本扭曲的方向为水平；选择"垂直"单选按钮，文本扭曲的方向为垂直方向。

弯曲：用来设置文本的弯曲程度。

水平扭曲和垂直扭曲：通过这两个选项可以对文本设置应用透视。设置正值的时候文本从左到右进行水平扭曲或从上到下进行垂直扭曲，负值的时候反之。

图 3-50

图 3-51

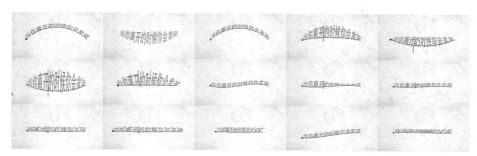

图 3-52

3.3.3 课堂案例——制作路径文字

【案例学习目标】学习如何在画布中绘制路径以及输入路径文字的方法。

【案例知识要点】使用"钢笔工具"在画布中绘制路径，使用"横排文字工具"在路径上单击并输入路径文字，效果如图 3-53 所示。

【效果所在位置】光盘\源文件\第 3 章\制作路径文字.psd。

（1）打开图像素材"光盘\源文件\第 3 章\素材\33301.jpg"，效果如图 3-54 所示。使用"横排文字工具"，打开"字符"面板，设置文字属性，在画布中单击并输入文字，如图 3-55 所示。

图 3-53

图 3-54

图 3-55

（2）使用"钢笔工具"，在"选项"栏上的"工具模式"下拉列表中选择"路径"选项，在画布中绘制路径，如图 3-56 所示。使用"横排文字工具"按钮，将鼠标指针放置在路径上，当其变为 时单击并输入文字，完成路径文字的创建，效果如图 3-57 所示。

图 3-56

图 3-57

提示：用于排列文字的路径可以是闭合式的，也可以是开放式的。

执行"文件>保存"命令，将文件保存为"光盘\源文件\第 3 章\制作路径文字.psd"。

3.3.4　路径文字

如果想要创建沿路径排列的文字，首先需要创建一个路径，然后才能在该路径的基础上创建路径文字。

如果需要移动或翻转路径上的文字，可以使用"直接选择工具"或"路径选择工具"，将指针定位到文字上，指针会变为 状，单击并沿着路径拖动指针可以移动文字，单击并向路径的另一侧拖动文字，可以将文字翻转。

如果是对创建好的文字路径不满意，可以使用"直接选择工具"来调整文字的路径，直到满意为止。

3.4　使用"图层"面板

在 Photoshop 中，如果没有图层，那么所有的图像将会处在同一个平面上，无法对图像进行分层处理，可见图层是 Photoshop 最为核心的功能之一，它几乎承载了所有的图像编辑工作。

命令介绍

渐变工具：使用"渐变工具"，可以单击"选项"栏上的渐变预览条，在弹出的"渐变编辑器"对话框中设置渐变颜色，为图层或选区填充渐变颜色。

"图层"面板：在"图层"面板中可以对当前文档的所有图层进行管理、查看和编辑等操作。

图层的基本操作：通过图层不仅可以随心所欲地将文档中的图像分门别类地放置于不同的平面中，还可以轻易地对图层的顺序进行调整，并且对单一图层进行操作时，不会影响其他图层效果。

3.4.1　课堂案例——制作游戏网站导航

【案例学习目标】掌握"图层"面板的基本操作。

【案例知识要点】使用绘图工具在画布中创建圆角矩形选区，并为选区填充渐变颜色，结合"画笔工具"和图层蒙版，制作出导航菜单的背景效果，拖入相应的素材并输入文字，完成游戏网站导航的制作，如图 3-58 所示。

【效果所在位置】光盘\源文件\第 3 章\制作游戏网站导航.psd。

图 3-58

（1）执行"文件>打开"命令，打开素材图像"光盘\源文件\第 3 章\素材\34101.jpg"，效果如图 3-59 所示。按快捷键 Ctrl+R，显示文档标尺，拖出相应的参考线来定位导航位置，如图 3-60 所示。

图 3-59

图 3-60

（2）新建"图层 1"，使用"圆角矩形工具"，在"选项"栏中设置"半径"为 10px（像素），在画布中绘制一个圆角矩形路径，按快捷键 Ctrl+Enter，将路径转换为选区，如图 3-61 所示。使用"渐变工具"，在"渐变编辑器"对话框中设置渐变颜色，在选区中拖动鼠标填充线性渐变，填充效果如图 3-62 所示。

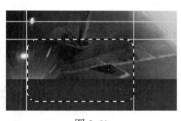

图 3-61

图 3-62

（3）新建"图层 2"，设置"前景色"为 RGB（152、159、178），使用"矩形选框工具"，在画布中绘制一个矩形选区，按快捷键 Alt+Delete，为选区填充前景色，如图 3-63 所示。为"图层 2"添加图层蒙版，使用"画笔工具"，设置"前景色"为黑色，在蒙版中进行涂抹，效果如图 3-64 所示。

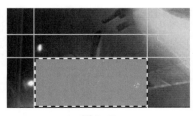

图 3-63

图 3-64

（4）新建"图层 3"，使用"矩形选框工具"，在画布中绘制出一个矩形选区，使用"渐变工具"，打开"渐变编辑器"对话框，从左向右分别设置渐变色标颜色值为 RGB（113、126、143）、RGB（168、

178、192），在选区中拖动鼠标填充线性渐变，如图 3-65 所示。设置"图层 3"的"不透明度"值为 50%、"混合模式"为"亮光"，效果如图 3-66 所示。

图 3-65　　　　　　　　　　　　　　　　图 3-66

（5）打开并拖入图像素材"光盘\源文件\第 3 章\素材\34102.png"，生成"图层 4"，如图 3-67 所示。使用"横排文字工具"，打开"字符"面板进行设置，在画布中单击并输入文字，效果如图 3-68 所示。

图 3-67　　　　　　　　　　　　　　　　图 3-68

（6）使用相同的绘制方法，可以完成其他相似的导航菜单项的制作，效果如图 3-69 所示。

图 3-69

（7）新建"图层 25"，使用"圆角矩形工具"，在画布中绘制路径，并转换为选区，效果如图 3-70 所示。设置"前景色"为 RGB（223、222、227），按快捷键 Alt+Delete，为选区填充前景色，效果如图 3-71 所示。

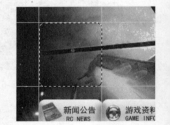

图 3-70

（8）执行"选择>修改>收缩"命令，在弹出的"收缩选区"对话框中进行设置，单击"确定"按钮，设置"前景色"为 RGB（174、179、181），使用"渐变工具"，设置从白色到透明的渐变颜色，在选区中拖动鼠标填充线性渐变，如图 3-72 所示。新建"图层 26"，使用"圆角矩形工具"，在"选项"栏中设置"半径"值为 2px，在画布中绘制路径，如图 3-73 所示。

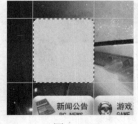

图 3-71　　　　　　　　　图 3-72　　　　　　　　　图 3-73

（9）按快捷键 Ctrl+Enter，将路径转换为选区，设置"前景色"为 RGB（17、65、137），并为选区填充前景色。将选区收缩 2px，使用"渐变工具"，打开"渐变编辑器"，从左向右分别设置颜色值为 RGB（148、168、201）、RGB（50、89、146），为选区填充渐变颜色，如图 3-74 所示。为该图层添加"描边"图层样式，在弹出的"图层样式"对话框中设置"宽度"值为 2px、"颜色"值为 RGB（10、46、98），效果如图 3-75 所示。

图 3-74

图 3-75

（10）拖入相应的素材并输入文字，效果如图 3-76 所示。根据前面的制作方法，完成"图层 33"内容的绘制，效果如图 3-77 所示。

图 3-76

图 3-77

提示：在 Photoshop 中，对图层进行编辑前，首先需要在"图层"面板中单击需要的图层，将其选中，此时所选图层成为"当前图层"。绘画、颜色和色调调整都只能在一个图层中进行，而移动、对齐、变换和应用"图层样式"时，可以一次处理多个图层。

（11）完成游戏网站导航的制作，执行"文件>保存"命令，将文件保存为"光盘\源文件\第 3 章\制作游戏网站导航.psd"，最终效果如图 3-78 所示。

图 3-78

3.4.2 "图层"面板

在"图层"面板中包含了一个文档中的所有图层，在"图层"面板中可以调整图层叠加顺序、图层不透明度以及图层的混合模式等效果。执行"窗口>图层"命令，打开"图层"面板，如图 3-79 所示。

图层过滤：用于对"图层"面板中各种不同类型的图层进行快速查找显示。在下列拉列表中包括 6 个选项，如图 3-80 所示，选择不同的选项，右侧将显示相应的参数。

图层混合模式：通过设置不同的图层混合模式可以改变当前图层与其他图层叠加的效果，混合模式可以对下方的图层起作用。

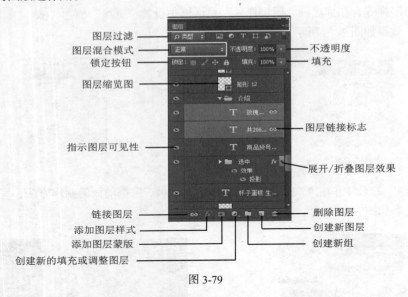

图 3-79

锁定按钮：通过"锁定透明像素"按钮▨、"锁定图像像素"按钮✐、"锁定位置"按钮✛、"锁定全部"按钮🔒可以对图层中对应的内容进行锁定，避免对图像内容进行误操作。

不透明度：用于设置图层的整体不透明度，设置的不透明度对该图层中的任何元素都会起作用，每个图层都可以设置单独的不透明度。

填充：用于设置图层的整体不透明度，设置的不透明度对该图层中的任何元素都会起作用，每个图层都可以设置单独的不透明度。

图 3-80

图层缩览图：在该缩览图中显示当前图层中的图像，可以快速地对每一个图层进行辨认，图层中的图像一旦被修改，缩览图中的内容也会随之改变。

指示图层可见性：单击该按钮可以将图层隐藏，再次单击则可以将隐藏的图层显示。隐藏的图层不可以编辑，但可以移动。

图层链接标志：单击一个链接图层，将在"图层"面板中显示链接的所有图层，可以对链接的图层同时执行移动或变换操作。

展开/折叠图层效果：单击该按钮可以展开图层效果，显示为当前图层添加的图层样式种类，再次单击则可以将显示的图层效果折叠起来。

3.4.3　图层的基本操作

新建图层：创建新图层的方法有很多种，可以直接在"图层"面板中通过单击按钮来创建，也可以通过执行相应的菜单命令来创建新的图层。

执行"图层>新建>图层"命令或按快捷键 Ctrl+Shift+N，弹出"新建图层"对话框，如图 3-81 所示。在该对话框中可以对所要新建的图层名称、模式等属性进行设置，单击"确定"按钮，此时在"图层"面板中会生成一个与"新建图层"对话框中名称相同的新图层，如图 3-82 所示。

单击"图层"面板中的"创建新图层"按钮🔲，即可在"图层"面板中创建新图层，这种方法与通过"新建"命令创建新图层的方法相同。

图 3-81   图 3-82

复制图层：将需要复制的图层拖拽到"图层"面板中的"创建新图层"按钮 ⬛ 上，即可复制图层。执行"图层>复制图层"命令，弹出"复制图层"对话框，通过该对话框也可以复制图层。

删除图层：选择需要删除的图层，单击"图层"面板中的"删除图层"按钮 🗑 或将需要删除的图层拖拽至"删除图层"按钮上，即可将选中的图层删除。

调整图层顺序：在"图层"面板中选中需要调整顺序的图层，按住鼠标左键拖动该图层，即可调整其叠放的顺序。还可以通过"排列"命令调整图层叠放次序，选择需要调整的图层，执行"图层>排列"命令，在弹出的排列子菜单中也可以调整图层。

链接图层：将图层链接在一起后，可以同时对多个图层中的内容进行移动或是执行变换操作。如果是想将图层链接在一起，可以选择需要链接的图层并单击"图层"面板中的"链接图层"按钮 🔗，即可将选择的图层链接在一起。

3.5 图层样式

Photoshop CC 提供了许多各种各样的图层样式，使用这些图层样式可以为对象添加外发光、投影、内阴影、描边等效果。

命令介绍

图层样式：图层样式是图层中最重要的功能之一，通过图层样式可以为图层添加描边、阴影、外发光、浮雕等效果，甚至可以改变原图层中图像的整体显示效果。

3.5.1　课堂案例——使用图层样式制作网页广告文字

【案例学习目标】掌握为文字添加图层样式的方法。

【案例知识要点】在画布中输入相应的文字，为文字添加"渐变叠加"和"投影"图层样式，从而制作出网页广告文字效果，如图 3-83 所示。

【效果所在位置】光盘\源文件\第 3 章\使用图层样式制作网页广告文字.psd。

（1）打开图像素材"光盘\源文件\第 3 章\素材\35101.jpg"，使用"横排文字工具"，在画布中单击并输入文字，如图 3-84 所示。双击该文字图层，弹出"图层样式"对话框，选择"渐变叠加"选项，对相关选项进行设置，如图 3-85 所示。

图 3-83

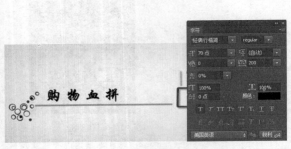

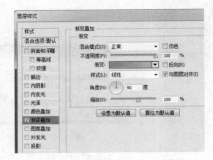

图 3-84   图 3-85

提示：通过"颜色叠加""渐变叠加"和"图案叠加"图层样式，可以为图层叠加指定的颜色、渐变色或图案，并且可以对叠加效果的不透明度、方向和大小等进行设置。

（2）单击"应用"按钮，可以看到为文字应用"渐变叠加"图层样式的效果，如图 3-86 所示。在"图层样式"对话框中选择"投影"选项，对相关选项进行设置，如图 3-87 所示。

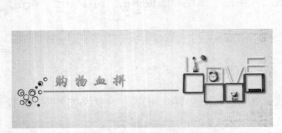

图 3-86   图 3-87

（3）单击"确定"按钮，完成"图层样式"对话框的设置，可以看到为文字添加图层样式的效果，如图 3-88 所示。使用"横排文字工具"，在画布中单击并输入文字，如图 3-89 所示。

（4）双击该文字图层，在弹出的"图层样式"对话框中选择"投影"选项，对相关选项进行设置，如图 3-90 所示。单击"确定"按钮，完成"图层样式"对话框的设置，可以看到文字的效果，如图 3-91 所示。

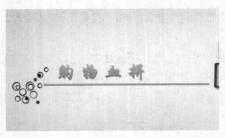

图 3-88   图 3-89

（5）使用相同的制作方法，可以在图像中输入其他文字。完成网页广告文字的制作后，执行"文件>保存"命令，将文件保存为"光盘\源文件\第 3 章\使用图层样式制作网页广告文字.psd"，如图 3-92 所示。

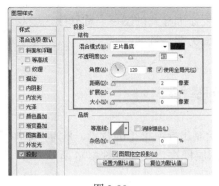

图 3-90

图 3-91

图 3-92

3.5.2 添加图层样式

选择需要添加图层样式的图层，执行"图层>图层样式"命令，通过"图层样式"子菜单中相应的选项可以为图层添加图层样式，如图 3-93 所示。单击"图层"面板下方的"添加图层样式"按钮 *fx*，在弹出菜单中也可以选择相应的样式，如图 3-94 所示；弹出"图层样式"对话框，如图 3-95 所示。

图 3-93

图 3-94

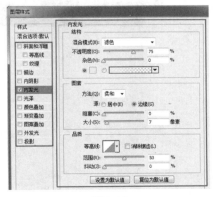

图 3-95

提示：应用图层样式的方法除了上述两种外，还可以在需要添加样式的图层名称外侧区域双击，也可以弹出"图层样式"对话框，弹出对话框默认的设置界面为混合选项。

3.6 课堂练习——制作网站导航菜单

【练习知识要点】为背景图层填充颜色，使用绘图工具绘制出导航菜单的背景，并为其添加相应的图层样式，输入相应的导航菜单文字，为文字添加相应的图层样式，效果如图 3-96 所示。

【素材所在位置】无。

【效果所在位置】光盘\源文件\第 3 章\制作网站导航菜单.psd。

图 3-96

3.7 课后习题——制作网页图文混排

【习题知识要点】拖入素材图像，在画布中绘制矩形并设置不透明度，输入相应的文字内容，效果如图 3-97 所示。

【素材所在位置】光盘\源文件\第 3 章\素材\3701.png 至 3705.png。

【效果所在位置】光盘\源文件\第 3 章\制作网页图文混排.psd。

图 3-97

第**4**章

修改网页图像的形状和颜色

本章介绍

在 Photoshop CC 中，用户不仅可以对图像的形状、背景等内容进行修改，也可以对图像的颜色进行修改。通过细致的处理之后，即可使图像更加完美地呈现在浏览者眼前，达到更好的宣传效果。本章将为读者详细介绍如何修改网页图像的形状和颜色。

学习目标

- 掌握选框工具组的使用方法
- 掌握套索和魔棒工具组的使用
- 掌握图章工具组的使用方法
- 掌握修复工具组的使用方法
- 掌握"色相/饱和度"功能的使用
- 掌握"亮度/对比度"功能的使用
- 掌握如何为图像替换颜色

技能目标

- 掌握"制作精美网站促销广告"的方法
- 掌握"去除图像不需要的内容"的方法
- 掌握"使用仿制图章工具复制图像"的方法
- 掌握"去除水印"的方法
- 掌握"调整网页中的图像"的方法
- 掌握"调整网站广告的色调"的方法
- 掌握"替换图像颜色"的方法

4.1 创建与编辑选区

在 Photoshop 中处理局部图像时，首先要指定编辑操作的有效区域，即创建选区。选区是用户通过选区绘制工具在当前图片文件中选取的图像区域，在图像窗口中显示为流动的虚线，创建选区相当于在当前图层中指定可操作的工作区域。

命令介绍

选框工具组：通过选框工具组可以绘制具有不同特点的规则几何形状的选区，选框工具是最常用的选区创建工具。

套索工具组：用户可以使用选框工具组创建具有规则几何形状的选区，但如果遇到需要创建外形不规则的选区的情况，可以使用套索工具组。

魔棒工具组：通过魔棒工具组中的两种工具可以选择图像中色彩变化不大且色调相近的区域。

修改选区：用户完成选区的创建后，可以执行"选择>修改"菜单中的子菜单命令对所创建的选区进行修改和调整。

4.1.1 课堂案例——制作精美网站促销广告

【案例学习目标】掌握使用选框工具创建选区。

【案例知识要点】使用"矩形选框工具"在图像中创建矩形选区，为选区填充颜色，通过图层蒙版和"填充"属性调整图形效果，拖入素材并输入文字，最终完成精美网站促销广告的制作，如图 4-1所示。

【效果所在位置】光盘\源文件\第 4 章\制作精美网站促销广告.psd。

图 4-1

（1）执行"文件>新建"命令，在弹出的"新建"对话框中进行设置，如图 4-2 所示。单击"确定"按钮，新建一个空白文档、设置"前景色"为 RGB（153、0、0），按快捷键 Alt+Delete，为"背景"图层填充前景色，如图 4-3 所示。

图 4-2

图 4-3

（2）新建"图层 1"，设置"前景色"为 RGB（51、48、48），使用"矩形选框工具"在画布中绘制选区，按快捷键 Alt+Delete 为选区填充前景色，然后取消选区，如图 4-4 所示。为该图层添加图层蒙版，使用柔角画笔在蒙版中进行涂抹，并设置其"填充"为 40%，效果如图 4-5 所示。

（3）打开并拖入素材图像"光盘\源文件\第 4 章\素材\41101.png"，自动生成"图层 2"，调整至合适的位置，如图 4-6 所示。设置其"填充"值为 8%，可以看到图像效果，如图 4-7 所示。

图 4-4   图 4-5   图 4-6

（4）使用相同的制作方法，打开并拖入其他素材图像，调整至合适的位置，设置相应的"填充"值，添加蒙版并进行相应的处理，效果如图 4-8 所示。新建"图层 5"，设置"前景色"为 RGB（102、0、0），使用"矩形选框工具"在画布中绘制选区，并填充前景色，效果如图 4-9 所示。

图 4-7   图 4-8   图 4-9

提示：选区是以像素为基本单位组成的，而像素是构成图像的基本单位，所以选区的大小至少要有 1 个单位的像素。

（5）按快捷键 Ctrl+T，调出变换框，对图形进行旋转操作，并为其添加"投影"图层样式，在弹出的"图层样式"对话框中进行设置，如图 4-10 所示。单击"确定"按钮，即可看到图像效果，如图 4-11 所示。

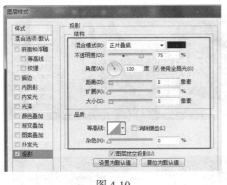

图 4-10   图 4-11

（6）分别打开并拖入素材图像 41104.png、41105.png，移至合适的位置，并为"图层 6"添加"投影"图层样式，在弹出的"图层样式"对话框中进行设置，如图 4-12 所示。单击"确定"按钮，可以看到图像效果，如图 4-13 所示。

（7）使用"自定形状工具"，在"选项"栏中进行设置，在画布中绘制形状，效果如图 4-14 所示。使用"横排文字工具"，打开"字符"面板进行设置，在画布中输入文字，如图 4-15 所示。

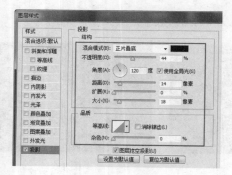

图 4-12

图 4-13

图 4-14

图 4-15

（8）为文字添加"投影"图层样式，效果如图 4-16 所示。使用相同的制作方法，输入其他文字，并添加相应的图层样式，效果如图 4-17 所示。

（9）复制相应的文字，对其进行垂直翻转操作，并移至合适的位置，效果如图 4-18 所示。为该文字图层添加图层蒙版，使用"渐变工具"在蒙版中填充黑白线性渐变，效果如图 4-19 所示。

图 4-16

（10）完成网站精美促销广告的制作，执行"文件>保存"命令，将文件保存为"光盘\源文件\第 4 章\制作精美网站促销广告.psd"，最终效果如图 4-20 所示。

图 4-17

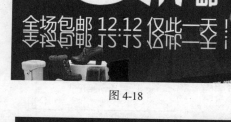

图 4-18

图 4-19

图 4-20

4.1.2　选框工具组

选框工具组位于工具箱的左上角，包括"矩形选框工具""椭圆选框工具""单行选框工具"和"单列选框工具"，如图 4-21 所示。可以直接通过单击工具图标选择相应的工具，对于"矩形选框工具"和"椭圆选框工具"，还可以通过按键盘上的快捷键 M 进行选择。

图 4-21

在工具箱中选择选框工具时，其"选项"栏中会出现该工具的相关属性设置，4 种选框工具在"选项"栏中的相关设置大体相同，选择"矩形选框工具"，可以在其"选项"栏中设置"羽化""样式"等参数，如图 4-22 所示。

选区运算按钮组

图 4-22

选区运算按钮组：选区的运算方式有"新选区" ■、"添加到选区" ■、"从选区减去" ■、"与选区相交" ■ 4 种。单击"新选区"按钮，指在画布中同时只能创建一个选区，创建其他选区会将当前选区替换；单击"添加到选区"按钮，可以在画布中创建的新选区，并将新选区与原有选区相加；单击"从选区减去"按钮，可以从当前选区范围中减去与当前选取范围相加的选区；单击"与选区相交"按钮，指的是将只保留两个选区交叉部分。

羽化：用来设置选区羽化的值，羽化值的范围在 0~250px 之间，羽化值越高、羽化的宽度范围也就越大；羽化值越小、创建的选区越精确。

消除锯齿：图像中最小的元素是像素，而像素是正方形的，所以在创建椭圆、多边形等不规则选区时，选区会产生锯齿状的边缘，尤其将图像放大后，锯齿会更加明显。该选项可以在选区边缘一个像素宽的范围内添加与周围图像相近的颜色，使选区看上去比较光滑。

样式：用来设置选区的创建方法，一共有 3 种设置样式的方法。如果选择"正常"选项，可通过拖动鼠标创建任意大小的选区，该选项为默认设置；如果选择"固定比例"选项，可在右侧的"宽度"和"高度"文本中输入数值，创建固定比例的选区，如图 4-23 所示。如果选择"固定大小"选项，可在"宽度"和"高度"文本框中输入选区的宽度和高度，如图 4-24 所示，在绘制选区时，只需在画布中单击便可创建固定大小的选区。

图 4-23　　　　　　　　　　　　　　　　　图 4-24

调整边缘：单击该按钮可以弹出"调整边缘"对话框，对选区进行更加细致的操作，这是一种比较重要的处理选区的方法。

4.1.3　课堂案例——去除图像不需要的内容

【案例学习目标】掌握"套索工具"的使用。

【案例知识要点】使用"套索工具"在图像中创建不规则选区，使用"填充"功能，通过内容识别填充将选区中的图像修改为与周围相同的图像，如图 4-25 所示。

【效果所在位置】光盘\源文件\第 4 章\去除图像不需要的内容.psd。

图 4-25

（1）打开图像"光盘\源文件\第 4 章\素材\41301.jpg"，效果如图 4-26 所示。复制"背景"图层，得到"背景 拷贝"图层，如图 4-27 所示。

图 4-26
图 4-27

（2）单击工具箱中的"套索工具"按钮，在图像中不需要的部分创建选区，如图 4-28 所示。执行"编辑>填充"命令，弹出"填充"对话框，在"使用"下拉列表中选择"内容识别"选项，如图 4-29 所示。

图 4-28
图 4-29

> **提示**：内容识别填充会随机合成相似的图像内容。如果对填充的结果不满意，可以执行"编辑>还原"命令，然后应用其他的内容进行识别填充。

（3）单击"确定"按钮，完成"填充"对话框的设置，可以看到去除图像中不需要内容后的效果，执行"文件>保存"命令，将文件保存为"光盘\源文件\第 4 章\去除图像不需要的内容.psd"，如图 4-30 所示。

图 4-30

4.1.4 套索工具组

套索工具组共包括"套索工具""多边形套索工具"和"磁性套索工具"3 种，如图 4-31 所示，可用来创建曲线、多边形或不规则形态的选区。

图 4-31

"套索工具"用于手动创建不规则的选区；"多边形套索工具"用于创建具有直线或折线外形的选区；"磁性套索工具"用于沿图像中颜色反差较大的边缘创建选区。套索工具组中的几种工具的作用虽然有所不同，但使用方法基本相同。

> **提示**：使用"套索工具"在画布中单击，并拖动鼠标绘制选区，如果在拖动鼠标的过程中，释放鼠标，则会在该点与起点间创建一条直线再封闭选区。使用"磁性套索工具" ，绘制选区的过程中，按住 Alt 键在其他区域单击，可切换为"多边形套索工具" ，创建直线选区；按住 Alt 键单击并拖动鼠标，可切换为"套索工具" 。

4.1.5 魔棒工具组

在魔棒工具组内有"快速选择工具"与"魔棒工具"两种工具，如图 4-32 所示。

"快速选择工具"能够利用可调整的圆形画笔笔尖快速绘制选区，可以拖动或单击以创建选区，选区会向外扩展并自动查找和跟随图像中定义颜色相近区域。单击工具箱中的"快速选择工具"按钮 ，在画布中拖动即可创建选区，如图 4-33 所示。

图 4-32

"魔棒工具"能够选取图像中色彩相近的区域，比较适合选取图像中比较单一颜色的选区，单击工具箱中的"魔棒工具"按钮 ，在画布中拖动即可创建选区，如图 4-34 所示。

图 4-33

图 4-34

4.1.6 修改选区

选区作为 Photoshop 中最基本的工具，虽然功能十分简单，却发挥着巨大的作用。用户创建选区后，还能够根据实际需要对选区进一步操作。用户可以执行"选择>反向"命令对选区进行反选操作，还可以通过"扩展""收缩""平滑""羽化"以及"变换选区"等命令对选区进行修改操作。

图 4-35

扩展选区是指将当前选区按照设定的数值进行扩大，其操作方法应建立在已有选区的基础上，执行"选择>修改>扩展"命令，弹出"扩展选区"对话框，如图 4-35 所示，即可在该对话框中设置相应的扩展数值，实现扩展选区的效果。

收缩选区是指将当前选区按照设定的数值进行缩小，其操作方法应建立在已有选区的基础上，执行"选择>修改>收缩"命令，弹出"收缩选区"对话框，如图 4-36 所示，即可在该对话框中设置相应的收缩数值，实现收缩选区的效果。

平滑选区用于消除选区边缘的锯齿，其操作方法同样应建立在已有选区的基础上，执行"选择>修改>平滑"命令，弹出"平滑选区"对话框，如图 4-37 所示，即可在该对话框中设置适合的平滑数值，实现平滑选区的效果。

羽化选区可以使选区呈平滑收缩状态，同时虚化选区的边缘，其操作方式应建立在已有选区的基础上，执行"选择>修改>羽化"命令，弹出"羽化选区"对话框，如图 4-38 所示，即可在该对话框中设置羽化数值，实现羽化选区的效果。

图 4-36

图 4-37

图 4-38

> 提示：在"羽化选区"对话框中设置的羽化半径值与最终形成的选区大小成反比，半径越大，最终选区的范围越小，反之，则最终选区的范围越大。

变换选区是根据命令对已有选区进行调整，其操作方法是执行"选择>变换选区"命令，在选区周围自动出现带有 8 个控制点的变换框，单击鼠标右键，在弹出的菜单中选择相应的选项，如图 4-39 所示，可拖动控制点变换选区，单击"选项"栏右侧的"提交变换"按钮 ✓ 确定变换选区，或单击"取消变换"按钮 ⊘ 放弃变换选区。

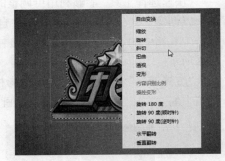
图 4-39

4.2 修改图像

通过素材获得的图像往往不能完全满足用户的需要。例如拍摄的时装展照片中有多余的背景人群、商品广告中有需要擦除的文字、图片主体对象显示不完全等情况，这时就需要利用 Photoshop 中提供的修饰工具来修改图像，使其符合设计的整体要求。

命令介绍

图章工具组：一般日常中拍摄的图片可能并不好看，可能会出现一些多余的景物，那么此时就需要使用图章工具组对图像进行适当的修改。

橡皮擦工具组：橡皮擦工具组用来删除图像中多余的部分，具体使用效果和在图像窗口中的鼠标指针形状都有所不同。

修复工具组：修复工具组可以将取样点的颜色信息十分精确地复制到图像其它区域，并保持目标图像的色相、饱和度、高度以及纹理等属性。

4.2.1　课堂案例——使用仿制图章工具复制图像

【案例学习目标】学习使用套索工具组，魔棒工具组等。

【案例知识要点】把图像中不需要的部分利用套索和魔棒等工具进行去除，如图 4-40 所示。

【效果所在位置】光盘\源文件\第 4 章\使用仿制图章工具复制图像.psd。

（1）执行"文件>打开"命令，打开素材文件"光盘\源文件\第 4 章\素材\42101.jpg"，如图 4-41 所示。打开"图层"面板，复制"背景"图层得到"背景 拷贝"图层，如图 4-42 所示。

图 4-40

图 4-41

图 4-42

（2）单击工具箱中的"仿制图章工具"按钮 ，将指针移至图像中相应的位置，按住 Alt 键，在图像中单击设置取样点，如图 4-43 所示。将指针移至需要复制图像的位置，松开 Alt 键在图像中单击并拖动鼠标，在该位置来回拖动仿制图像，效果如图 4-44 所示。

图 4-43

图 4-44

> **提示**：在使用"仿制图章工具"时，按"]"键可以加大笔触，按"["键可以减小笔触。按快捷键 Shift+]，可以加大笔触的硬度。按快捷键 Shift+[，可以减小笔触的硬度。在使用"仿制图章工具"时，在图像中单击鼠标右键，可以打开"画笔预设"选取器。

（3）使用相同的制作方法，继续使用"仿制图章工具"，可以在图像中复制出其他图像效果，如图 4-45 所示。执行"文件>保存"命令，将文件保存为"光盘\源文件\第 4 章\使用仿制图章工具复制图像.psd"，最终效果如图 4-46 所示。

> **提示**：使用"仿制图章工具"最主要的就是细节的处理，根据涂抹位置的不同，笔触的大小也要有所变化，而且要在不同的位置取样后进行涂抹，这样才能保证最终效果与原始图像相融合，没有瑕疵。

图 4-45   图 4-46

4.2.2　图章工具组

Photoshop CC 的工具箱中的图章工具组包括"仿制图章工具"和"图案图章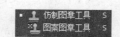
工具",如图 4-47 所示,可以使用他们来修改图像和绘制图案。

仿制图章工具:使用"仿制图章工具"可以将图像中的全部或者部分区域复 图 4-47
制到其他位置或是其他图像中,通常使用该工具来去除图片中的污点、杂点或者进行图像合成,"仿制
图章工具"的"选项"栏如图 4-48 所示。

图 4-48

对齐:勾选中该复选框后,在操作过程中,一次仅复制一个源图像;不勾选该复选框则将连续复
制多个相同的源图像。

样本:该选项的下拉列表中包含"当前图层""当前和下方图层"和"所有图层"3 个选项,默认
选中"当前图层"选项,在其中可以选择样本的对象,即只在当前图层中选择样本。

图案图章工具:"图案图章工具"██ 的使用方法和"仿制图章工具"基本相同,但操作时不需要
按住 Alt 键进行取样,另外,在该工具的"选项"栏中增加了两个选项,如图 4-49 所示。

图 4-49

"图案"下拉列表:用于选择在图像中填充的图案,单击右侧的倒三角按钮,在弹出列表框中列出
了 Photoshop CS6 自带的图案选项,如图 4-50 所示,选择其中的选项后,在图像中拖动鼠标即可绘制
该图案。

印象派效果:勾选中该复选框,可使复制的图像效果具有类似于印象派油画的风格,画面比较抽
象、模糊,默认为未选中状态。需要注意的是,勾选中该复选框后,在图像中拖动鼠标进行喷涂的艺
术效果是随机产生的,没有一定的规则,如图 4-51 所示。

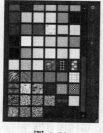

图 4-50   图 4-51

4.2.3 橡皮擦工具组

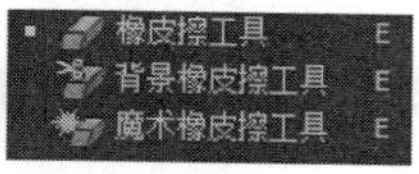

图 4-52

Photoshop CC 的工具箱中的橡皮擦工具组包括“橡皮擦工具”“背景橡皮擦工具”和“魔术橡皮擦工具”，如图 4-52 所示。

使用“橡皮擦工具”，在图像中涂抹可以擦除图像。如果在“背景”图层或锁定了透明区域的图像中使用该工具，则被擦除的部分会显示为背景色。

“背景橡皮擦工具”是一种智能橡皮擦，它具有自动识别对象边缘的功能，可采集画笔中心的色样，并删除在画笔内出现的这种颜色，使擦除区域成为透明区域。

“魔术橡皮擦工具”主要用于删除图像中颜色相近或大面积单色区域的图像，与“魔棒工具”相类似。

4.2.4 课堂案例——去除水印

【案例学习目标】掌握“修补工具”和“污点修复画笔工具”的使用方法。

【案例知识要点】使用“修补工具”在需要处理的位置创建选区，并将选中的移至旁边位置，从而使用周围的像素修补选区中的内容，结合使用“污点修复画笔工具”在水印部分进行修复操作，最终完成图像中水印的去除操作，如图 4-53 所示。

【效果所在位置】光盘\源文件\第 4 章\去除水印.psd。

图 4-53

（1）执行“文件>打开”命令，打开素材图像“光盘\源文件\第 4 章\素材\42401.jpg”，效果如图 4-54 所示。复制“背景”图层得到“背景 副本”图层，如图 4-55 所示。

图 4-54

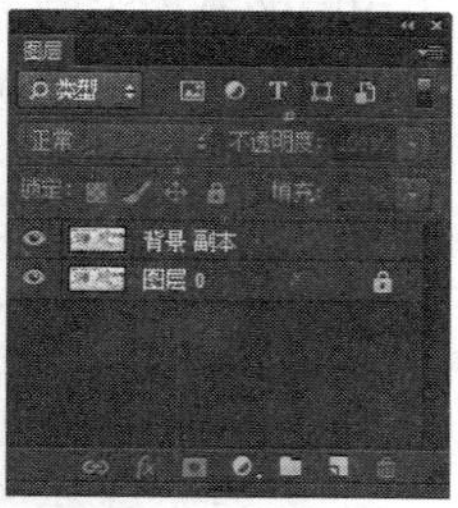

图 4-55

（2）单击工具箱中的“修补工具”按钮，在“选项”栏中对相关选项进行设置，如图 4-56 所示。在图像上的水印处绘制选区，如图 4-57 所示。

图 4-56

图 4-57

（3）将指针移至选区内，单击鼠标不放，将选区拖至颜色相近的背景处，如图 4-58 所示。释放鼠标左键，按快捷键 Ctrl+D，取消选区，效果如图 4-59 所示。

图 4-58

图 4-59

（4）单击工具箱中的"污点修复画笔工具"按钮 ，在"选项"栏中设置"类型"为"内容识别"，打开"画笔预设"选取器，设置如图 4-60 所示。设置完成后，在图像左下角的水印上单击，效果如图 4-61 所示。

图 4-60

图 4-61

（5）使用相同的制作方法，使用"污点修复画笔工具"将其他的水印去除，执行"文件>保存"命令，将文件保存为"光盘\源文件\第 4 章\去除水印.psd"，最终效果如图 4-62 所示。

图 4-62

提示："修补工具"可以使用其他区域或图像中的像素修复选中的区域，"修补工具"会将样本像素的纹理、光照和阴影与源像素进行匹配，"修补工具"的特别之处是需要选区来定位修补的范围。

4.2.5　修复工具组

修复工具组提供了一组十分快捷方便的图像修复工具，包括"污点修复画笔工具""修复画笔工具""修补工具""内容感知移动工具"和"红眼工具"，如图 4-63 所示。

图 4-63

污点修复画笔工具："污点修复画笔工具" ![] 主要用于快速修复图像中的斑点、色块、污迹、霉变和划痕等小面积区域。与"修复画笔工具"的效果类似，也是使用图像或图案中的样本像素进行绘画，并将样本像素的纹理、光照、透明度和阴影与所修复的像素相匹配。

修复画笔工具："修复画笔工具" ![] 与"仿制图章工具"一样，也可以利用图像或图案中的样本像素来绘画。但该工具可以从被修饰区域的周围取样，使用图像或图案中的样本像素进行绘画，并将样本的纹理、光照、透明度和阴影等与所修复的像素相匹配，从而去除图像中的污点和划痕，修复后的效果不会产生人工修复的痕迹。

修补工具："修补工具" ![] 的工作原理与修复工具一样，唯一的区别是在使用该工具进行操作时，要像使用"套索工具"一样绘制一个选区，然后通过该区域内的图像拖动到目标位置完成对目标区域的修复。

内容感知移动工具：使用该工具可以轻松地移动图像中对象的位置，并在对象原位置自动填充附近的图像。

红眼工具：在使用照相机拍摄照片时，闪光灯的光线会给人的眼睛造成产生反光斑点的情况，称为红眼现象，此时可以使用"红眼工具" ![] 消除红眼现象。使用 Photoshop CC 中的"红眼工具"时，只需在红眼睛上单击一次即可修正红眼，使用该工具时可以调整瞳孔大小和暗部数量。

提示：用户在修复图像时，如果由于条件所限无法一次得到所需的结果，则可以综合应用各种修复工具，或者反复应用一种工具完成操作，达到用户的要求为止。

4.3　调整网页图像的颜色

网页的配色是网页设计的重要元素之一，网页的背景、文字、图标等元素所采用的颜色，应该符合网站内容的要求，符合受众者的心理预期和审美的要求，才能起到烘托的作用，使网页整体更加统一。当图像素材不符合当前网页的风格要求，存在颜色不匹配、亮度不适当、色调不统一等问题时，可以根据需要在操作窗口中执行"图像>调整"命令，在弹出菜单中选择相应的选项对图像的颜色进行调整。

命令介绍

在 Photoshop 中提供了 3 种自动调整命令，可以通过这 3 种命令自动调整图像。

亮度/对比度：该命令主要用来调整图像的亮度和对比度。

色相/饱和度：可以调整图像中特定颜色范围的色相、饱和度和亮度，或者同时调整该图像中的所有颜色。

替换颜色：使用该命令可以选择图像中的特定颜色，然后将其替换为其他颜色。

4.3.1　课堂案例——调整网页中的图像

【案例学习目标】掌握自动调整命令和"亮度/对比度"命令的使用方法。

【案例知识要点】选中需要调整的图层，执行自动调整命令，对图像进行自动调整，执行"图像>调整>亮度/对比度"命令，在弹出的对话框中对图像亮度和对比度进行调整，如图 4-64 所示。

【效果所在位置】光盘\源文件\第 4 章\调整网页中的图像.psd。

（1）执行"文件>打开"命令，打开素材文件"光盘\源文件\第 4 章\素材\43101.psd"，效果

图 4-64

如图 4-65 所示。在"图层"面板中选中需要调整的图像所在图层，如图 4-66 所示。

图 4-65

图 4-66

（2）分别执行"图像"菜单中的"自动色调""自动对比度"和"自动颜色"命令，如图 4-67 所示。为图像应用自动调整命令，效果如图 4-68 所示。

图 4-67

图 4-68

（3）执行"图像>调整>亮度/对比度"命令，如图 4-69 所示。弹出"亮度/对比度"对话框，在对话框中进行相应的设置，如图 4-70 所示。

（4）单击"确定"按钮，完成"亮度/对比度"对话框的设置，图像效果如图 4-71 所示。执行"文件>保存"命令，将文件保存为"光盘\源文件\第 4 章\调整网页中的图像.psd"。

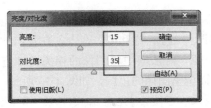

图 4-69　　　　　　　　　　　　　　　　　图 4-70

图 4-71

4.3.2　自动调整命令

在 Photoshop CC 中可以通过一组自动命令对图像色调进行快速调整，包括"自动色调""自动对比度"和"自动颜色"。

自动色调：可以自动调整图像中的黑场和白场，将每个颜色通道中最亮和最暗的像素映射到纯白和纯黑，中间像素值按比例重新分布，从而增强图像的对比度。

自动对比度：可以自动调整图像的对比度，使高光看上去更亮，阴影看上去更暗。

自动颜色：可以通过搜索图像来标识阴影、中间调和高光，从而调整图像的对比度和颜色，我们可以使用该命令来校正出现色偏的照片。

4.3.3　"亮度/对比度"命令

在"亮度/对比度"对话框中可以对图像的亮度和对比度进行调整，如图 4-72 所示。拖动"亮度"滑块或在其文本框中输入数值（范围−100~100），可以调整图像的亮度；拖动"对比度"滑块或在其文本框中输入数值（范围−100~100），可以调整图像的对比度。

图 4-72

亮度和对比度的值为负值，图像亮度和对比度下降；如果值为正值，则图像亮度和对比度增加；当值为 0 时，图像不发生任何变化。

4.3.4　课堂案例——调整网站广告的色调

【案例学习目标】掌握使用"色相/饱和度"命令调整图像色调的方法。

【案例知识要点】选中需要调整的图像，执行"图像>调整>色相/饱和度"命令，在弹出的"色相/饱和度"对话框中对图像的相关选项进行设置，从而调整图像的色调，如图 4-73 所示。

图 4-73

【效果所在位置】光盘\源文件\第 4 章\调整网站广告的色调.psd。

（1）执行"文件>打开"命令，打开素材文件"光盘\源文件\第 4 章\素材\43401.psd"，效果如图 3-74 所示。在"图层"面板中选中需要调整色调的"图层 2"，如图 4-75 所示。

图 4-74

图 4-75

（2）执行"图像>调整>色相/饱和度"命令，如图 4-76 所示。在弹出的"色相/饱和度"对话框中进行相应的设置，如图 4-77 所示。

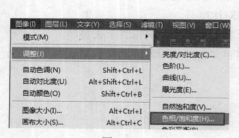

图 4-76

图 4-77

（3）单击"确定"按钮，完成"色相/饱和度"对话框的设置，执行"文件>保存"命令，将文件保存为"光盘\源文件\第 4 章\调整网站广告的色调.psd"，如图 4-78 所示。

图 4-78

提示："色相/饱和度"命令可以调整图像中特定颜色范围的色相、饱和度和亮度，或者同时调整图像中的所有颜色。该命令尤其适用于微调 CMYK 图像中的颜色，以便它们处在输出设备的色域内。

4.3.5 "色相/饱和度"命令

执行"图像>调整>色相/饱和度"命令，弹出"色相/饱和度"对话框，在该对话框中可以对图像的色相、饱和度和亮度进行调整，如图 4-79 所示。

预设：在"预设"选项的下拉列表中可以选择一种预设的色相/饱和度调整选项。

编辑范围：在该选项下拉列表中可以选择要调整的颜色，如选择"全图"选项，可以调整图像中所有的颜色；选择其他颜色选项，则只可以对图像中对应的颜色进行调整。

图 4-79

色相：拖动滑块可以改变图像的色相。

饱和度：向右侧拖动该选项的滑块可以增加饱和度，反之则减少。

明度：向右侧拖动该选项的滑块可以增加亮度，向左侧拖动该选项的滑块可以减少饱和度。

着色：勾选该选项，可以将图像转换为只有一种颜色的单色图像。

"图像调整工具"：按下该按钮后，在图像中单击不放，光标会变成一个小手状，左右滑动可以减少或增加包含单击点像素颜色范围的饱和度。如果单击"图像调整工具"，按住 Ctrl 键不放，在图像中单击并拖动鼠标，可以调节整个图像的色相。

吸管工具：可以使用"吸管工具"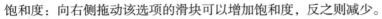在图像中单击定义颜色范围；使用"添加到取样"在图像中单击可以增加颜色范围；使用"从取样中减去"在图像中单击可以减少颜色范围。

颜色条：上面的颜色代表了调整前的颜色，下面的颜色条代表了调整后的颜色。

4.3.6 课堂案例——替换图像颜色

【案例学习目标】掌握使用"替换颜色"命令替换图像中指定颜色的方法。

【案例知识要点】执行"图像>调整>替换颜色"命令，弹出"替换颜色"对话框，在该对话框可以创建需要替换的颜色范围，并设置需要替换的目标颜色，即可替换图像中指定的颜色，如图 4-80 所示。

【效果所在位置】光盘\源文件\第 4 章\替换图像颜色.psd。

（1）打开素材文件"光盘\源文件\第 4 章\素材\43601.psd"，如图 4-81 所示。复制"背景"图层得到"背景 拷贝"图层，如图 4-82 所示。

图 4-80

（2）执行"图像>调整>替换颜色"命令，弹出"替换颜色"对话框，使用"吸管工具"在图像中吸取需要替换的颜色，如图 4-83 所示。通过使用相应的选项，确定需要替换的颜色范围，并设置需要替换成的颜色，如图 4-84 所示。

图 4-81　　　　　　　　　　　　　　　　　图 4-82

图 4-83　　　　　　　　　　　　　　　　　图 4-84

（3）单击"确定"按钮，完成"替换颜色"对话框的设置，完成为广告进行替换颜色的操作，执行"文件>保存"命令，将文件保存为"光盘\源文件\第 4 章\替换图像颜色.psd"，如图 4-85 所示。

图 4-85

提示： 选择"选区"选项，可在预览区域显示蒙版，其中黑色代表了为选择的区域，白色代表了所选区域，灰色代表被部分选择的区域，如果选择"图像"则预览区中显示图像。

4.3.7 "替换颜色"命令

执行"图像>调整>替换颜色"命令,弹出"替换颜色"对话框,如图 4-86 所示。在该对话框中包含了颜色选择选项和颜色调整选项,其中颜色的选择方式与"色彩范围"命令基本相同,而颜色的调整方式又与"色相/饱和度"命令十分相似。

本地化颜色簇:如果正在图像中选择多个颜色范围,可以勾选该选项,创建更加精确的蒙版。

吸管工具:使用"吸管工具" <img>在图像上单击,可以选中光标下的颜色("颜色容差"选项下面的缩略图中,白色代表了选中的颜色);使用"添加到取样工具" <img>在图像上单击,可以添加新的颜色;使用"从取样中减去工具" <img>在图像上单击,可以减少颜色。

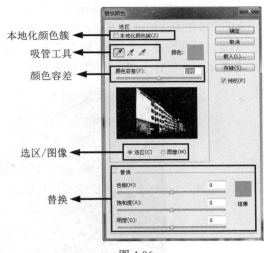

图 4-86

颜色容差:控制颜色的选择精度。该值越高,选中的颜色范围越广。

选区/图像:选中"选区"单选按钮,可在预览区中显示蒙版,其中黑色代表未选择的区域,白色代表选中的区域,灰色代表了被部分选择的区域;选中"图像"单选按钮,则会显示图像的内容,不显示选区。

替换:拖动各个选项滑块即可调整选中的颜色的色相、饱和度和明度。

4.4 课堂练习——调整网站广告效果

【练习知识要点】使用"修补工具"将图像中不需要的文字清除,使用"亮度/对比度"命令调整图像的亮度和对比度,使用"横排文字工具"在图像中输入相应的文字,效果如图 4-87 所示。

【素材所在位置】光盘\源文件\第 4 章\4401.jpg。

【效果所在位置】光盘\源文件\第 4 章\调整网站广告效果.psd。

图 4-87

4.5 课后习题——匹配网站广告颜色

【习题知识要点】选择需要调整的图层，执行"图像>调整>匹配颜色"命令，弹出"匹配颜色"对话框，对相关选项进行设置，单击"确定"按钮，匹配网站广告颜色，效果如图 4-88 所示。

【素材所在位置】光盘\源文件\第 4 章\素材\4501.psd 和 4502.jpg。

【效果所在位置】光盘\源文件\第 4 章\匹配网站广告颜色.psd。

图 4-88

第**5**章 绘制网页元素

本章介绍

一个完美的网站页面除了需要有好的布局和信息内容外，还需要有好的美工，网页元素的制作就是美工工作的重点。一般的网页元素包括页面背景、网页按钮、精美图标、网站 Logo 等，本章将通过设置各种不同的网站元素，向读者介绍 Photoshop 的详细知识点。

学习目标

- 掌握基本绘图工具的使用
- 掌握矢量绘图工具的使用
- 掌握钢笔工具的使用

技能目标

- 掌握"设计网站广告图"的方法
- 掌握制作"网站水晶质感按钮"的方法
- 掌握"设计教育网站 Logo"的方法
- 掌握"设计网站广告页面"的方法

5.1 基本绘图工具

利用基本的绘图工具可以绘制简单的图形来为作品增添色彩，Photoshop CC 中基本的绘图工具包括"画笔工具""铅笔工具""颜色替换工具"和"混合器画笔工具"4 种，如图 5-1 所示。

图 5-1

命令介绍

画笔工具：使用该工具，在"选项"栏上对其相关选项进行相应的设置后，绘制出的线条与真实画笔绘制的类似，线条感觉柔和、自然。

铅笔工具：使用该工具可以绘制出具有硬边的线条。

5.1.1 课堂案例——设计网站广告图片

【案例学习目标】学习基本绘图工具和画笔的使用。

【案例知识要点】使用画笔工具，载入笔刷，在画布中绘制相应的图形，并添加图层蒙版进行相应的处理，最终效果如图 5-2 所示。

【效果所在位置】光盘\源文件\第 5 章\设计网站广告图片.psd。

图 5-2

（1）打开素材图像"光盘\源文件\第 5 章\素材\51101.jpg"，如图 5-3 所示。打开并拖入素材图像"光盘\源文件\第 5 章\素材\51102.png"，调整至合适的位置，如图 5-4 所示。

图 5-3

图 5-4

（2）复制该素材图像，将复制得到的图像垂直翻转，为该图层添加图层蒙版，使用"渐变工具"在蒙版中填充黑白线性渐变，设置该图层的"不透明度"为 80%，效果如图 5-5 所示，"图层"面板如图 5-6 所示。

图 5-5

图 5-6

（3）打开并拖入素材图像"光盘\源文件\第 5 章\素材\51103.png"，调整至合适的位置，如图 5-7 所示。新建图层，使用"画笔工具"，载入外部笔刷"光盘\源文件\第 5 章\素材\51104.abr"，如图 5-8 所示。

图 5-7

图 5-8

（4）选择合适的画笔笔触，设置"前景色"为白色，在画布中进行绘制，如图 5-9 所示。为该图层添加图层蒙版，使用"渐变工具"在蒙版中填充黑白线性渐变，如图 5-10 所示。

图 5-9

图 5-10

提示：使用"画笔工具"时，按键盘上的"["或"]"键可以减小或增加画笔的直径；按 Shift+[或 Shift+]键可以减少或增加所选笔触的硬度；按住键盘区域或小键盘区域的数字键可以调整画笔工具的不透明度；按住 Shift+主键盘区域的数字键可以调整画笔工具流量。

（5）使用"横排文字工具"，打开"字符"面板，对文字的相关属性进行设置，如图 5-11 所示。在画布中单击并输入相应的文字，如图 5-12 所示。

图 5-11

图 5-12

（6）栅格化文字图层，按快捷键 Ctrl+T，显示自由变换框，对文字进行相应的变形处理，如图 5-13 所示。按 Enter 键，确认文字变换操作，添加"投影"图层样式，设置如图 5-14 所示。

（7）单击"确定"按钮，完成网站广告图片的设计制作，执行"文件>保存"命令，将文件保存为"光盘\源文件\第 5 章\设计网站广告图片.psd"，效果如图 5-15 所示。

图 5-13

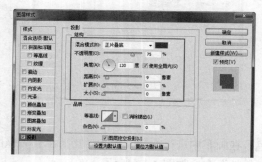

图 5-14

图 5-15

5.1.2 画笔工具

在 Photoshop CC 中，单击工具箱中的"画笔工具"按钮 ，在"选项"栏中可以对"画笔工具"的相关选项进行设置，如图 5-16 所示。

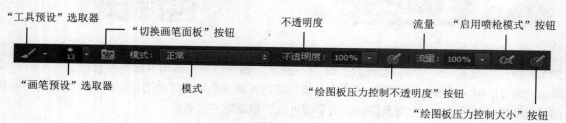

图 5-16

"工具预设"选取器：可以选择系统预设的画笔样式或将当前画笔定义为预设画笔。

"画笔预设"选取器：在"画笔预设"选取器中可以对画笔的大小、硬度以及样式进行设置，如图 5-17 所示。单击"画笔预设"选取器右上角的按钮，在弹出菜单中可以将对画笔进行的自定义设置保存为画笔预设或选择更多的画笔类型，如图 5-18 所示。

"切换画笔面板"按钮 ：单击该按钮可以切换"画笔"面板的打开与关闭。打开"画笔"面板后，在该面板中可以对画笔工具的更多扩展选项进行设置。

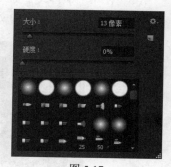

图 5-17

模式：当使用"画笔工具"在图像中进行涂抹时，该选项用于设置涂抹区域颜色与图像像素之间的混合模式。在"模式"的下拉列表中大部分选项与"图层混合模式"的选项相同，只有两种模式是图层混合模式中没有的，分别为"背后"和"清除"模式，但是这两个选项对已"锁定透明像素""锁定图像像素"的图层或"背景"图层不起作用。

不透明度：当使用"画笔工具"在图像中进行涂抹时，该选项用于设置笔尖部分颜色的不透明度。

"绘图板压力控制不透明度"按钮 ：如果正在使用外部绘图板设备对"画笔工具"进行操作，按下该按钮后，在"选项"栏中设置的"不透明度"便不会对使用绘图板绘制图形的不透明度产生影响。

流量：当使用"画笔工具"在画布中进行涂抹时，该选项用来控制笔尖部分的颜色流量。

"启用喷枪模式"按钮 ：启用喷枪模式后，将使用喷枪模拟绘画。如果按住鼠标按钮，当前光标所在位置的颜色量将会不断增加。

"绘图板压力控制大小" 按钮 ：按下该按钮，可以控制画笔的大小。该按钮与"绘图板压力控制不透明度"按钮一样，都需要在连接外部绘图板设置时才起作用。

新建画笔预设

更多画笔类型

图 5-18

5.1.3 铅笔工具

单击工具箱中的"铅笔工具"按钮 ，在"选项"栏中即可对"铅笔工具"的相关选项进行设置，如图 5-19 所示。

图 5-19

自动抹除：未勾选该选项时，在使用"铅笔工具"进行绘制时，绘制出的线条颜色均为前景色；勾选该选项后，使用"铅笔工具"绘制图形时，如果绘制区域的颜色与前景色相同，那么绘制出的线条会自动更改为背景色。

5.2 矢量绘图工具

通过 Photoshop CC 中的形状工具能够绘制出矢量图形及路径，其中包含了 6 种形状工具，分别为"矩形工具""圆角矩形工具""椭圆工具""多边形工具""直线工具"和"自定形状工具"，如图 5-20 所示。

图 5-20

命令介绍

矩形工具：使用该工具可以绘制矩形和正方形。

圆角矩形工具：使用该工具可以绘制圆角矩形。

椭圆工具：使用该工具可以绘制椭圆形和正圆形。

多边形工具：使用该工具可以绘制三角形、六边形等形状。

直线工具：使用该工具可以绘制粗细不同的直线和带有箭头的线段。

自定形状工具：使用该工具可以绘制多种不同类型的形状。

5.2.1 课堂案例——制作网站水晶质感按钮

【案例学习目标】掌握使用矢量绘图工具绘制各种形状图形。

【案例知识要点】使用"圆角矩形工具"在画布中绘制圆角矩形，为该图形添加相应的图层样式；使用其他的矢量绘图工具在画布中绘制图形，并分别添加相应的图层样式进行处理，从而完成网站水晶质感按钮的绘制，效果如图 5-21 所示。

【效果所在位置】光盘\源文件\第 5 章\制作网站水晶质感按钮.psd。

图 5-21

（1）执行"文件>新建"命令，在弹出的"新建"对话框中进行相应的设置，如图 5-22 所示，单击"确定"按钮，即可新建一个空白文档。为画布填充颜色为 RGB（251、185、167），使用"圆角矩形工具"，设置"前景色"为 RGB（76、68、66），在"选项"栏进行设置，在画布中绘制圆角矩形，如图 5-23 所示。

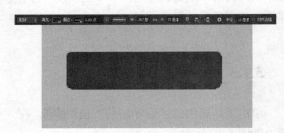

图 5-22

图 5-23

提示：使用"圆角矩形工具"时，可以通过"选项"栏上的"半径"选项来设置所绘制的圆角矩形的圆角半径，数值越大，圆角越广。

（2）为"圆角矩形 1"图层添加"渐变叠加"图层样式，在弹出的"图层样式"对话框中进行设置，如图 5-24 所示。选择"投影"选项，对投影的相关选项进行设置，如图 5-25 所示。

图 5-24

图 5-25

（3）单击"确定"按钮，完成"图层样式"对话框的设置，效果如图 5-26 所示。使用相同的制作方法，完成相似内容的制作，并设置"圆角矩形 3"图层的"填充"为 0%，效果如图 5-27 所示。

图 5-26

图 5-27

（4）使用"钢笔工具"，设置"前景色"为 RGB（76、68、66），在画布中绘制形状图形，如图 5-28 所示。为"形状 1"图层添加"渐变叠加"图层样式，在弹出的"图层样式"对话框中对相关选项进行设置，如图 5-29 所示。

图 5-28　　　　　　　　　　　　　　　　图 5-29

（5）单击"确定"按钮，可以看到图像效果，如图 5-30 所示。设置"形状 1"图层的"填充"为 0%，效果如图 5-31 所示。

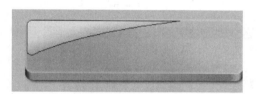

图 5-30　　　　　　　　　　　　　　　　图 5-31

（6）设置"前景色"为 RGB（76、68、66），使用"椭圆工具"，在画布中绘制椭圆形，为"椭圆 1"图层添加"渐变叠加"图层样式，在弹出的"图层样式"对话框中对相关选项进行设置，如图 5-32 所示。单击"确定"按钮，可以看到图像效果，并设置该图层的"不透明度"为 50%，"填充"为 0%，效果如图 5-33 所示。

图 5-32　　　　　　　　　　　　　　　　图 5-33

（7）使用相同的制作方法，完成相似图形的绘制，效果如图 5-34 所示。新建"图层 1"，使用"矩形选框工具"在画布中绘制矩形选区，为选区填充颜色为 RGB（76、68、66），为"图层 1"添加"投影"图层样式，在弹出的"图层样式"对话框中对相关选项进行设置，如图 5-35 所示。

（8）单击"确定"按钮，图像效果如图 5-36 所示。设置"前景色"为 RGB（76、68、66），使用"圆角矩形工具"，在画布中绘制圆角矩形，栅格化该形状图层，使用"矩形选框工具"框选并删除不需要的部分，效果如图 5-37 所示。

（9）为"圆角矩形 4"图层添加"渐变叠加"图层样式，在弹出的"图层样式"对话框中对相关选项进行设置，如图 5-38 所示。单击"确定"按钮，设置该图层的"填充"为 0%，效果如图 5-39 所示。

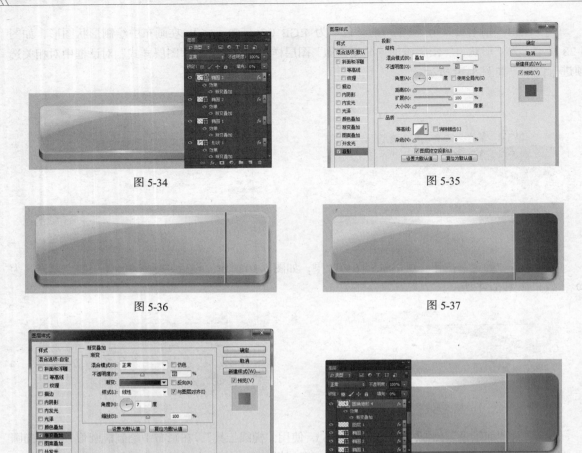

图 5-34

图 5-35

图 5-36

图 5-37

图 5-38

图 5-39

（10）使用相同的绘制方法，可以绘制出相似的图形，如图 5-40 所示。使用"横排文字工具"，打开"字符"面板进行设置，在画布中单击并输入文字，如图 5-41 所示。

图 5-40

图 5-41

（11）使用"自定形状工具"，在"选项"栏中进行设置，在画布中绘制形状，如图 5-42 所示。为该形状图层添加"内阴影"图层样式，在弹出的"图层样式"对话框中对相关选项进行设置，如图 5-43 所示。

（12）选择"投影"选项，在"图层样式"对话框中对投影的相关选项进行设置，如图 5-44 所示。单击"确定"按钮，完成该网站水晶质感按钮的制作，执行"文件>保存"命令，将文件保存为"光盘\源文件\第 5 章\制作网站水晶质感按钮.psd"，最终效果如图 5-45 所示。

图 5-42

图 5-43

图 5-44

图 5-45

5.2.2 矩形工具

单击工具箱中的"矩形工具"按钮 ▦，在"选项"栏上对其相关选项进行设置，如图 5-46 所示。设置完成后，在画布中单击并拖动鼠标即可创建矩形。

工具模式

图 5-46

单击"选项"栏上的"设置"按钮 ⚙，即可打开"矩形选项"面板，如图 5-47 所示。在该面板中可以对绘制的图形的相关参数进行设置。

工具模式：Photoshop CC 中的矢量绘图工具可以创建出不同类型的对象。其中，包括形状图层、工作路径和像素图像。在工具箱中选择矢量工具后，并在"选项"栏上的"工具模式"下拉列表中选择相应的模式，即可指定一种绘图模式，然后在画布中进行绘图，如图 5-48 所示。

图 5-47

图 5-48

形状：在"选项"栏中的"选择工具模式"下拉菜单中选择"形状"选项，在画布中可绘制出形状图像，形状是路径，它出现在"路径"面板中。

路径：在"选择工具模式"下拉菜单中选择"路径"选项，可以在画布中绘制路径，可以将路径转换为选区、创建矢量蒙版，也可以为其填充和描边，从而得到栅格化的图形。

像素：在"选择工具模式"下拉菜单中选择"像素"选项，在画布中能够绘制出栅格化的图像，其中，图像所填充的颜色为前景色，由于它不能创建矢量图像，因此，在"路径"面板中不会显示路径。

5.2.3 椭圆工具

单击工具箱中的"椭圆工具"按钮 ，在"选项"栏上对其相关属性进行设置，在画布中单击并拖动鼠标即可绘制椭圆形。"椭圆工具"的"选项"栏与"矩形工具"的选项设置相同，如图 5-49 所示。

图 5-49

> **提示**：使用"椭圆工具"在画布中绘制椭圆形时，如果按住 Shift 键同时拖动鼠标，则可以绘制正圆形；拖动鼠标绘制椭圆时，在释放鼠标之前，按住 Alt 键，则将以单击点为中心向四周绘制椭圆形；在画布中拖动鼠标绘制椭圆时，在释放鼠标之前，按住快捷键 Alt+Shift，将以单击点为中心向四周绘制正圆形。

5.2.4 圆角矩形工具

单击工具箱中的"圆角矩形工具"按钮 ，在"选项"栏上对相关选项进行设置，在画布中单击并拖动鼠标即可绘制圆角矩形。

"圆角矩形工具"的"选项"栏与"矩形工具"的选项设置基本相同，如图 5-50 所示。

图 5-50

5.2.5 多边形工具

单击工具箱中的"多边形工具"按钮，在画布中单击并拖动鼠标即可按照预设的选项绘制多边形和星形。"多边形工具"的选项栏如图 5-51 所示。在选项栏中单击"设置"按钮，可以弹出"多边形选项"面板，如图 5-52 所示。

图 5-51

图 5-52

> **提示**：在使用"多边形工具"绘制多边形或星形时，只有在"多边形选项"面板中选中"星形"复选框后，才可以对"缩进边依据"和"平滑缩进"选项进行设置。默认情况下，"星形"复选框没有被选中。

5.2.6 直线工具

单击工具箱中的"直线工具"按钮，在"选项"栏上可以对相关选项进行设置，如图 5-53 所示。在"选项"栏上单击"设置"按钮，打开"箭头"面板，如图 5-54 所示。对该面板中的相关选项进行设置，在画布中单击并拖动鼠标即可绘制直线或线段。

图 5-53 　　　　　　　　　　　　　　　　　图 5-54

> **提示**：使用"直线工具"在画布中绘制直线或线段时，如果按住 Shift 键的同时拖动鼠标，即可绘制出水平、垂直或以 45° 为增量的直线。

5.2.7 自定形状工具

在 Photoshop CS6 中，使用"自定形状工具"可以绘制多种不同类型的形状。单击工具箱中的"自定形状工具"按钮，在"选项"栏上对相关属性进行设置，"选项"栏如图 5-55 所示。在画布上单击并拖动鼠标即可绘制相应的形状图形。

图 5-55

在"选项"栏上单击"设置"按钮，在打开的"自定形状选项"面板中可以对"自定形状工具"的相关选项进行设置，如图 5-56 所示。它与"矩形工具"的设置方法基本相同。

单击"选项"栏上"形状"右侧的倒三角按钮，即可打开"自定形状拾色器"面板，如图 5-57 所示。单击拾色器右上角的按钮，在弹出菜单中可以选择形状的类型、缩览图的大小、复位形状以及替换形状等。

图 5-56 　　　　　　　　　　　　　　　　图 5-57

> **提示**：在使用各种形状工具绘制矩形、椭圆形、多边形、直线和自定义形状时，在绘制形状的过程中按住键盘上的空格键即可移动形状的位置。

5.3 钢笔工具

路径是由多个锚点组成的线段或曲线，它既能以单独的线段形式存在，也可以以曲线形式存在。

将终点没有连接始点的路径称为开放式路径,将终点连接了始点的路径称为封闭路径。在 Photoshop CC 中,使用"钢笔工具"可以在画布中绘制不同的路径。

命令介绍

钢笔工具:使用"钢笔工具"可以绘制出各种形状的路径或形状图形。

添加和删除锚点:使用"钢笔工具"完成路径的绘制后,可以使用"添加锚点工具"和"删除锚点工具"在现有路径上添加新的锚点或者删除现有的锚点。

选择路径与锚点:绘制路径后,通常使用"路径选择工具" ▶ 或"直接选择工具" ▶ 对路径进行选择,使用"直接选择工具"还可以选中路径上的锚点。

调整路径:使用"转换点工具" ▶ 可以轻松实现角点和平滑点之间的相互切换,以满足编辑需要,还可以调整曲线的方向。

5.3.1 课堂案例——设计教育网站 Logo

【案例学习目标】学习钢笔工具的使用。

【案例知识要点】使用钢笔工具在画布中绘制出相应的路径,使用渐变工具填充颜色,使用文本工具在相应的位置输入文本,最终效果如图 5-58 所示。

【效果所在位置】光盘\源文件\第 5 章\设计教育网站 Logo.psd。

图 5-58

(1)执行"文件>新建"命令,在弹出的"新建"对话框中进行相应的设置,如图 5-59 所示,单击"确定"按钮,新建一个空白文档。执行"视图>标尺"命令,在文档中显示标尺,拖出相应的参考线,如图 5-60 所示。

图 5-59

图 5-60

(2)使用"钢笔工具"在画布中绘制路径,如图 5-61 所示。按快捷键 Ctrl+Enter,将路径转换为选区,新建"图层 1",使用"渐变工具",打开"渐变编辑器"对话框,设置渐变颜色,如图 5-62 所示。

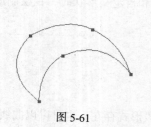

图 5-61

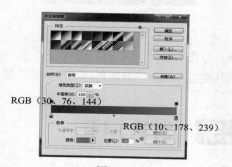

RGB(30、76、144)

RGB(10、178、239)

图 5-62

（3）单击"确定"按钮，在选区中拖动鼠标填充线性渐变，效果如图 5-63 所示。取消选区，添加"曲线"调整图层，在"属性"面板中进行设置，再次添加"曲线"调整图层，并进行相应的设置，如图 5-64 所示。

图 5-63

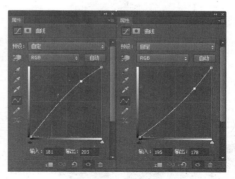

图 5-64

（4）完成设置后，在"曲线 1"调整图层的蒙版中填充黑色，并使用"椭圆选框工具"绘制椭圆选区，填充白色，蒙版效果如图 5-65 所示。取消选区，图像效果如图 5-66 所示。

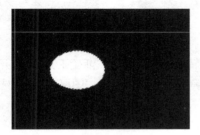

图 5-65

图 5-66

（5）使用相同的制作方法，对"曲线 2"调整图层进行处理，并为调整图层创建剪贴蒙版，效果如图 5-67 所示。复制"图层 1"得到"图层 1 副本"图层，调整至合适的位置，并进行相应的旋转变换调整，效果如图 5-68 所示。

图 5-67

图 5-68

（6）按住 Ctrl 键的同时单击"图层 1 副本"图层的缩略图，载入该图层选区，使用"渐变工具"，打开"渐变编辑器"对话框，设置渐变颜色，如图 5-69 所示。单击"确定"按钮，在选区中拖动鼠标填充线性渐变，取消选区，图像效果如图 5-70 所示。

（7）使用相同的制作方法，为"图层 1 副本"添加"曲线"调整图层，在"属性"面板中进行设置，并在调整图层蒙版中进行相应的处理，效果如图 5-71 所示。使用"横排文字蒙版工具"，打开"字符"面板进行设置，在画布中单击输入文字，效果如图 5-72 所示。

RGB（34、F49、46）

RGB（230、230、38）

图 5-69

图 5-70

图 5-71

图 5-72

（8）单击工具箱中的"移动工具"按钮，文字即可自动转换选区，使用"渐变工具"，打开"渐变编辑器"对话框，设置渐变颜色，如图 5-73 所示。单击"确定"按钮，新建"图层 2"，在选区中拖动鼠标填充线性渐变，取消选区，填充效果如图 5-74 所示。

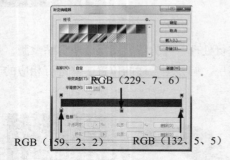

RGB（229、7、6）

RGB（159、2、2）   RGB（132、5、5）

图 5-73

图 5-74

（9）使用相同的制作方法，添加"曲线"调整图层，并进行相应的处理，效果如图 5-75 所示。使用"横排文字工具"，打开"字符"面板进行设置，在画布中输入文字，效果如图 5-76 所示。

图 5-75

聪智教育

图 5-76

（10）为文字添加"渐变叠加"图层样式，在弹出的"图层样式"对话框中进行设置，如图 5-77 所示。添加"外发光"和"投影"图层样式，并分别对相关选项进行设置，如图 5-78 所示。

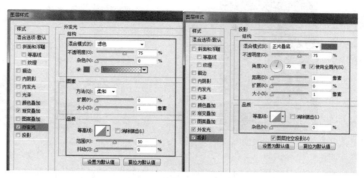

图 5-77   图 5-78

（11）单击"确定"按钮，文字效果如图 5-79 所示。选择文字图层，单击鼠标右键，在弹出菜单中选择"栅格化图层样式"选项，即可将文字图层转换普通图层，如图 5-80 所示。

图 5-79   图 5-80

（12）使用"橡皮擦工具"，调整合适的笔触大小，将文字的多余部分进行细致删除，删除效果如图 5-81 所示。新建"图层 3"，使用"矩形选框工具"在画布中绘制选区，填充颜色 RGB（10、174、234），然后取消选区，效果如图 5-82 所示。

图 5-81

（13）使用相同的制作方法，为"图层 3"添加相应的图层样式，效果如图 5-83 所示。使用相同的制作方法，完成相似内容的制作，并调整相应的图层顺序，效果如图 5-84 所示。

图 5-82   图 5-83   图 5-84

（14）选择"图层 4"至"图层 3 副本 3"图层，单击鼠标右键，在弹出菜单中选择"合并图层"选项，"图层"面板如图 5-85 所示。根据前面的方法，为合并后的图层添加调整图层，并进行相应的处理，效果如图 5-86 所示。

图 5-85   图 5-86

（15）使用相同的制作方法，可以完成其他文字效果的制作，"图层"面板如图 5-87 所示。完成教育网站 Logo 的制作，执行"文件>保存"命令，将文件保存为"光盘\源文件\第 5 章\设计教育网站 Logo.psd"，最终效果如图 5-88 所示。

图 5-87   图 5-88

5.3.2 钢笔工具

单击工具箱中的"钢笔工具"按钮 ![pen]，可以在"选项"栏上对其相关选项进行设置，如图 5-89 所示。

建立   "路径操作"按钮   "路径排列方式"按钮   自动添加/删除

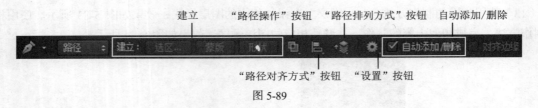

"路径对齐方式"按钮   "设置"按钮

图 5-89

建立：单击该选项中不同的按钮，可以将绘制的路径转换成不同的对象类型。单击"选区"按钮，弹出"创建选区"对话框，在该对话框中可以对选区的创建方式以及羽化方式进行设置。单击"蒙版"按钮，可以沿当前路径边缘创建矢量蒙版，如果当前图层为"背景"图层，则该按钮不可用，因为"背景"图层不允许添加蒙版。单击"形状"按钮，可以沿当前路径创建形状图层并为该形状图形填充前景色。

"路径操作"按钮 ![icon]：单击该按钮，在弹出菜单中可以选择相应的选项，如图 5-90 所示。"新建图层"选项为默认选项，可以在一个新的图层中放置所绘制的形状图形。如果选择"合并形状"选项，可以在原有形状的基础上添加新的路径形状。如果选择"减去顶层形状"选项，可以在已经绘制的路径或形状中减去当前绘制的路径或形状。如果选择"与形状区域相交"选项，可以保留原来的路径或形状与当前的路径或形状相交的部分。如果选择"排除重叠形状"选项，只保留原来的路径或形状与当前的路径或形状非重叠的部分。当在同一形状图层中绘制了两个或两个以上形状图形时，可以选择"合并形状组件"选项，则新绘制的形状图形将与原有形状图形合并。

"路径对齐方式"按钮 ：单击该按钮，在弹出菜单中可以设置路径的对齐与分布方式，如图 5-91 所示。

"路径排列方式"按钮 ：单击该按钮，在弹出菜单中可以设置路径的堆叠方式，如图 5-92 所示。另外，调整堆叠顺序的所有形状必须在同一个图层中。

图 5-90　　　　　　　　　　图 5-91　　　　　　　　　　图 5-92

"设置"按钮 ：单击该按钮，弹出"橡皮带"复选框，勾选该复选框后，移动光标时便会显示出一个路径状的虚拟线，它显示了该段路径的大致形状。

自动添加/删除：勾选该复选框后，将"钢笔工具"移至路径上，当光标变为 形状时，单击鼠标即可添加锚点；将"钢笔工具"移至路径的锚点上，当光标变为 形状时，单击鼠标即可删除锚点。

5.3.3　添加和删除锚点

在使用"钢笔工具"绘制路径时，难免有需要添加或者删除的锚点，这时，可以通过两种方法来添加或者删除锚点，一种是使用"添加锚点工具"和"删除锚点工具"；另一种是勾选"选项"栏上的"自动添加/删除"复选框，勾选后，使用"钢笔工具"，将光标移至相应的位置即可添加或者删除锚点。

单击工具箱中的"添加锚点工具"按钮 ，将光标移至路径上，当光标变为 形状时，单击即可添加锚点；单击工具箱中的"删除锚点工具"按钮 ，将光标移至锚点上，当光标变为 形状时，单击即可删除该锚点。

使用"钢笔工具"，在"选项"栏上勾选"自动添加/删除"选项后，将光标移至路径上，当光标变为 形状时，单击即可添加锚点；将光标移至锚点上，当光标变为 形状时，单击即可删除该锚点。

5.3.4　课堂案例——设计网站广告页面

【案例学习目标】掌握使用钢笔工具绘制路径的方法。

【案例知识要点】使用"钢笔工具"绘制形状图形，为所绘制的图形添加相应的图形样式，拖入相应的素材进行处理，并输入文字，最终完成网站广告页面的设计，最终如图 5-93 所示。

【效果所在位置】光盘\源文件\第 5 章\设计网站广告页面.psd。

（1）执行"文件>新建"命令，在弹出的"新建"对话框中进行设置，如图 5-94 所示，单击"确定"按钮，即可新建一个空白文档。执行"视图>标尺"命令，拖出相应的参考线，如图 5-95 所示。

图 5-93

图 5-94

图 5-95

（2）设置"前景色"为 RGB（77、47、39），按快捷键 Alt+Delete，为"背景"图层填充前景色，如图 5-96 所示。使用"钢笔工具"，在"选项"栏中进行设置，在画布中绘制形状图形，如图 5-97 所示。

图 5-96

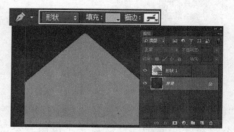

图 5-97

（3）使用"钢笔工具"，设置"绘制模式"为"路径"，在画布中绘制路径，按快捷键 Ctrl+Enter 将路径转换为选区，使用"渐变工具"，打开"渐变编辑器"对话框，设置渐变颜色，如图 5-98 所示。单击"确定"按钮，新建图层，在选区中拖动鼠标为选区填充线性渐变，效果如图 5-99 所示。

图 5-98

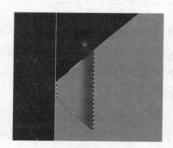

图 5-99

（4）取消选区，为"图层 1"添加图层蒙版，使用柔角画笔在蒙版中进行涂抹，效果如图 5-100 所示。复制"图层 1"得到"图层 1 副本"图层，进行水平翻转操作，并移至相应的位置，效果如图 5-101 所示。

图 5-100

图 5-101

（5）新建"图层 2"，使用"矩形选框工具"在画布中绘制选区，并为其填充白色，效果如图 5-102 所示。使用相同的制作方法，新建图层，使用"钢笔工具"在画布中绘制路径，将路径转换为选区，使用"渐变工具"为选区填充线性渐变，效果如图 5-103 所示。

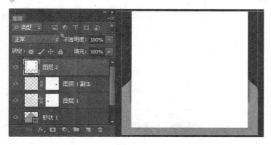
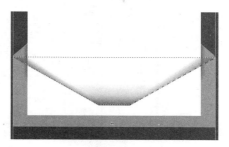

图 5-102　　　　　　　　　　　　　　　　图 5-103

（6）取消选区，为该图层添加图层蒙版，使用柔角画笔在蒙版中进行细致处理，并设置其"不透明度"为 50%，效果如图 5-104 所示。使用"钢笔工具"，在"选项"栏中进行设置，在画布中绘制形状图形，效果如图 5-105 所示。

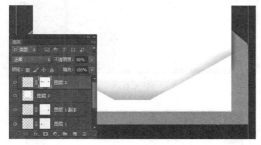
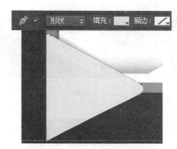

图 5-104　　　　　　　　　　　　　　　　图 5-105

（7）为该图层添加"描边"图层样式，在弹出的"图层样式"对话框中进行设置，选择"内阴影"选项，进行设置，如图 5-106 所示。选择"内发光"和"投影"选项，分别进行相应的设置，如图 5-107 所示。

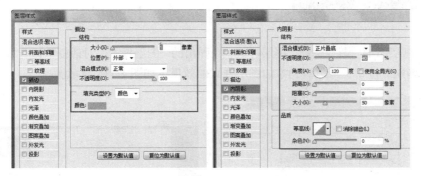

图 5-106

（8）单击"确定"按钮，可以看到图像效果，如图 5-108 所示。使用相同的方法，完成相似内容的制作，效果如图 5-109 所示。

（9）新建图层组，将其重命名为"背景"，将相应的图层移至该图层组中，"图层"面板如图 5-110 所示。新建图层组，将其重命名为"产品部分"，新建"图层 4"，设置"前景色"为 RGB（244、235、

210），使用"矩形选框工具"在画布中绘制选区，并填充前景色，取消选区，如图 5-111 所示。

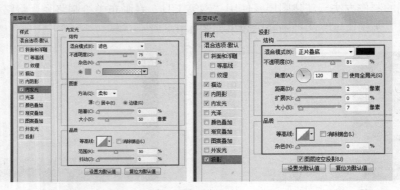

图 5-107

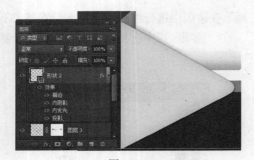

图 5-108

图 5-109

图 5-110

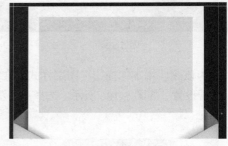

图 5-111

（10）为该图层添加"渐变叠加"图层样式，在弹出的"图层样式"对话框中进行设置，如图 5-112 所示。单击"确定"按钮，可以看到添加图层样式的效果，如图 5-113 所示。

图 5-112

图 5-113

（11）使用相同的制作方法，完成"图层 5"内容的制作，效果如图 5-114 所示。使用"横排文字工具"，打开"字符"面板进行设置，在画布中输入文字，并为部分文字添加相应的图层样式，效果如图 5-115 所示。

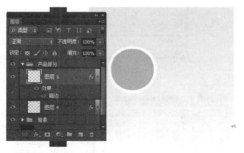

图 5-114

图 5-115

（12）使用"钢笔工具"，在"选项"栏中设置绘制模式为"形状"、"填充颜色"为 RGB（95、126、1），在画布中绘制形状，并添加相应的图层样式，效果如图 5-116 所示。使用"矩形工具"在画布中进行绘制，并添加相应的图层样式，效果如图 5-117 所示。

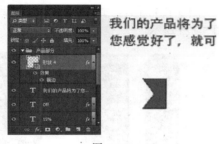

图 5-116

图 5-117

（13）使用相同的方法，完成相似内容的制作，效果如图 5-118 所示。打开并拖入素材图像"光盘\源文件\第 5 章\素材\53201.png"，效果如图 5-119 所示。

图 5-118

图 5-119

（14）新建图层，使用"椭圆选框工具"在画布中绘制椭圆选区，并填充颜色 RGB（168、167、167），取消选区，效果如图 5-120 所示。执行"滤镜>模糊>高斯模糊"命令，在弹出的对话框中进行设置，如图 5-121 所示。

（15）单击"确定"按钮，调整相应的图层顺序，可以看到图像效果，如图 5-122 所示。复制"图层 6"得到"图层 6 副本"图层，调整至合适的位置和大小，执行"滤镜>模糊>高斯模糊"命令，在弹出的对话框中进行设置，单击"确定"按钮，为该副本图层添加"黑白"调整图层，在"属性"面板中进行设置，如图 5-123 所示。

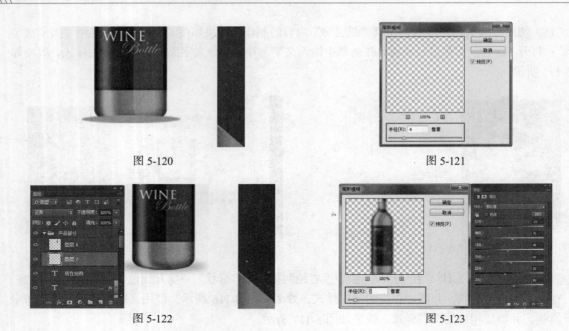

图 5-120   图 5-121

图 5-122   图 5-123

（16）设置完成后，为该调整图层创建剪贴蒙版，效果如图 5-124 所示。复制"图层 7"得到"图层 7 副本"图层，并调整至合适的位置和大小，效果如图 5-125 所示。

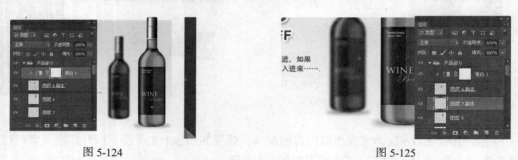

图 5-124   图 5-125

（17）使用"椭圆选框工具"在画布中绘制选区，并填充颜色，分别拖入相应的素材图，并进行相应的处理，效果如图 5-126 所示。使用"自定形状工具"，在"选项"栏中进行设置，在画布中绘制形状，然后添加"内阴影"图层样式，复制一层，并调整至合适的位置，效果如图 5-127 所示。

图 5-126   图 5-127

（18）新建图层组并将其重命名为"底部"，使用相同的制作方法，拖入素材，输入文字，并进行相应的处理，效果如图 5-128 所示。完成网站广告页面的制作，执行"文件>保存"命令，将文件保存为"光盘\源文件\第 5 章\设计网站广告页面.psd，效果如图 5-129 所示。

图 5-128

图 5-129

5.3.5　选择路径与锚点

打开图像"光盘\源文件\第 5 章\素材\53501.jpg",在画布中绘制路径,如图 5-130 所示。使用"路径选择工具"选择路径后,被选中的路径以实心点的方式显示各个锚点,表示此时已选中整个路径;如果使用"直接选择工具"选择路径,则被选中的路径以空心点的方式显示各个锚点,如图 5-131 所示。

图 5-130

图 5-131

提示:使用"路径选择工具"选取路径,不需要在路径线上单击,只需要移动鼠标指针在路径内的任意区域单击即可,该工具主要是方便选择和移动整个路径;而"直接选择工具"则必须移动鼠标指针在路径线上单击,才可选中路径,并且不会自动选中路径中的各个锚点。

使用"路径选择工具"与"直接选择工具"都能够移动路径。使用"路径选择工具",可以将光标对准路径本身或路径内部,按下鼠标左键不放,向需要移动的目标位置拖动,所选路径就可以随着鼠标指针一起移动,如图 5-132 所示。使用"直接选择工具",需要使用框选的方法选择要移动的路径,只有这样才能将路径上的所有锚点都选中,在移动路径的过程中,光标必须在路径线上,如图 5-133 所示。

图 5-132

图 5-133

5.3.6　调整路径

打开图像"光盘\源文件\第 5 章\素材\53601.jpg",在画布中绘制路径,如图 5-134 所示示。单击工具箱中的"转换点工具"按钮 ,移动光标至需要调整的角点上,如图 5-135 所示。

图 5-134

图 5-135

单击该锚点并进行拖动即可将角点转换为平滑点，如图 5-136 所示。使用相同的方法，可以将多个角点转换为平滑点，改变路径形状，如图 5-137 所示。对曲线的方向进行调整只需拖动锚点的方向线，即可调整曲线的方向，如图 5-138、图 5-139 所示。

图 5-136

图 5-137

图 5-138

图 5-139

5.3.7 变换路径

在"路径"面板中选择需要变换的路径，执行"编辑>变换路径"下拉菜单中的命令，可以显示定界框，拖动控制点即可对路径进行缩放、旋转、斜切、扭曲等变换操作。路径的变换方法与图像的变换方法相同。

5.4 课堂练习——设计网站实用图标

【练习知识要点】使用各种矢量绘图工具绘制图形，并为图形添加相应的图层样式，从而绘制出网站实用图标，最终效果如图 5-140 所示。

【素材所在位置】无。

【效果所在位置】光盘\源文件\第 5 章\设计网站实用图标.psd。

图 5-140

5.5 课后习题——设计企业网站页面

【练习知识要点】绘制基本形状图形，拖入相应的素材图像进行处理，并输入相应的文字内容，最终完成企业网站页面的设计制作，效果如图 5-141 所示。

【素材所在位置】光盘\源文件\第 5 章\素材\5401.jpg 至 5408.png。

【效果所在位置】光盘\源文件\第 5 章\设计企业网站页面.psd。

图 5-141

第6章 网页动画制作与切片输出

本章介绍

使用 Photoshop 的网页设计工具及相关功能，可以轻松创建网站图像、动态图像、按钮等，还可以通过切片及相关存储功能输出完整的网页框架及链接。本章将向读者介绍如何在 Photoshop 中处理 Web 图形，以及 Photoshop 中动画的制作。

学习目标

- 掌握创建和编辑切片的方法
- 掌握图像优化和和输出网页的方法
- 掌握创建 Gif 动画的方法

技能目标

- 掌握"为网页创建切片"的方法
- 掌握"创建切片并输出网页"的方法
- 掌握"创建网页 Gif 动画"的方法

6.1 创建与编辑切片

在 Photoshop 中的网页设计工具可以帮助我们设计和优化单个网页图形或整个页面布局。通过使用"切片工具"可将图形或页面划分为若干相互紧密衔接的部分，并对每个部分应用不同的压缩和交互设置。当然对图像切割的最大好处就是提高图像的下载速度，减轻网络的负担。在 Photoshop CC 中还可以为切片制作动画、链接到 URL 地址或者使用切片制作翻转按钮。

命令介绍

创建切片：使用"切片工具"在图像中单击并拖拽绘制区域，释放鼠标，即可创建切片。

选择和移动切片：使用"切片选择工具"单击并拖动切片，即可选择并移动切片。

删除切片：选中切片，按 Delete 键即可删除选中的切片。

6.1.1 课堂案例——为网页创建切片

【案例学习目标】掌握如何使用"切片工具"在网页图像中创建切片。

【案例知识要点】使用"切片工具"，在网页图像中需要创建切片的位置按住鼠标左键并拖动鼠标，即可创建切片，效果如图 6-1 所示。

【效果所在位置】光盘\源文件\第 6 章\为网页创建切片.psd。

图 6-1

（1）执行"文件>打开"命令，打开素材图像"光盘\源文件\第 6 章\素材\61101.jpg"，如图 6-2 所示。单击工具箱中的"切片工具"按钮 ，在"选项"栏上进行相应的设置，如图 6-3 所示。

图 6-2

图 6-3

（2）在图像中单击并拖拽出一个矩形框，释放鼠标即可创建一个用户切片，该切片以外的部分会生成自动切片，如图 6-4 所示。使用相同的制作方法，还可以在图像中相应的位置创建出其他的切片，如图 6-5 所示。

> **提示：** 在"切片工具"的"选项"栏的"样式"下拉列表中可以选择切片的创建方式，包括"正常""固定长宽比"和"固定大小"。选择"正常"选项，可以通过拖动鼠标确定切片的大小；选择"固定长宽比"选项，可以在该选项后的文本框中输入切片的高宽比，可创建具有固定长宽比的切片；选择"固定大小"选项，可以在该选项后的文本框中输入切片的高度和宽度值，然后在画布中单击，即可创建指定大小的切片。

图 6-4   图 6-5

6.1.2   创建切片

在 Photoshop 中，使用"切片工具"创建的切片称为用户切片，通过图层创建的切片称为基于图层切片。

创建新的用户切片或基于图层的切片时，会生成附加的自动切片来占据图像的其余区域，自动切片可填充图像中用户切片或基于图层的切片所未定义的空间。每次添加或编辑用户切片或基于图层的切片时，都会重新生成自动切片。用户切片或基于图层的切片由实线定义，而自动切片则由虚线定义。

6.1.3   选择和移动切片

通常，对图像进行切片时，可能会产生偏移或者误差，通过"切片选择工具"既可以移动切片的范围框，也可以移动切片及其内容，调整图像中创建好的切片。

打开一个已经创建好切片的文件，如图 6-6 所示。单击工具箱中的"切片选择工具"按钮 ，单击要选择的切片，即可选择该切片，选择的切片边线会以桔黄色显示，如图 6-7 所示。

图 6-6

如果要同时选择多个切片，可以按住 Shift 键的同时单击需要选择的切片，即可选择多个切片，如图 6-8 所示。如果修改切片的大小，使用"切片选择工具"选择切片后，将光标移动到定界框的控制点上，当鼠标指针变成 ↔ 时，拖动即可调整切片的宽度或高度，如图 6-9 所示。

图 6-7   图 6-8   图 6-9

按住 Shift 键将光标放到切片定界框的任意一角，当鼠标指针变成 时，拖动光标可等比例扩大切片，如图 6-10 所示。选择切片以后，如果要调整切片的位置，拖动选择的切片即可将该切片进行移动，拖动时切片会以虚框显示，放开鼠标左键即可将切片移动到虚框所在的位置，如图 6-11 所示。

图 6-10   图 6-11

> **提示：** 创建切片后，为防止切片影响切片选择工具修改切片，可以执行"视图>锁定切片"命令，将所有切片进行锁定，再次执行该命令即可取消锁定。

6.1.4　删除切片

创建切片后，如果是对创建的切片不理想，可以对切片修改，也可以将切片进行删除。选择需要删除的切片，按 Delete 键可删除切片，如果要删除所有用户切片和基于图层的切片，可执行"视图>清除切片"命令，即可将所有用户切片和基于图层的切片删除。

6.2　图像优化与输出

在 Photoshop CC 中，可以对图像进行优化以及输出操作。优化图像可以减小文件的大小，从而使得在 Web 上发布图像时，Web 服务器能够更加高效地存储和传输图像，用户也能更快地下载图像，减少用户等待的时间。

命令介绍

优化图像：执行"文件>存储为 Web 所用格式"命令，弹出"存储为 Web 和设备所用格式"对话框，使用该对话框中的优化功能可以对图像进行优化和输出。

输出图像：在"优化"菜单中选择"编辑输出设置"选项，弹出的"输出设置"对话框中可以对图像输出的相关选项进行设置。

6.2.1　课堂案例——创建切片并输出网页

【案例学习目标】掌握为图像创建切片并输出为网页的操作。

【案例知识要点】使用"切片工具"，在网页图像中创建切片，执行"存储为 Web 所用格式"命令，对切片图像进行设置并输出为网页，如图 6-12 所示。

【效果所在位置】光盘\源文件\第 6 章\创建切片并输出网页.psd。

（1）执行"文件>打开"命令，打开素材图像"光盘\源文件\第 6 章\素材\62101.jpg"，单击工具箱中的

图 6-12

"切片工具"按钮 ，在网页图像上相应的位置单击并拖动鼠标创建切片，该切片以外的部分会自动生成切片，如图 6-13 所示。使用相同的方法，完成其他切片的创建，效果如图 6-14 所示。

图 6-13   图 6-14

（2）在切片 05 上单击鼠标右键，在弹出菜单中选择"编辑切片选项"选项，如图 6-15 所示。弹出"切片选项"对话框，对相关选项进行设置，如图 6-16 所示。

图 6-15   图 6-16

（3）单击"确定"按钮，完成该切片超链接的设置。使用相同的方法，完成其他切片的设置。执行"文件>存储为 Web 所用格式"命令，在弹出的"存储为 Web 所用格式"对话框中进行相应的优化设置，如图 6-17 所示。单击"存储"按钮，弹出"将优化结果存储为"对话框，在该对话框中进行相应的设置，如图 6-18 所示。单击"保存"按钮，完成网页的输出。

图 6-17   图 6-18

（4）浏览到输出的网页文件存放位置，可以看到生成的 HTML 文件和图像文件，如图 6-19 所示。双击 HTML 文件，可以在浏览器中看到所输出的 HTML 页面的效果，如图 6-20 所示。

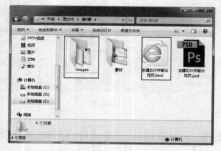

图 6-19   图 6-20

6.2.2　优化图像

打开素材图像"光盘\源文件\第 6 章\素材\62101.jpg",执行"文件>存储为 Web 所用格式"命令,弹出"存储为 Web 和设备所用格式"对话框,如图 6-21 所示,使用该对话框中的优化功能可以对图像进行优化和输出。

图 6-21

显示选项:单击"原稿"标签,窗口中显示没有优化的图像。单击"优化"标签,窗口中只显示应用了当前优化。

工具:在该工具箱中包含了 6 种工具,分别为"抓手工具" 、"切片选择工具" 、"缩放工具" 、"吸管工具" 、"吸管颜色" 和"切换切片可见性" 。

状态栏:在状态栏中显示的是光标当前所在位置的图像相关信息,包括 RGB 颜色值和十六进制颜色值等。

优化的文件格式:在该选项的下拉菜单中包含了 5 种文件格式,分别为 GIF、JPEG、PNG-8、PNG-24 和 WBMP 等。

"优化"弹出菜单:单击该按钮,可以弹出优化菜单,包含"存储设置""链接切片""编辑输出设置"等命令。

颜色表:将图像优化为 GIF、PNG-8 和 WBMP 格式时,可在"颜色表"对话框中对图像颜色进行优化设置。

图像大小:在该选项区域中可以通过设置相关参数,将图像大小调整为指定的像素尺寸或原稿大小的百分比。

6.2.3　输出图像

在 Photoshop CC 中,对图像进行优化过后,即可将图像输出。在"优化"菜单中选择"编辑输出设置"选项,如图 6-22 所示。在弹出的"输出设置"对话框中可以对图像输出的相关选项进行设置,如图 6-23 所示。

图 6-22

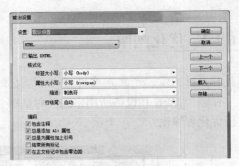

图 6-23

在设置输出选项时，如果要使用预设的输出选项，可以在"设置"选项的下拉菜单中选择一个选项；如果要自定义输出的选项，则可以在弹出菜单中选择 HTML、切片、背景或存储文件等选项，如图 6-24 所示。例如，选择"切片"选项后，在"输出设置"对话框中会显示详细的设置选项，如图 6-25 所示。

图 6-24

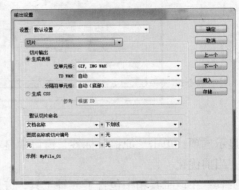

图 6-25

6.3　创建 Gif 动画

Gif 动画图片是在网页中经常出现的一种动画形式。在很多漂亮的网站中，单单有静态的图片是不够的，因此广告中的动画还是必不可少的，动画的增加能够使网站页面更加生动、活泼，更富有吸引力。

命令介绍

"时间轴"面板："时间轴"动画是 Photoshop 动画的主要编辑器，不需要过渡，只需要在变化过程中设定关键帧。

6.3.1　课堂案例——创建网页 Gif 动画

【案例学习目标】掌握如何在"时间轴"面板中制作网页 Gif 动画。

【案例知识要点】单击"复制所选帧"按钮，复制前一帧，然后在该帧上添加新的内容，如图 6-26 所示。

【效果所在位置】光盘\源文件\第 6 章\创建网页 Gif 动画.psd。

图 6-26

（1）执行"文件>打开"命令，打开素材图像"光盘\源文件\第 6 章\素材\63101.jpg"，如图 6-27
所示。执行"窗口>时间轴"命令，打开"时间轴"面版，如图 6-28 所示。

图 6-27

图 6-28

（2）单击"创建视频时间轴"按钮旁的 ▼，在下拉列表中选择"创建帧动画"选项，如图 6-29
所示。单击"创建帧动画"按钮，对相关选项进行设置，效果如图 6-30 所示。

图 6-29

图 6-30

提示： 设置帧延迟的目的是让动画更流畅地播放，如果不设置帧延迟，播放动画时动画的播放速度
比较快，就会看不清动画的效果。

（3）执行"文件>打开"命令，打开素材文件"光盘\源文件\第 6 章\素材\63102.png"，将该素材图
像拖入到设计文档中，得到"图层 1"，如图 6-31 所示。使用"横排文字工具"，打开"字符"面板设
置不同的字体大小和字体颜色，在画布中输入文字，效果如图 6-32 所示。

图 6-31

图 6-32

（4）相同方法，输入其他文字，效果如图 6-33 所示。

图 6-33

（5）隐藏除"背景"图层以外的所有图层，单击"时间轴"面板上的"复制所选帧"按钮 ，添加一个动画帧，如图 6-34 所示。在"图层"面板中显示"图层 1"，"时间轴"面板的效果如图 6-35 所示。

图 6-34

图 6-35

（6）使用相同的方法，添加一个动画帧，隐藏"图层 1"，只显示"背景"图层，"时间轴"面板如图 6-36 所示，画布效果如图 6-37 所示。

图 6-36

图 6-37

（7）使用相同的方法，完成相应帧的制作，"时间轴"面板如图 6-38 所示。此时，画布图像效果如图 6-39 所示。

（8）继续添加动画帧，在"图层"面板中隐藏"图层 1"，显示相应的文字图层，效果如图 6-40 所示，"时间轴"面板如图 6-41 所示。

图 6-38

图 6-39

图 6-40

图 6-41

（9）再继续添加动画帧，在"图层"面板中显示相应的文字图层，效果如图 6-42 所示，"时间轴"面板如图 6-43 所示。

图 6-42

（10）使用相同的制作方法，完成其他帧的制作，"时间轴"面板如图 6-44 所示。此时最后一帧的图像效果如图 6-45 所示。完成 Gif 动画的制作，执行"文件>存储为"命令，将文件存储为"光盘\源文件\第 6 章\创建网页 Gif 动画.psd"。

图 6-43

图 6-44

权能网　2013你的网络主场

图 6-45

（11）执行"文件>存储为 Web 所用格式"命令，弹出"存储为 Web 所用格式"对话框，如图 6-46 所示。单击"播放动画"按钮▶，预览动画效果，如图 6-47 所示。

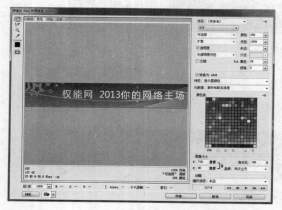

图 6-46 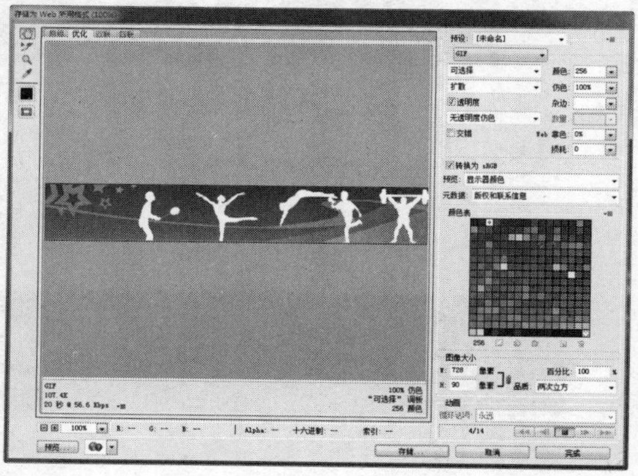　　　　　　　　　　　图 6-47

（12）单击"存储"按钮，弹出"将优化结果存储为"对话框，设置如图 6-48 所示。单击"保存"按钮，即可导出 GIF 图片动画，在 IE 浏览器中打开刚导出的 GIF 图片动画，可以看到所制作的 GIF 动画效果，如图 6-49 所示。

图 6-48

图 6-49

6.3.2　认识"时间轴"面板

执行"窗口>时间轴"命令，打开"时间轴"面版，如果面板为视频模式"时间轴"面板，单击面板下方的"转换为帧动画"按钮，将面板转换为帧模式"时间轴"面板，如图 6-50 所示。帧模式"时间轴"面板会显示动画中的每个帧的缩览图，使用面板底部的工具可浏览各个帧、设置循环选项、添加和删除帧以及预览动画。

当前帧：当前所选择的帧，选中该帧后，即可对该帧上的图形进行相应的处理。

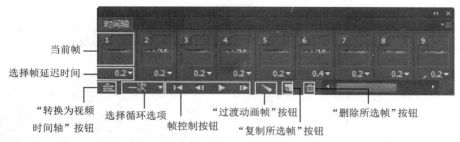

图 6-50

选择帧延迟时间：该选项用于设置帧在回放过程中的持续时间。单击该选项，在弹出菜单中可以选择一个帧延迟时间，如图 6-51 所示。如果选择"其他"选项，将弹出"设置帧延迟"对话框，如图 6-52 所示，用户可以自定义帧延迟的时间。

"转换为视频时间轴"按钮 ：单击该按钮，可以将帧模式"时间轴"面板切换为视频模式"时间轴"面板。

图 6-51

图 6-52

选择循环选项：该选项用于设置动画在作为动画 GIF 文件导出时的播放次数。单击该选项，在弹出菜单中可以选择一个循环选项，如图 6-53 所示。如果选择"其他"选项，将弹出"设置循环次数"对话框，如图 6-54 所示，用户可以自定义循环的次数。

图 6-53

图 6-54

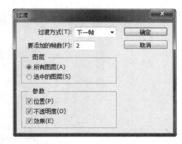

图 6-55

帧控制按钮：该部分 4 个按钮主要用于对动画帧进行控制。单击"选择第一帧"按钮 ，可以自动选择序列中的第一个帧作为当前帧；单击"选择上一帧"按钮 ，可以选择当前帧的前一帧；单击"播放动画"按钮 ，可以在窗口中播放动画，再次单击则停止播放；单击"选择下一帧"按钮 ，可以选择当前帧的下一帧。

"过渡动画帧"按钮 ：如果要在两个现有帧之间添加一系列帧，并让新帧之间的图层属性均匀变化，可单击该按钮，弹出"过渡"对话框来设置，如图 6-55 所示。设置"要添加的帧数"为 2，单击"确定"按钮，在"帧动画"面板中添加两帧，如图 6-56 所示。

图 6-56

"复制所选帧"按钮 ：单击该按钮，可以复制所选中的帧，得到与所选帧相同的帧。

"删除所选帧"按钮 ：选择要删除的帧后，单击该按钮，即可删除选择的帧。

6.4 课堂练习——将图片输出为 HTML 网页

【练习知识要点】使用"切片工具",在网页图像中创建多个切片,执行"存储为 Web 所用格式"命令,在弹出的对话框中对图像进行优化设置,并输出为 HTML 网页,效果如图 6-57 所示。

【素材所在位置】光盘\源文件\第 6 章\素材\6401.jpg。

【效果所在位置】光盘\源文件\第 6 章\将图片输出为 HTML 网页.psd。

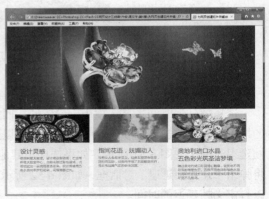

图 6-57

6.5 课后习题——制作 Gif 广告条

【习题知识要点】在"时间轴"面板中通过单击"复制所选帧",复制前一帧的内容,并分别修改各帧上的图形效果,从而制作出 Gif 动画效果,最终效果如图 6-58 所示。

【素材所在位置】光盘\源文件\第 6 章\素材\6501.jpg 至 6503.png。

【效果所在位置】光盘\源文件\第 6 章\制作 Gif 广告条.psd。

图 6-58

第7章 Flash CC 入门

本章介绍

随着网络技术的迅速发展，Flash 动画已经逐渐成为网页中不可缺少的一种重要宣传手段和表现方法。Flash 动画具有强大的交互功能，吸引了越来越多的受众，并且其应用领域也越来越广泛。本章将向读者介绍有关 Flash 的相关知识，并带领读者认识全新的 Flash CC，通过本章的学习，读者可以对 Flash CC 有一个基本的了解和认识。

学习目标

- 了解 Flash 在网页设计中的用途
- 认识 Flash CC 的工作界面
- 掌握如何调整和设置 Flash CC 工作区
- 掌握新建 Flash 文件的方法
- 掌握打开和保存 Flash 文件的方法和技巧

技能目标

- 掌握"自定义 Flash CC 工作区"的方法
- 掌握"通过 Flash 模板快速制作动画"的方法
- 掌握"打开 Flash 文件"的方法

7.1 "网页三剑客"之 Flash

Flash 是一款二维矢量动画软件，Flash 凭借其文件小、动画清晰和运行流畅等特点，在各种领域中得到了广泛的应用。Flash 动画是计算机图形学和艺术技巧互相结合的产物，它是现代化的高科技制作方式，给人们提供了展示创造力和艺术天赋的平台。

7.1.1 Flash 动画基础

在网络动画软件竞争日益激烈的今天，Adobe 公司正凭借其对 Flash 的正确定位和雄厚的开发实力，使 Flash 的新功能层出不穷，从而奠定了 Flash 在网络交互动画上不可动摇的霸主地位。而 Flash 动画的特点，则主要有以下几个方面。

1. 体积小：在 Flash 动画中主要使用的是矢量图，从而使得其文件较小、效果好、图像细腻，而且对网络带宽要求低。

2. 适用于网络传播：Flash 动画可以放置于网络上，供浏览者欣赏和下载，可以利用这一优势在网上广泛传播，而且网络传播无地域之分，也无国界之别。

3. 交互性强：这是 Flash 得以称雄的最主要功能之一，通过交互功能，观众不仅能够欣赏到动画，还可以成为其中的一部分，并借助于鼠标触发交互功能实现人机交互。

4. 节省成本：使用 Flash 制作动画，极大地降低了制作成本，可以大大减少人力、物力资源的消耗。同时 Flash 全新的制作技术可以让制作的周期大大缩短，并且可以做出更酷更炫的效果。

5. 跨媒体：Flash 动画不仅可以在网络上传播，同时也可以在电视甚至电影中播放，大大拓宽了它的应用领域。

7.1.2 Flash 动画的应用及发展背景

Flash 凭借其强大的矢量动画编辑功能、动画设计功能和灵活的操作界面，已经在很多领域得到了广泛的应用。

- 网页宣传广告

Flash 在网络广告中的广泛应用，无疑是最直接的获利方式。带有商业性质的 Flash 宣传广告动画制作更加精致，画面设计、背景音乐更加考究，网页宣传广告把 Flash 的技术与商业完美的结合，也给 Flash 的学习者指明了发展方向，如图 7-1 所示为 Flash 网页广告。

图 7-1

网页中的广告尺寸并没有严格的标准，只要符合在网页中的效果即可。而在形式上主要分为全屏广告、横幅广告与弹出式广告等。

● 教学课件

通过图形、图像来表现教学内容是教学活动中一种重要的教学手段，这些内容都可以通过 Flash 直观地表现出来。如果是语文方面的教学课件，则可以根据教学内容来准备素材图片，然后依据教学内容出现的顺序同步制作动画，使其成为图文并茂的教学课件，如图 7-2 所示为精美的 Flash 教学课件。

图 7-2

● 交互游戏

现在 Flash 游戏的种类非常多，包括棋牌类、射击类、休闲类、益智类等。无论是哪一种类型的 Flash 游戏，其主要特点就是交互性非常强，Flash 游戏的交互性和互动性主要体现在鼠标或者是键盘上，如图 7-3 所示为精彩的 Flash 游戏。

图 7-3

● Flash 网站

Flash 给网站带来的好处也非常明显，全面的控制、无缝的导向跳转、更丰富的媒体内容、更体贴用户的流畅交互以及与其他 Flash 应用程序无缝连接集成等。如图 7-4 所示为 Flash 网站效果。

图 7-4

网站中的各个元素还可以单独制作成 Flash 动画，例如网站的 Logo、导航菜单、产品展示等。网站中的导航菜单也分为很多形式，这是根据网站栏目来决定的，网站栏目较少时，可以采用简单的导航菜单，网站栏目较多时，则可以采用二级甚至三级导航菜单，如图 7-5 所示为网站中的 Flash 导航菜单。

图 7-5

● 动画短片

动画短片是 Flash 最适合表现的一类动画，动画短片通常短小精悍，有鲜明的主题。通过 Flash 制作动画短片能很快地将作者的意图传达给浏览者。其中，动画短片的范围较广，首先是纯粹具有故事情节的影视短片，如图 7-6 所示。

图 7-6

7.2 Flash CC 工作界面

执行 "开始>所有程序>Adobe Flash Professional CC" 命令，启动 Flash CC，显示启动界面，如图 7-7 所示。等待 Flash CC 软件初始化完成后即可进入 Flash CC 界面，如图 7-8 所示。

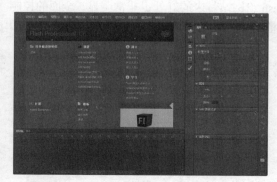

图 7-7　　　　　　　　　　　　　　　图 7-8

命令介绍

Flash CC 工作界面：使用该命令可以在 Photoshop 中创建新的空白文档。

工作区：使用该命令可以在 Photoshop 中打开一个已有的文档并进行编辑。

7.2.1 课堂案例——自定义 Flash CC 工作区

【案例学习目标】学习如何自定义 Flash CC 工作区。

【案例知识要点】使用拖拽的方法拖动 Flash CC 工作区中的各面板至合适的大小和位置，并将不常用的面板隐藏，设置适合自己工作习惯的工作区，如图 7-9 所示。

图 7-9

【效果所在位置】无。

（1）打开 Flash CC 软件，执行"文件>新建"命令，或按快捷键 Ctrl+N，弹出"新建文档"对话框，如图 7-10 所示。默认设置，单击"确定"按钮，新建一个空白的 Flash 文档，进入 Flash CC 默认工作界面，如图 7-11 所示。

图 7-10

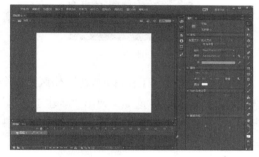

图 7-11

（2）在工具箱顶部如图 7-12 所示位置按住鼠标左键不放，拖动工具箱至工作界面最左侧，当出现蓝色条状时，如图 7-13 所示。

图 7-12

图 7-13

（3）释放鼠标，即可将工具箱移至工作界面左侧，如图 7-14 所示。在工具箱与文档窗口分隔线位置按住鼠标左键并拖动，可以调整工具箱窗口的大小，如图 7-15 所示。

（4）单击并拖动"属性"面板名称，将其拖动至浮动面板图标下方，如图 7-16 所示。采用相同的操作方法，可以将"库"面板拖动至"属性"面板的下方，完成自定义工作界面的调整，如图 7-17 所示，可以看到调整后的工作界面更加宽敞。

图 7-14

图 7-15

图 7-16

图 7-17

（5）执行"窗口>工作区>新建工作区"命令，或者在软件界面右上角的"工作区预设"下拉列表中选择"新建工作区"选项，弹出"新建工作区"对话框，输入自定义工作区的名称，如图 7-18 所示。单击"确定"按钮，即可保存自定义工作区，在"工作区预设"下拉列表中可以看到刚刚自定义的工作区，如图 7-19 所示。

图 7-18

图 7-19

7.2.2　认识 Flash CC 工作界面

Flash 在每次版本升级时都会对界面进行优化，以提高设计人员的工作效率。Flash CS6 的界面更具亲和力，使用也更加方便，Flash CS6 软件的工作区显示如图 7-20 所示。

菜单栏：在菜单栏中分类提供了 Flash CC 中所有的操作命令，几乎所有的可执行命令都可在这里直接或间接地找到相应的操作选项。

工作区预设：Flash CC 提供了多种软件工作区预设，在该选项的下拉列表中可以选择相应的工作区预设，如图 7-21 所示。选择不同的选项，即可将 Flash CC 的工作区更改为所选择的工作区预设。

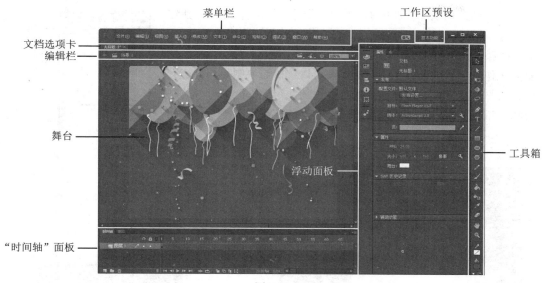

图 7-20

文档选项卡：在文档窗口选项卡中显示文档名称，当用户对文档进行修改而未保存时则会显示"*"号作为标记。如果在 Flash CC 软件中同时打开了多个 Flash 文档，可以单击相应的文档窗口选项卡，进行切换。

编辑栏：左侧显示当前"场景"或"元件"，单击右侧的"编辑场景"按钮 ，在弹出菜单中可以选择要编辑的场景。单击旁边的"编辑元件"按钮 ，在弹出菜单中可以选择要切换编辑的元件。单击右侧的"舞台居中"按钮 ，可以使舞台在 Flash CC 的文档窗口中居中显示。

图 7-21

舞台：即动画显示的区域，用于编辑和修改动画。

"时间轴"面板："时间轴"面板也是 Flash CC 工作界面中浮动面板之一，是 Flash 制作中操作最为频繁的面板之一，几乎所有的动画都需要在"时间轴"面板中进行制作。

浮动面板：用于配合场景、元件的编辑和 Flash 的功能设置，并在"窗口"菜单中执行相应的命令，可以在 Flash CC 的工作界面中显示或隐藏相应的面板。

工具箱：在工具箱中提供了 Flash 中所有的操作工具，如笔触颜色、填充颜色以及工具的相应设置选项，通过这些工具可以在 Flash 中进行绘图、调整等相应的操作。

7.2.3 选择适合的工作区

在 Flash CC 中不仅可以自定义工作区，还提供了 7 种不同的预设工作区供用户选择，如图 7-22 所示。用户可以根据自己的需要选择合适的工作区进行 Flash 动画的创作。

自定义工作区：在该部分显示用户在 Flash CC 中自定义的工作区的名称，选择相应的名称，即可将 Flash CC 的工作界面切换为该自定义的工作界面效果。

预设工作区：在 Flash CC 中默认预设了 7 种不同的工作区，用户可以根据自己的使用习惯和需要选择不同的工作区，例如，如果用户习惯了传统的 Flash 软件工作界面，可以选择"传统"选项，则 Flash CC 的工作界面将切换为传统的 Flash 工作界面，如图 7-23 所示。

工作区管理：在该部分提供了 3 个工作区管理选项，选择"新建工作区"选项，可以弹出"新建工作区"对话框，可以将当前的 Flash CC 工作区保存为自定义工作区；选择"删除工作区"选项，可以弹出"删除工作区"对话框，在该对话框中可以选择需要删除的自定义工作区，如图 7-24 所示，需要注意的是预设的 7 个工作区不可以被删除；选择"重置"选项，可以恢复当前工作区的默认状态。

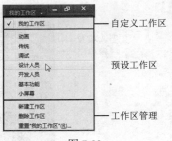

图 7-22

图 7-23

图 7-24

7.3　新建 Flash 文件

Flash CC 提供了多样化的新建文件方法，不仅可以方便用户使用，而且可以有效提高工作效率。用户可以根据工作过程中的实际需要以及个人的爱好进行适当的选择。

命令介绍

"新建文档"对话框：通过"新建文档"对话框可以新建多种不同类型的 Flash 相关文档。

Flash 文档属性：完成 Flash 文档的创建后，首先就需要对 Flash 文档的属性进行设置。

7.3.1　课堂案例——通过 Flash 模板快速制作动画

【案例学习目标】学习如何通过 Flash 模板制作动画。

【案例知识要点】在"新建文档"对话框中选择预设的 Flash 模板，创建基于 Flash 模板的文档，在文档中修改相应的图像，动画效果如图 7-25 所示。

【效果所在位置】光盘\源文件\第 7 章\通过 Flash 模板快速制作动画.swf。

图 7-25

（1）执行"文件>新建"命令，在弹出的"新建文档"对话框中单击"模板"标签，该对话框就会变为"从模板新建"对话框，设置如图 7-26 所示。单击"确定"按钮，即可创建基于该模板的动画，如图 7-27 所示。

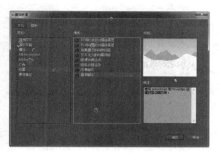

图 7-26   图 7-27

（2）在"时间轴"面板中选中"背景"图层，单击"删除"按钮，将该图层删除，如图 7-28 所示。单击"新建图层"按钮，新建"图层 1"，并将"图层 1"移至所有图层下方，如图 7-29 所示。

图 7-28   图 7-29

（3）执行"文件>导入>导入到舞台"命令，弹出"导入"对话框，选择素材图像"光盘\源文件\第 7 章\素材\73101.jpg"，如图 7-30 所示。单击"打开"按钮，将该素材图像导入到舞台中，如图 7-31 所示。

图 7-30   图 7-31

（4）完成该动画的制作，执行"文件>保存"命令，将该动画保存为"光盘\源文件\第 7 章\通过 Flash 模板快速制作动画.fla"。按快捷键 Ctrl+Enter，测试动画效果，如图 7-32 所示。

图 7-32

7.3.2 "新建文档"对话框

执行"文件>新建"命令，弹出"新建文档"对话框，在该对话框中单击"常规"选项卡，如图 7-33 所示。选择相应的文档类型后，单击"确定"按钮，即可新建一个空白文档。

ActionScript3.0：选择该选项，表示使用 Actionscript3.0 作为脚本语言创建动画文档，生成一个格式为*.fla 的文件。

AIR for Desktop：选择该选项，将在 Flash 文档窗口中创建新的 Flash 文档（*.fla），发布设置将会设定为用于 AIR。可使用 Flash AIR 文档开发在 AIR 跨平台桌面运行时所部署的应用程序。

图 7-33

AIR for Android：选择该选项，表示创建一个 Android 设备支持的应用程序，将会在 Flash 文档窗口中创建新的 Flash 文档（*.fla），该文档将会设置 AIR for Android 的发布设置。

AIR for iOS：选择该选项，表示创建一个 Apple iOS 设备支持的应用程序，将会在 Flash 文档窗口中创建新的 Flash 文档（*.fla），该文档将会设置 AIR for iOS 的发布设置。

ActionScript3.0 类：ActionScript 3.0 允许用户创建自己的类，单击选择该项可创建一个 AS 文件（*.as）来定义一个新的 ActionScript 3.0 类。

ActionScript3.0 接口：该选项可用于创建一个 AS 文件（*.as），以定义一个新的 ActionScript 3.0 接口。

ActionScript 文件：选择该选项，可以创建 Actionscript 外部文件以供调用。

Flash JavaScript 文件：该选项用于创建 JSFL 文件，JSFL 文件是一种用于 Flash 编辑器的脚本。

7.3.3 "从模板新建"对话框

在"新建文档"对话框中，单击"模板"选项卡，如图 7-34 所示。选择相应的文档类型后，单击"确定"按钮，即可新建 Flash 模板文件。

范例文件：选择"范例文件"类别选项，可以看到"模板"列表中提供了相应的预设动画模板，如图 7-35 所示。打开一个动画模板后，按快捷键 Ctrl+Enter 测试该动画即可看到动画效果。

演示文稿：选择"演示文稿"类别选项，可以看到在该"模板"列表中包括两款预设动画模板，即"高级演示文稿"和"简单演示文稿"，如图 7-36 所示。它们尽管外观一致却有着不同的实现手段，前者使用 MovieClips 实现，后者借助时间轴实现。

图 7-34

横幅：用于快速新建某一种特殊的横幅效果，打开一个模板后可根据提示对其进行修改，如图 7-37 所示。

AIR for Android：在"类别"列表中选择 AIR for Android 选项，可以看到其右侧的"模板"列表中预设了 5 种模板，如图 7-38 所示。选择任意一种模板，单击"确定"按钮，即可创建基于该模板的

Flash 文档。

图 7-35

图 7-36

图 7-37

AIR for iOS：在"类别"列表中选择 AIR for iOS 选项，可以看到其右侧的"模板"列表中预设了 5 种不同尺寸的适用于 iOS 系统的模板，如图 7-39 所示。

广告：该类别下的模板文件并没有真正的内容，只是方便快速新建某一种文档大小尺寸的模板，如图 7-40 所示。

图 7-38

图 7-39

图 7-40

动画：在"类别"列表中选择"动画"类别选项，可以看到其右侧的"模板"列表中提供了 8 种预设动画模板，如图 7-41 所示。

媒体播放：该"媒体播放"类别下包含了各种用于媒体播放的预设动画模板，如图 7-42 所示。

图 7-41

图 7-42

7.3.4　设置 Flash 文档属性

新建一个文件类型为 ActionScript 3.0 的空白 Flash 文件，执行"修改>文档"命令，弹出"文档设置"对话框，如图 7-43 所示，在该对话框中可以对 Flash 文档的相关属性进行设置。

单位：该选项用来设置动画尺寸的单位值，在该选项下拉列表中可以选择相应的单位，如图 7-44 所示。

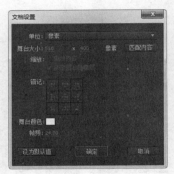

图 7-43

舞台大小：在该选项中可对动画舞台的尺寸进行设置，系统默认的文档尺寸为 550×400 像素。

匹配内容：单击该按钮，可以将 Flash 文档的尺寸大小与舞台内容使用的间距量精确对应。

缩放：当缩放舞台大小时，该选项用于设置动画中的对象如何处理。如果选中"缩放内容"复选框，则缩放舞台大小时，舞台中的对象会自动进行缩放以适应舞台；如果选中"锁定层和隐藏层"复选框，则缩放舞台大小时，锁定的图层和隐藏的图像中的对象也会同时自动缩放。

锚记：该选项只有当修改了舞台的尺寸大小，并且在"缩放"选项区中选中"缩放内容"选框后，该选项才可用，如图 7-45 所示，用于设置缩放对象时原点位置。

舞台颜色：单击该选项右侧的色块□，在弹出的"拾色器"窗口中可以选择动画舞台的颜色，如图 7-46 所示，系统所默认的舞台颜色为白色。

图 7-44

图 7-45

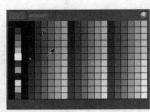

图 7-46

帧频：在该选项的文本框中，可输入每秒要显示的动画帧数，帧数值越大，则播放的速度越快，系统所默认的帧频为 24fps。

7.4 打开和保存 Flash 文件

在 Flash 中对文档的基本操作，主要包括新建文档、设置文档属性、打开 Flash 文件和保存 Flash 文件，上一节中已经介绍了如何新建 Flash 文档和设置 Flash 文档属性，这一节将向读者介绍如何打开和保存 Flash 文件。

命令介绍

"打开"命令：执行该命令，可以在弹出的对话框中选择需要打开的 Flash 文件。

"保存"命令：执行该命令，可以保存当前正在编辑的 Flash 文件。

"另存为"命令：执行该命令，可以将当前文件以其他的文件名称进行保存。

"另存为模板"命令：执行该命令，可以将当前文件保存为 Flash 模板文件。

"关闭"命令：执行该命令，可以关闭当前正在编辑的 Flash 文件。

7.4.1 课堂案例——打开 Flash 文件

【案例学习目标】学习如何在 Flash 中打开 Flash 动画源文件。

【案例知识要点】在"打开"对话框中选择需要打开的 Flash 动画源文件，在 Flash 中打开动画源文件后，可以进行修改编辑操作，动画效果如图 7-47 所示。

【效果所在位置】光盘\源文件\第 7 章\打开 Flash 文件.swf。

图 7-47

（1）在 Flash CC 中执行"文件>打开"命令，弹出"打开"对话框，选择需要打开的 Flash 源文件"光盘\源文件\第 7 章\打开 Flash 文件.fla"，如图 17-48 所示。单击"打开"按钮，即可在 Flash CC 中打开所选择的文件，如图 17-49 所示。

图 7-48   图 7-49

（2）执行"控制>测试"命令，或按快捷键 Ctrl+Enter，可以测试该 Flash 动画的效果，如图 17-50 所示。

除了通过使用命令打开文件以外，我们还可以直接拖拽或按快捷键 Ctrl+O 打开所需文件。如果需要打开最近打开过的文件，执行"文件>打开最近的文件"命令，在菜单项中选择相应文件即可。

图 7-50

7.4.2 保存 Flash 文件

完成 Flash 文件的制作，如果想要覆盖之前的 Flash 文件，只需要执行"文件>保存"命令，即可保存该文件，并覆盖相同文件名的文件。

7.4.3 另存为 Flash 文件

如果要将文件压缩、保存到不同的位置，或对其名称进行重新命名，可以执行"文件>另存为"

命令，弹出"另存为"对话框，在该对话框中对相关选项进行设置，如图 7-51 所示，单击"保存"按钮，即可完成对 Flash 文件的保存。

在实际操作过程中，为了节省时间提高工作效率，我们经常使用保存快捷键 Ctrl+S 或另存为快捷键 Ctrl+Shift+S，快速保存或另存为一份 Flash 文件。

图 7-51

7.4.4 另存为 Flash 模板文件

将 Flash 文件另存为模板就是指将该文件使用模板中的格式进行保存，以方便用户以后在制作 Flash 文件时可以直接进行使用。

要将文件另存为模板，执行"文件>另存为模板"命令，弹出"另存为模板警告"对话框，如图 7-52 所示。单击"另存为模板"按钮，弹出"另存为模板"对话框，如图 7-53 所示。在该对话框中对相关选项进行设置，单击"保存"按钮，即可将当前 Flash 文件另存为模板文件。

图 7-52

图 7-53

7.4.5 关闭 Flash 文件

通过执行"文件>关闭"命令，可以关闭当前文件，也可以单击该窗口选项卡上的"关闭"按钮▨，或者按快捷键 Ctrl+W，关闭当前文件。执行"文件>全部关闭"命令，可以关闭所有在 Flash CC 中已打开的文件。

在关闭文件时，并不会因此而退出 Flash CC，如果既要关闭所有文件又要退出 Flash，可以执行"文件>退出"命令，或者直接单击 Flash CC 软件界面右上角的关闭按钮 ▨ ，退出 Flash 即可。

7.5 课堂练习——制作海底世界动画

【练习知识要点】在"从模板新建"对话框中选择"动画"类别中的"补间形状的支车辆遮罩层"选项，新建基于该模板的动画，替换动画背景素材，动画效果如图 7-54 所示。

【素材所在位置】光盘\源文件\第 7 章\素材\7501.jpg。

【效果所在位置】光盘\源文件\第 7 章\制作海底世界动画.fla。

图 7-54

7.6 课后习题——制作下雨动画

【习题知识要点】掌握从模板新建 Flash 文档，并替换动画中背景素材的方法，效果如图 7-55 所示。

【素材所在位置】光盘\源文件\第 7 章\素材\7601.jpg。

【效果所在位置】光盘\源文件\第 7 章\制作下雨动画.fla。

图 7-55

第8章 掌握 Flash 绘图技法

本章介绍

在 Flash Flash 中，对于相关的绘图功能进行了升级和加强，使得其绘图功能变得更加强大，不仅可以自由创建和修改图形，还能够自由绘制出需要的线条或路径，并且可以进行填充。本章将带领读者绘制各种各样的精美图形，来详细讲解 Flash 中的绘图功能和技巧。

学习目标

- 掌握 Flash 中基本绘图工具的使用
- 理解各种基本绘图工具属性的设置方法
- 掌握"钢笔工具"的使用方法
- 掌握路径的调整和编辑方法

技能目标

- 掌握"绘制卡通表情"的方法
- 掌握"绘制卡通向日葵"的方法
- 掌握"绘制可爱雪人"的方法

8.1　使用基本绘图工具

在 Flash 中包含了多款基本绘图工具，每个工具都有着不同的选项供用户选择，使用不同的选项设置可以绘制出不同效果的图形。

命令介绍

矩形工具和基本矩形工具："矩形工具"和"基本矩形工具"属于几何形状绘制工具，用于创建各种比例的矩形，也可以绘制各种比例的正方形。

椭圆工具和基本椭圆工具："椭圆工具"和"基本椭圆工具"属于几何形状绘制工具，用于创建各种比例的椭圆形，也可以绘制各种比例的圆形。

填充颜色和笔触颜色：在 Flash 中图形的颜色是由笔触和填充组成的，这两种属性决定矢量图形的轮廓和整体颜色。

多角星形工具："多角星形工具"也是几何形状绘制工具，通过设置所绘制图形的边数、星形顶点数（3~32）和星形顶点大小，可以创建出各种比例的多边形，也可以绘制各种比例的星形。

线条工具："线条工具"主要是用来绘制直线和斜线的几何绘制工具，"线条工具"所绘制的是不封闭的直线和斜线，由两点确定一条线。

铅笔工具："铅笔工具"主要用于绘制自由的线条。

刷子工具：使用"刷子工具"，可以绘制出类似钢笔、毛笔和水彩笔的封闭形状，也可以制作出例如书法等系列的效果。

橡皮擦工具："橡皮擦工具"可以进行擦除工作，主要用于擦除线条或填充内容，其使用方法和绘图工具相似。

8.1.1　课堂案例——绘制卡通表情

【案例学习目标】学习使用各种基本绘图工具绘制图形，并为图形填充纯色和渐变颜色。

【案例知识要点】使用"矩形工具"绘制圆角矩形、使用"椭圆工具"绘制椭圆形，使用"线条工具"绘制直线，如图 8-1 所示。

【效果所在位置】光盘\源文件\第 8 章\绘制卡通表情.fla。

图 8-1

图 8-2

（1）执行"文件>新建"命令，在弹出的"新建文档"对话框中进行设置，如图 8-2 所示，单击"确定"按钮，新建一个 Flash 文档。执行"插入>新建元件"命令，在弹出的"创建新元件"对话框中进行设置，如图 8-3 所示。

（2）使用"矩形工具"，设置"笔触颜色"为无，"填充颜色"为#0066FF，"矩形边角半径"为15，在舞台中绘制圆角矩形，如图 8-4 所示。选中刚刚绘制的圆角矩形，按快捷键 Ctrl+C 复制图形，新建"图层 2"，执行"编辑>粘贴到当前位置"命令，粘贴图形，使用"任意变形工具"，按住快捷键 Shift+Alt，以图形的中心点为中心将图形进行等比例缩小，如图 8-5 所示。

图 8-3

（3）选中复制得到的图形，打开"颜色"面板，设置"填充颜色"为#00FFFF 到#0099FF 的径向渐变，如图 8-6 所示。并使用"渐变变形工具"调整渐变的角度，如图 8-7 所示。

图 8-4   图 8-5   图 8-6   图 8-7

（4）复制刚填充渐变颜色的图形，新建"图层 3"，并粘贴到当前位置，打开"颜色"面板，设置"填充颜色"值为 100%的#FFFFFF 到 0%的#FFFFFF 的径向渐变，如图 8-8 所示，使用"渐变变形工具"调整渐变的角度，使用"任意变形工具"将图形等比例缩小，如图 8-9 所示。

（5）新建"图层 4"，使用"椭圆工具"，设置"笔触颜色"为无，"填充颜色"为#0099FF，按住 Shift 键在舞台中绘制一个正圆形，如图 8-10 所示。使用相同的绘制方法，完成相似内容的绘制，舞台效果如图 8-11 所示。

图 8-8   图 8-9   图 8-10

（6）使用相同的绘制方法，可以绘制出另外一只眼睛图形，如图 8-12 所示。使用"线条工具"，设置"笔触颜色"为#0099FF，"笔触高度"为6，新建"图层 10"，在舞台中绘制一条直线，如图 8-13 所示。

图 8-11   图 8-12   图 8-13

（7）使用"选择工具"，将光标移至刚绘制的直线下方，当光标变为 形状时向下拖动鼠标，将直线调整为曲线，如图 8-14 所示。使用相同的方法，绘制出其他的表情图标，效果如图 8-15 所示。

图 8-14　　　　　　　　　　　　　图 8-15

（8）单击"编辑"栏上的"场景 1"链接，返回"场景 1"编辑状态，导入素材图像"光盘\源文件\第 8 章\素材\81101.jpg"，如图 8-16 所示。将刚刚绘制的各方块表情元件分别拖入到舞台中，调整至合适的位置，效果如图 8-17 所示。

（9）完成卡通表情的绘制，执行"文件>保存"命令，将文件保存为"光盘\源文件\第 8 章\绘制卡通表情.fla"，按快捷键 Ctrl+Enter，测试动画效果，如图 8-18 所示。

图 8-16

图 8-17　　　　　　　　　　　　　图 8-18

8.1.2　矩形工具和基本矩形工具

单击工具箱中的"矩形工具"按钮▢，在场景中单击并拖动鼠标，拖动至合适的位置和大小，释放鼠标，即可绘制出一个矩形图形，得到的矩形由"笔触"和"填充"两部分组成，如图 8-19 所示。如果想要调整图形的"笔触"和"填充"，可以在其"属性"面板上根据需要进行相应的设置，如图 8-20 所示。

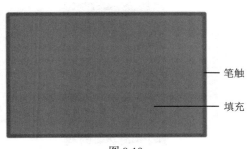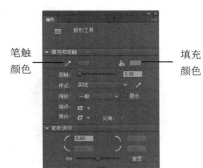

图 8-19　　　　　　　　　　　　　图 8-20

笔触颜色：用于设置所绘制矩形的笔触颜色，单击该选项颜色块，可以弹出窗口中进行设置。

填充颜色：用于设置所绘制矩形的填充颜色，单击该选项颜色块，可以弹出窗口中进行设置。

笔触：该选项用于设置笔触的高度，可以在该选项的文本框中直接输入笔触高度值，也可以通过拖动滑动条上的滑块进行设置，文本框中的数值会与当前滑块位置保持一致。

样式：用于设置笔触样式，在该选项下拉列表中可以选择 Flash 预设的 7 种笔触样式，如图 8-21 所示。也可以单击右侧的"编辑笔触样式"按钮 ，在弹出的"笔触样式"对话框中进行设置，如图 8-22 所示。

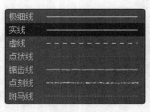

图 8-21

图 8-22

缩放：用于限制笔触在 Flash 播放器中的缩放，在该选项的下拉列表中可以选择 4 种笔触缩放，包括 "一般""水平""垂直"和"无"4 个选项。

端点：用于设置笔触端点样式，在"端点"下拉列表中包括"无""圆角"和"方形"3 种样式。

接合：用于设置两条直线的结合方式，包括"尖角""圆角"和"斜角"3 种结合方式。

矩形选项：用于设置矩形的角半径。直接在各文本框中输入半径的数值即可指定角半径，数值越大，矩形的角越圆。如果输入的数值为负数，则创建的是反半径的效果；默认情况下值为 0，创建的是直角。

"基本矩形工具"与"矩形工具"最大的区别在于圆角的设置，使用"矩形工具"时，当一个矩形已经绘制完成之后，是不能对矩形的角度重新设置的，如果想要改变当前矩形的角度，则需要重新绘制一个矩形，而在使用"基本矩形工具"绘制矩形时，完成矩形绘制之后，

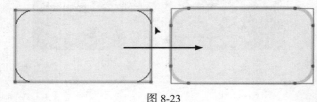

图 8-23

可以使用"选择工具" 对基本矩形四周的任意点进行拖动调整，如图 8-23 所示。

8.1.3　椭圆工具和基本椭圆工具

单击工具箱中的"椭圆工具"按钮 ，在舞台中单击并拖动鼠标，即可绘制出椭圆形，如图 8-24 所示。在"属性"面板中可以对椭圆形的相应参数进行设置，如图 8-25 所示。

图 8-24

图 8-25

开始角度和结束角度：在选项文本框中输入角度值或者拖动滑动条上的滑块，可以控制椭圆的开始点角度和结束点的角度，可以轻松地绘制出许多有创意的形状，例如扇形、饼形、圆环形等，如图 8-26 所示。

内径：用于调整椭圆的内径，可以直接在"属性"面板的文本框中输入内径的数值（范围：0~99），也可以拖动滑块来调整内径的大小，如图 8-27 所示。

闭合路径：用于设置所绘制椭圆的路径是否为闭合状态，当椭圆指定了内径以后会出现多条路径，如果不勾选该复选框，则绘制时会出现一条开放路径，此时如果未对所绘制的图形应用任何填充，则绘制出的图形为笔触，如图 8-28 所示。

图 8-26　　　　　　　　图 8-27　　　　　　　　图 8-28

重置：该选项用来重置椭圆工具的所有设置，把椭圆工具的所有设置恢复为原始值，此时再在舞台中绘制的椭圆形状将会恢复为原始大小和形状。

"椭圆工具"和"基本椭圆工具"在使用方法上基本相同，不同的是，使用"椭圆工具"绘制的图形是形状，只能使用编辑工具进行修改；使用"基本椭圆工具"绘制的图形可以在"属性"面板中直接修改其基本属性，在完成基本椭圆的绘制后，也可以使用"选择工具"对基本椭圆的控制点进行拖动改变其形状，如图 8-29 所示。

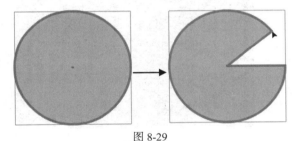

图 8-29

8.1.4　填充颜色和笔触颜色

在绘制图形前，使用工具箱中的"笔触颜色"和"填充颜色"控件，可以方便快捷地设置创建图形的笔触颜色和填充颜色，工具箱中的颜色控件如图 8-30 所示。

例如，单击"笔触颜色"控件，可在弹出的"拾色器"窗口中选择一种颜色，也可以在文本框中键入颜色的十六进制值，如图 8-31 所示。

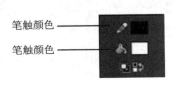

图 8-30

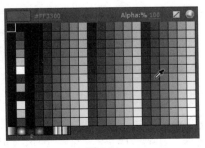

图 8-31

单击工具箱中的"黑白"按钮█，可以恢复默认颜色的设置，即白色填充和黑色笔触颜色。单击"交换颜色"按钮█，可以交换填充和笔触之间的颜色。

单击"拾色器"窗口中的"无颜色"按钮█，即可设置笔触或填充的颜色为无。

8.1.5 课堂案例——绘制卡通向日葵

【案例学习目标】学习如何使用 Flash 中的各种基本绘图工具绘制图形。

【案例知识要点】使用"矩形工具"绘制圆角矩形，使用"部分选取工具"调整图形，使用"刷子工具"绘制图形，使用"线条工具"绘制直线，如图 8-32 所示。

【效果所在位置】光盘\源文件\第 8 章\绘制卡通向日葵.fla。

（1）执行"文件>新建"命令，在弹出的"新建文档"对话框中进行相应的设置，如图 8-33 所示，单击"确定"按钮，新建一个 Flash 文档。执行"插入>新建元件"，在弹出的"创建新元件"对话框中进行设置，如图 8-34 所示。

图 8-32

图 8-33

图 8-34

（2）执行"文件>导入>导入到舞台"命令，导入素材图像"光盘\源文件\第 8 章\素材\81501.jpg"，如图 8-35 所示。执行"插入>新建元件"命令，在弹出的"创建新元件"对话框中进行设置，如图 8-36 所示。

图 8-35

图 8-36

（3）单击"确定"按钮，使用"矩形工具"，在"属性"面板中进行相应的设置，如图 8-37 所示。设置完成后，在舞台中进行绘制，图形效果如图 8-38 所示。

图 8-37

图 8-38

（4）使用"部分选择工具"对绘制好的图形进行相应的调整，如图 8-39 所示。新建"图层 2"，使用相同方法完成"图层 2"内容的绘制，舞台效果如图 8-40 所示。

图 8-39

图 8-40

（5）新建"图层 3"，使用"矩形工具"，在"属性"面板中进行相应的设置，如图 8-41 所示。在舞台的相应位置绘制图形，并使用"部分选择工具"进行相应的调整，舞台效果如图 8-42 所示。

图 8-41

图 8-42

（6）新建"图层 4"，使用"刷子工具"，在"属性"面板中设置"笔触颜色"为无、"填充颜色"为#BB5213，在舞台中进行绘制，图形效果如图 8-43 所示。完成后的"时间轴"面板如图 8-44 所示。

图 8-43

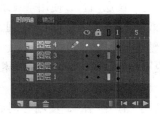

图 8-44

（7）新建"图层 5"，使用"矩形工具"设置相应的颜色，在舞台中绘制图形，并使用"部分选择工具"进行相应的调整，效果如图 8-45 所示。使用相同的绘制方法，完成"图层 6"内容的绘制，舞台效果如图 8-46 所示。

图 8-45   图 8-46

（8）新建"图层 7"，使用"钢笔工具"在舞台中进行绘制，效果如图 8-47 所示。使用"颜料桶工具"，设置其"填充颜色"为#489840，在刚绘制的路径内部单击进行填充，如图 8-48 所示。选中所绘制图形的笔触，按键盘上的 Delete 键，进行删除，效果如图 8-49 所示。

图 8-47   图 8-48   图 8-49

（9）选中"图层 7"上的图形，按快捷键 Ctrl+C 进行复制，新建"图层 8"，执行"编辑>粘贴到当前位置"命令，粘贴图形；使用"任意变形工具"，按住快捷键 Shift+Alt，以图形的中心点为中心将图形进行等比例缩小，并调整颜色，如图 8-50 所示。使用相同的绘制方法，完成相似内容的绘制，效果如图 8-51 所示。

图 8-50   图 8-51

（10）新建"图层 11"，使用"线条工具"，设置其"笔触颜色"为#489840，在舞台中的相应位置绘制线条，效果如图 8-52 所示。使用"选择工具"，放置在笔触边缘，当光标变成时，对所绘制的线条进行调整，效果如图 8-53 所示。

（11）使用相同的绘制方法，完成相似内容的绘制，效果如图 8-54 所示，"时间轴"面板如图 8-55 所示。

（12）新建"图层 18"，使用"钢笔工具"在舞台中绘制路径，如图 8-56 所示。使用"颜料桶工具"，设置其"填充颜色"为#E17715，在刚绘制的路径内单击进行填充，效果如图 8-57 所示。

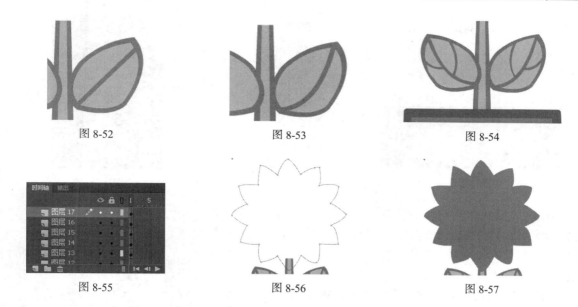

图 8-52   图 8-53   图 8-54

图 8-55   图 8-56   图 8-57

（13）新建图层，使用"椭圆工具"，设置其"笔触颜色"为无、"填充颜色"为#D17303，在舞台中绘制正圆形，如图 8-58 所示。使用相同的绘制方法，新建图层，使用相应的工具进行绘制，并填充颜色，效果如图 8-59 所示，"时间轴"面板如图 8-60 所示。

图 8-58   图 8-59   图 8-60

（14）新建"图层 21"，使用"线条工具"，在"属性"面板中进行设置，如图 8-61 所示。完成设置后，在舞台中绘制多条直线，效果如图 8-62 所示。

图 8-61   图 8-62

（15）完成"花朵 01"元件的绘制，执行"插入>新建元件"命令，在弹出的"创建新元件"对话框中进行设置，如图 8-63 所示。单击"确定"按钮，根据"花朵 01"的绘制方法，完成"花朵 02"元件的绘制，效果如图 8-64 所示，"时间轴"面板如图 8-65 所示。

图 8-63

图 8-64

图 8-65

（16）返回到"场景 1"的编辑状态，将"库"面板中的"背景"元件拖入舞台中，调整至合适的位置，如图 8-66 所示。新建图层，分别拖入"花朵 01"和"花朵 02"元件，并调整至合适的位置，效果如图 8-67 所示。

（17）完成后的"时间轴"面板如图 8-68 所示。完成该卡通向日葵的绘制，执行"文件>保存"命令，将动画保存为"光盘\源文件\第 8 章\绘制卡通向日葵.fla"，按快捷键 Ctrl+Enter 测试动画，效果如图 8-69 所示。

图 8-66

图 8-67

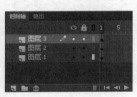

图 8-68

图 8-69

8.1.6　多角星形工具

单击工具箱中的"多角星形工具"按钮 ▣ ，在舞台中单击并拖动鼠标，即可绘制出一个多边形，如图 8-70 所示。在"属性"面板中可以对其相应的参数进行设置，如图 8-71 所示。

在选择"多角星形工具"之后，单击"属性"面板下方的"选项"按钮，在弹出的"工具设置"对话框中对多边形的属性进行设置，如果将"样式"设置为"星形"，如图 8-72 所示。单击"确定"按钮，在场景中即可绘制出一个星形，效果如图 8-73 所示。

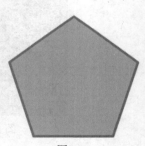

图 8-70

样式：该选项用来设置所绘制多角星形的样式，在"样式"的下拉列表中包含"多边形"和"星形"两个选项，通常情况下，默认设置为多边形。

边数：该选项用来设置多角星形的边数，直接在文本框中输入一个 3~32 之间的数值，即可绘制出不同边数的多角星形。

图 8-71   图 8-72   图 8-73

星形顶点大小：该选项用来指定星形顶点的深度，在文本框中输入一个 0~1 之间的数字，即可绘制出不同顶点的多角星形，数字越接近 0，创建出的星顶点越深。

8.1.7 线条工具

单击工具箱中的"线条工具"按钮 ，在场景中拖动鼠标，释放鼠标即可完成该直线的绘制，如图 8-74 所示。通过"属性"面板可以对"线条工具"的相应属性进行设置，如图 8-75 所示。

图 8-74   图 8-75

按住 Shift 键可以拖拽出水平、垂直或者 45° 的直线效果，在使用"线条工具"绘制直线时，需要注意的是，"线条工具"不支持填充颜色的使用，默认情况下只能对笔触颜色进行设置。

8.1.8 铅笔工具

单击工具箱中的"铅笔工具"按钮 ，在工具箱最下方会出现相应的附属工具"铅笔模式"选项，这是"铅笔工具"和其他绘图工具所不同的。单击工具箱中的"铅笔模式"按钮 ，在弹出菜单中有 3 个选项：伸直、平滑和墨水，如图 8-76 所示。

图 8-76

伸直：该选项是 Flash 的默认模式，用于形状识别，在这种模式下绘图时，Flash 会把绘制出的线条变得更直一些，一些本来是曲线的线条可能会变成直线，如果绘制出近似正方形、圆、直线或曲线的图形，Flash 将根据它的判断调整成规则的几何形状。

平滑：用于对有锯齿的笔触进行平滑处理，在这种模式下绘图时，线条会变得更加柔和。

墨水：用于随意地绘制各类线条，这种模式不对笔触进行任何修改，绘制后不会有任何变化。

8.1.9 刷子工具

单击工具箱中"刷子工具"按钮 ，在舞台中任意位置单击，拖拽鼠标到合适的位置后释放鼠标即可绘制图形效果。在 Flash CC 中提供了一系列大小不同的刷子尺寸，单击工具箱中的"刷子工具"按钮，在工具箱的底部就会出现附属工具选项区，在"刷子大小"下拉列表中可以选择刷子的大小，如图 8-77 所示。

工具箱底部的选项区中还有一个"刷子形状"选项按钮，在该选项的下拉列表中可以选择刷子的形状，包括直线线条、矩形、圆形、椭圆形等，如图 8-78 所示。

同样，单击"刷子模式"选项按钮，在该选项的下拉列表中有 5 种不同的刷子模式可供选择，可以根据需要进行选择，如图 8-79 所示。

标准绘画：该模式可以对同一图层的线条和填充区域涂色，如图 8-80 所示。

图 8-77　　　　　　　图 8-78　　　　　　　图 8-79　　　　　　　图 8-80

颜料填充：该模式只对填充区域和空白区域涂色，不影响线条，如图 8-81 所示。

后面绘画：该模式只对场景中同一图层的空白区域涂色，不影响线条和填充区域，如图 8-82 所示。

颜色选择：该模式会将新的填充应用到选区中，类似选择一个填充区域并应用新填充，如图 8-83 所示。

内部绘画：对开始时"刷子笔触"所在的填充区域进行涂色，但不对线条涂色，也不会在线条外部涂色。如果在空白区域中开始涂色，该"填充"不会影响任何现有的填充区域，如图 8-84 所示。

图 8-81　　　　　　　图 8-82　　　　　　　图 8-83　　　　　　　图 8-84

8.1.10　橡皮擦工具

"橡皮擦工具"可以完整或部分地擦除线条及填充内容。单击工具箱中的"橡皮擦工具"按钮，在工具箱中可以看到橡皮擦的相应选项，如图 8-85 所示。

使用"橡皮擦工具"，在工具箱中单击"橡皮擦模式"按钮，在该下拉列表中 Flash 为用户提供了 5 种橡皮擦模式，如图 8-86 所示，可根据情况选择相应的模式以达到理想的效果。

图 8-85　　　　　　　　　　　　　　图 8-86

　　"橡皮擦工具"的 5 种擦除模式与"刷子工具"的 5 种刷子模式十分相似，只是不是使用"刷子工具"进行绘制，而是使用"橡皮擦工具"进行擦除操作。

　　"水龙头"可以直接擦除所选取区域内的线条或填充色，是一种智能的删除工具。"水龙头"的作用相当于使用"选择工具"选中对象后按 Delete 键删除。如果想一次性删除场景中的所有绘制对象，只需双击工具箱中的"橡皮擦工具"，即可删除所有内容。

8.2　高级绘图工具

　　"钢笔工具"是一种高级的绘图工具，使用"钢笔工具"可以绘制出很多不规则的图形，也可以调整直线段的长度及曲线段的斜率，是一种比较灵活的形状创建工具。

命令介绍

　　钢笔工具：使用"钢笔工具"绘制图形最基本的操作就是绘制曲线，绘制曲线需要首先创建锚点，也就是每条线段上的一系列节点。

　　转换点工具：使用"转换点工具"在路径转角点处单击并拖动鼠标可以将直线转换为曲线。

　　部分选取工具：使用"部分选取工具"可以选中路径上的锚点，从而对锚点进行调整。

　　添加锚点工具：使用"添加锚点工具"在路径上单击，可以在单击位置添加锚点。

　　删除锚点工具：使用"删除锚点工具"在路径上需要删除的锚点上单击，可以将该锚点删除。

8.2.1　课堂案例——绘制可爱雪人

　　【案例学习目标】学习如何使用"钢笔工具"绘制图形。

　　【案例知识要点】使用"钢笔工具"绘制图形，使用"选择工具"调整图形，为路径图形填充颜色，如图 8-87 所示。

　　【效果所在位置】光盘\源文件\第 8 章\绘制可爱雪人.fla。

　　（1）执行"文件>新建"命令，弹出"新建文档"对话框，设置如图 8-88 所示，单击"确定"按钮，新建一个 Flash 文档。执行"文件>导入>导入到舞台"命令，将图像素材"光盘\源文件\第 8 章\素材\82101.jpg"导入到舞台中，如图 8-89 所示。

图 8-87

图 8-88

　　（2）新建"图层 2"，使用"椭圆工具"，在"属性"面板在进行设置，如图 8-90 所示。在舞台中绘制一个椭圆，效果如图 8-91 所示。

　　（3）使用"选择工具"，调整刚刚绘制的椭圆，完成后的图形效果如图 8-92 所示。新建"图层 3"，根据前面的绘制方法，完成相似内容的绘制，效果如图 8-93 所示。

图 8-89 图 8-90 图 8-91

（4）新建"图层 4"，使用"椭圆工具"，设置其"填充颜色"为#0080C0，在舞台中绘制两个正圆形，如图 8-94 所示。新建"图层 5"，使用"椭圆工具"，设置其"笔触颜色"为#BA0040，"笔触高度"为 2，"填充颜色"为#FF3F38，在舞台中绘制正圆形，如图 8-95 所示。

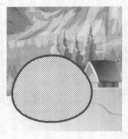

图 8-92 图 8-93 图 8-94

（5）新建"图层 6"，使用"椭圆工具"，设置其"填充颜色"为#FFFFFF，在舞台中绘制正圆形，如图 8-96 所示。新建"图层 7"，使用"钢笔工具"，在舞台中绘制路径，选择刚刚绘制的路径，使用"颜料桶工具"，设置其"填充颜色"为#BA0040，在路径内部单击，填充颜色，并将该路径删除，效果如图 8-97 所示。

图 8-95 图 8-96 图 8-97

（6）新建"图层 8"，使用"铅笔工具"，设置其"笔触颜色"为#0080C0，"笔触高度"为 2，在舞台中绘制图形，如图 8-98 所示。新建"图层 9"，使用"钢笔工具"，设置其"笔触颜色"为#CA6518，"笔触高度"为 2，在舞台中绘制路径，如图 8-99 所示。

（7）使用"颜料桶工具"，设置其"填充颜色"为#FFC740，在路径内部单击，填充颜色，如图 8-100 所示。新建"图层 10"，使用"铅笔工具"，设置其"笔触颜色"为#CA6518，"笔触高度"为 2，在舞台中绘制图形，如图 8-101 所示。

（8）新建"图层 11"，使用"钢笔工具"，设置"笔触颜色"为#CA6518，"笔触高度"为 2，在舞台中绘制路径，如图 8-102 所示。使用"颜料桶工具"，设置其"填充颜色"为#FFC740，在路径内部单击，填充颜色，如图 8-103 所示。

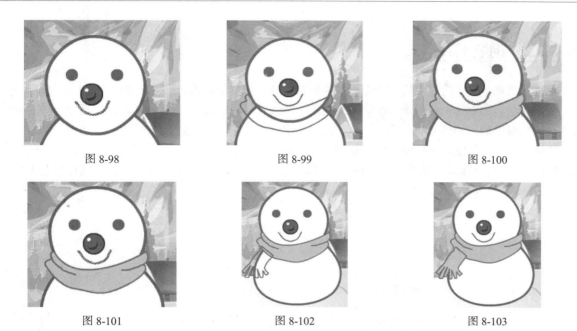

| 图 8-98 | 图 8-99 | 图 8-100 |

| 图 8-101 | 图 8-102 | 图 8-103 |

（9）在"时间轴"面板中，将"图层 11"移动至"图层 9"的下方，如图 8-104 所示，图形效果如图 8-105 所示。

（10）选择"图层 10"，新建"图层 12"，使用"钢笔工具"，设置"笔触颜色"为#820000，"笔触高度"为 2，在舞台中绘制路径，如图 8-106 所示。使用"颜料桶工具"，设置其"填充颜色"为#FF0000，在路径内部单击，填充颜色，效果如图 8-107 所示。

| 图 8-104 | 图 8-105 | 图 8-106 |

（11）使用相同的绘制方法，可以完成可爱雪人图形的绘制，效果如图 8-108 所示，执行"文件>保存"命令，将动画保存为"光盘\源文件\第 8 章\绘制可爱雪人.fla"，按快捷键 Ctrl+Enter 试测动画，效果如图 8-109 所示。

| 图 8-107 | 图 8-108 | 图 8-109 |

8.2.2 钢笔工具

单击工具箱中的"钢笔工具"按钮 ，在舞台中任意位置单击确定第一个锚点，此时钢笔笔尖变成一个箭头状，如图 8-110 所示。在第一个点的一侧选取另一个锚点，单击并拖曳鼠标，此时将会出现曲线的切线手柄，如图 8-111 所示，释放鼠标即可绘制出一条曲线段。

按住 Alt 键，当鼠标指针变为 形状时，即可移动切线手柄来调整曲线，效果如图 8-112 所示。使用相同方法，再在场景中选取一点，拖动鼠标到合适的位置，双击鼠标完成曲线段的绘制，如图 8-113 所示。

图 8-110   图 8-111   图 8-112   图 8-113

当使用"钢笔工具"单击并拖曳时，曲线点上出现延伸出去的切线，这是贝塞尔曲线所特有的手柄，拖拽它可以控制曲线的弯曲程度。

完成路径绘制的方法除了双击鼠标之外，还有很多方法可以使用，例如，将"钢笔工具"放置到第一个锚记点上，单击或拖曳可以闭合路径，按住 Ctrl 键在路径外单击，单击工具箱中的其他工具，单击选择任意一个转角点。按住 Shift 键拖动鼠标可以将曲线倾斜角限制为 45° 的倍数。

8.2.3 调整锚点和锚点转换

使用"钢笔工具"绘制曲线，可以创建很多曲线点，即 Flash 中的锚点，在绘制直线段或连接到曲线段时，会创建转角点，也就是直线路径上或直线和曲线路径结合处的锚点。

使用"部分选取工具" ，移动路径上的锚点，可以调整曲线的长度和角度，如图 8-114 所示。也可以使用"部分选取工具"先选中锚点，然后通过键盘上的方向键对锚点进行微调。

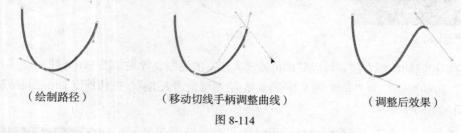

（绘制路径）   （移动切线手柄调整曲线）   （调整后效果）

图 8-114

要将线条中的直线段转换为曲线段，可以使用"部分选取工具"选中该转角点，同时按住 Alt 键拖动该点来调整切线手柄，释放鼠标即可将转角点转换为曲线点，转换过程如图 8-115 所示。

图 8-115

除了上述方法外，使用“转换锚点工具”，直接在转角点处单击并拖曳鼠标来调整切线手柄，释放鼠标，也可以完成将直线转换为曲线的效果。

8.2.4 添加和删除锚点

使用“钢笔工具”单击并绘制完成一条线段之后，把光标移动到线段上的任意一点，当光标呈现状态时，单击即可添加锚点，效果如图 8-116 所示。

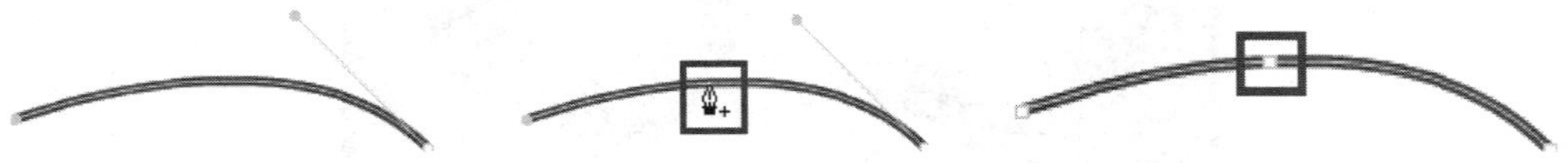

（路径效果）（光标变化）（添加“锚点”）

图 8-116

除了使用“钢笔工具”以外，单击工具箱中的“添加锚点工具”按钮，使用相同方法，在线段中单击也可以完成添加锚点的效果。

使用“钢笔工具”，将光标指针指向一个路径锚点，当光标呈现状态时，单击即可删除此路径锚点，效果如图 8-117 所示。

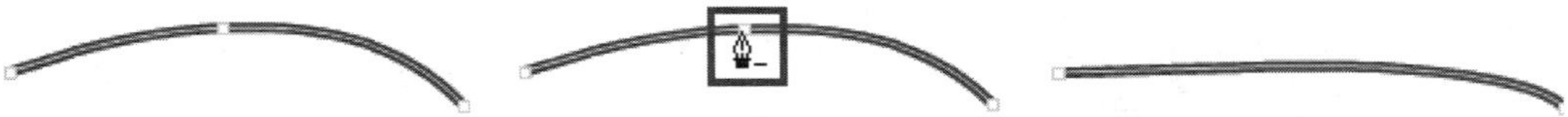

（路径效果）（光标变化）（删除“锚点”）

图 8-117

除了使用“钢笔工具”删除锚点以外，单击工具箱中的“删除锚点工具”按钮，在需要删除的锚点上单击也可删除锚点，或者单击工具箱中的“部分选取工具”按钮，选中需要删除的锚点并按 Delete 键即可将锚点删除。

8.3 课堂练习——绘制可爱卡通猫

【练习知识要点】使用“钢笔工具”绘制路径图形，为路径填充颜色，使用“线条工具”绘制直线，并使用“选择工具”对直线进行调整，效果如图 8-118 所示。

【素材所在位置】光盘\源文件\第 8 章\素材\8301.jpg。

【效果所在位置】光盘\源文件\第 8 章\绘制可爱卡通猫.fla。

图 8-118

8.4 课后习题——绘制苹果

【习题知识要点】使用“椭圆工具”绘制椭圆形，并使用“选择工具”对椭圆形进行调整，为图形填充径向渐变颜色，使用“钢笔工具”绘制出其他的图形效果，如图 8-119 所示。

【素材所在位置】光盘\源文件\第 8 章\素材\8401.jpg。

【效果所在位置】光盘\源文件\第 8 章\绘制苹果.fla。

图 8-119

第**9**章 基础 Flash 动画制作

本章介绍

用户在浏览网站页面的时候，通常会看到页面中的各种 Flash 动画效果，那么这些 Flash 动画都是怎么制作出来的呢？本章将带领读者，制作多个类型不同的动画效果。同时还主要讲解了各种基本动画的操作，以及如何通过各种效果的相互运用制作出漂亮的动画效果。

学习目标

- 理解并掌握逐帧动画的制作方法
- 理解并掌握形状补间动画的制作方法
- 理解并掌握补间动画的制作方法
- 理解并掌握传统补间动画的制作方法

技能目标

- 掌握"制作人物舞蹈动画"的方法
- 掌握"制作太阳公公动画"的方法
- 掌握"文字淡入淡出动画"的制作方法
- 掌握"制作卡通角色入场动画"的方法

9.1 逐帧动画

创建逐帧动画需要将每一帧都定义为关键帧，然后为每个帧创建不同的图像。由于每个新关键帧最初包含的内容与其之前的关键帧是相同的，因此可以递增的修改动画中的帧。

命令介绍

逐帧动画：逐帧动画是最基础的 Flash 动画类型，通过改变连续的关键帧中的效果，当连续的关键帧播放时就形成了逐帧动画的效果。

帧频：帧频用于控制每秒播放的动画帧数，帧频越快，则动画播放速度越快，默认的 Flash 文档帧频为 24fps，即每秒播放 24 帧。

帧的类型：不同的帧代表不同的动画，无内容的帧是以空的矩形方格显示，有内容的帧是以一定的颜色显示，需要能够清楚地区别各种不同的帧。

9.1.1 课堂案例——制作人物舞蹈动画

【案例学习目标】理解逐帧动画并掌握逐帧动画的制作方法。

【案例知识要点】新建元件导入图像序列，从而在元件中制作出逐帧动画，如图 9-1 所示。

【效果所在位置】光盘\源文件\第 9 章\制作人物舞蹈动画.fla。

图 9-1

（1）执行"文件>新建"命令，弹出"新建文档"对话框，设置如图 9-2 所示。单击"确定"按钮，新建一个 Flash 文档。新建"名称"为"人物 1"的图形元件，将图像"光盘\源文件\第 9 章\素材\z91101.png"导入到舞台中，在弹出对话框中单击"是"按钮，如图 9-3 所示。

图 9-2

图 9-3

（2）将所有序列图像全部导入到舞台中，效果如图 9-4 所示，分别调整各关键帧上图像的位置，"时间轴"面板如图 9-5 所示。使用相同的制作方法，完成"人物 2""人物 3"元件的制作，如图 9-6 所示。

图 9-4　　　　　　　　　　　　图 9-5　　　　　　　　　　　　图 9-6

（3）返回到"场景 1"的编辑状态，将背景图像素材"光盘\源文件\第 9 章\素材\91101.jpg"导入到舞台中，如图 9-7 所示。在第 10 帧按 F5 键插入帧，"时间轴"面板如图 9-8 所示。

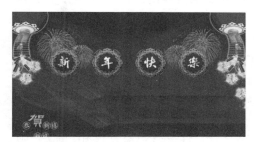

图 9-7　　　　　　　　　　　　　　　　　　图 9-8

（4）新建"图层 2"，将"人物 1"元件从"库"面板中拖入到舞台中，如图 9-9 所示。使用相同的方法，拖入其他元件，如图 9-10 所示。

图 9-9　　　　　　　　　　　　　　　　　图 9-10

（5）完成动画的制作，执行"文件>保存"命令，将文件保存为"光盘\源文件\第 9 章\制作人物舞蹈动画.fla"，按快捷键 Ctrl+Enter 测试动画效果，如图 9-11 所示。

图 9-11

9.1.2 逐帧动画的特点

制作逐帧动画的基本思想是把一系列差别很小的图形或文字放置在一系列的关键帧中,从而使得播放起来就像是一系列连续变化的动画效果。其利用人的视觉暂留原理,看起来像是在运动的画面,实际上只是一系列静止的图像。

逐帧动画最大的特点在于其每一帧都可以改变场景中的内容,非常适用于图像在每一帧中都在变化而不仅仅只在场景中移动的较为复杂的动画的制作。

但是,逐帧动画在制作大型的 Flash 动画时,复杂的制作过程导致制作的效率降低,并且每一帧中的图形或者文字的变化要比渐变动画占用的空间大。

9.1.3 什么是帧、关键帧、空白关键帧

补间动画的帧显示为浅蓝色,传统补间动画的帧显示深蓝色,形状补间动画的帧显示深绿色,关键帧后面的帧继续关键帧的内容。

帧又分为"普通帧"和"过渡帧",在影片制作的过程中,经常在一个含有背景图像的关键帧后面添加一些普通帧,使背景延续一段时间,在起始关键帧和结束关键帧之间的所有帧被称为"过渡帧",如图 9-12 所示。

过渡帧是动画实现的详细过程,能具体体现动画的变化过程,当鼠标单击过渡帧时,在舞台中可以预览这一帧的动画情况,过渡帧的画面由计算机自动生成,无法进行编辑操作。

关键帧是 Flash 动画的变化之处,是定义动画的关键元素,包含任意数量的元件和图形等对象,在其中可以定义对动画的对象属性所做的更改,该帧的对象与前、后的对象属性均不相同。关键帧的效果如图 9-13 所示。

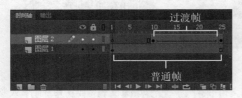

图 9-12

图 9-13

关键帧中可以包含形状剪辑、组等多种类型的元素或诸多元素,但过渡帧中的对象只能是剪辑(影片剪辑、图层剪辑、按钮)或独立形状。两个关键帧的中间可以没有过渡帧,但过渡帧前后肯定有关键帧,因为过渡帧附属于关键帧,关键帧可以修改该帧的内容,但过渡帧无法修改该帧的内容。

当新建一个图层时，图层的第 1 帧默认为一个空白关键帧，即一个黑色轮廓的圆圈，当向该图层添加内容后，这个空心圆圈将变为一个小实心圆圈，该帧即为关键帧。

9.2 形状补间动画

经常会在电视、电影中看到由一种形态自然而然地转换成为另一种形态的画面，这种功能被称为变形效果。在 Flash CC 中，形状补间就具有这样的功能，能够改变形状不同的两个对象。

命令介绍

形状补间动画：形状补间动画是指在两个相邻的关键帧上分别放置两个具有分离属性的图形，在这两个关键帧之间创建形状补间动画，则 Flash 自动创建两个关键帧中图形的过渡变形效果。

"时间轴"面板："时间轴"面板是 Flash 动画制作中最重要的面板，几乎所有的 Flash 动画都需要在"时间轴"面板中进行制作。

9.2.1 课堂案例——制作太阳公公动画

【案例学习目标】理解并掌握形状补间动画的制作方法。

【案例知识要点】新建影片剪辑元件，在舞台中绘制图形，插入关键帧改变图形的效果，在关键帧之间创建形状补间动画，如图 9-14 所示。

【效果所在位置】光盘\源文件\第 9 章\制作太阳公公动画.fla。

图 9-14

（1）执行"文件>新建"命令，弹出"新建文档"对话框，设置如图 9-15 所示，单击"确定"按钮，新建一个 Flash 文档。新建"名称"为"光动"的影片剪辑元件，如图 9-16 所示。

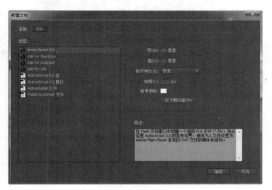

图 9-15

图 9-16

（2）单击"确定"按钮，使用"钢笔工具"，在"属性"面板上设置如图 9-17 所示。在舞台上绘制路径，效果如图 9-18 所示。

（3）使用"颜料桶工具"，在"颜色"面板中设置如图 9-19 所示，在路径中填充渐变颜色，并删除该图形的笔触，效果如图 9-20 所示。

图 9-17

图 9-18

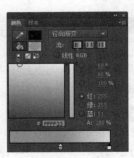

图 9-19

（4）分别在第 10 帧和第 20 帧按 F7 键插入空白关键帧，使用相同的制作方法，绘制出这两个关键帧上的图形效果，如图 9-21 所示。分别在 1 帧和第 10 帧上创建补间形状动画，"时间轴"面板如图 9-22 所示。

图 9-20

图 9-21

（5）新建"名称"为"笑脸"的图形元件，如图 9-23 所示。使用 Flash 中的绘图工具绘制出笑脸图形，如图 9-24 所示。

图 9-22

图 9-23

（6）新建"名称"为"太阳动画"的影片剪辑元件，将"光动"元件从"库"面板中拖入到舞台，如图 9-25 所示。新建"图层 2"，将"光动"元件从"库"面板中拖入舞台中，并将其等比例缩小调整到合适的位置，如图 9-26 所示。

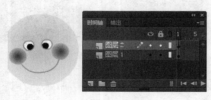

图 9-24

图 9-25

（7）新建"图层 3"，将"笑脸"元件从"库"面板拖入到舞台中，如图 9-27 所示，"时间轴"面板如图 9-28 所示。

图 9-26   图 9-27   图 9-28

（8）返回"场景 1"编辑状态，将背景图像素材"光盘\源文件\第 9 章\素材\92101.jpg"导入到舞台中，如图 9-29 所示。新建"图层 2"，将"太阳动画"元件从"库"面板拖入到舞台中，如图 9-30 所示。

图 9-29   图 9-30

完成动画的制作，执行"文件>保存"命令，将文件保存为"光盘\源文件\第 9 章\制作太阳公公动画.fla"，按快捷键 Ctrl+Enter 测试动画效果，如图 9-31 所示。

图 9-31

9.2.2　形状补间动画的特点

在 Flash CC 中，创建形状补间动画只需要在运动的开始和结束的位置插入不同的对象，即可在动画中自动创建中间的过程，但是插入的对象必须具有分离的属性。

形状补间动画与补间动画的区别在于，在形状补间动画中的起始和结束位置上插入的对象可以不一样，但必须具有分离的属性，并且由于其变化是不规则的，因此无法获知具体的中间过程。

9.2.3　认识"时间轴"面板

在 Flash 中，时间轴是进行 Flash 作品创作的核心部分，时间轴由图层、帧和播放头组成，影片的进度通过帧来控制，时间轴从形式上可以分为两部分，左侧的图层操作区和右侧的帧操作区，如图 9-32 所示。

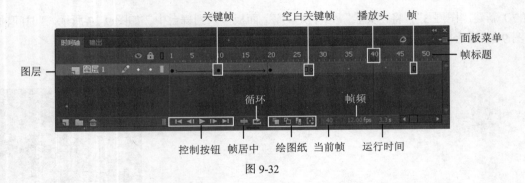

图 9-32

图层：图层用于管理舞台中的元素，例如可以将背景元素和文字元素放置在不同的层中。

播放头：在当前播放位置或操作位置上显示，可以对其进行单击或拖动操作。

帧标题：帧标题位于时间轴的顶部，用来指示帧的编号。

帧：帧是 Flash 影片的基本组成部分，每个图层中包含的帧都显示在该图层名称右侧的一行中。Flash 影片播放的过程就是每一帧的内容按顺序呈现的过程。帧放置在图层上，Flash 按照从左到右的顺序来播放帧。

空白关键帧：创建空白关键帧是为了在该帧中插入要素。

关键帧：在空白关键帧中插入要素后，该帧就变成了关键帧。白色的圆将会变为黑色的圆。

面板菜单：该选项用来显示与时间轴相关的菜单，在该选项的弹出菜单中提供了关于时间轴的相关命令，如图 9-33 所示。

控制按钮：用来执行播放动画的相关操作，可以执行转到第一帧、后退一帧、播放、前进一帧和转到最后一帧操作。

"帧居中"按钮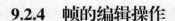：将播放头所处位置的帧置于中央位置。但如果播放头位于第 1 帧，即使单击该按钮，也无法位于第 1 帧的中央位置。

"循环"按钮：单击该按钮，可以在"时间轴"中设置一个循环的区域，可以循环预览区域内的动画效果。

图 9-33

"绘图纸"按钮组：在场景中显示多帧要素，可以在操作的同时查看帧的运动轨迹。

当前帧：此处显示的是播放头在时间轴中的当前位置。

帧频：一秒钟内显示帧的个数，默认值为 24fps，即一秒钟内显示 24 个帧。

运行时间：显示到播放头所处位置为止动画的播放时间。帧的速率不同，动画的运行时间也会不同。

9.2.4　帧的编辑操作

在实际的工作中，经常需要对帧进行各种编辑操作，帧的类型比较复杂，在影片中起到的作用也各不相同，但是对于帧的各种编辑操作都是相同的。

插入帧：选中需要插入帧的位置，执行"插入>时间轴>帧"命令，或者直接按 F5 键，即可在当前帧的位置插入一个帧。

插入关键帧：选中需要插入关键帧的位置，执行"插入>时间轴>关键帧"命令，或者按 F6 键，即可在当前位置插入一个关键帧。

插入空白关键帧：选中需要插入空白关键帧的位置，执行"插入>时间轴>空白关键帧"命令，或者按 F7 键，即可在当前位置插入一个空白关键帧。

选择帧：鼠标左键单击帧，即可选中该帧，单击时间轴右边的面板菜单按钮，在弹出来的下拉列表中选择"基于整体范围的选择"选项，如图 9-34 所示，则单击某个帧将会选择两个关键帧之间的整个帧序列，如图 9-35 所示。

<table>
<tr><td>图 9-34</td><td>图 9-35</td></tr>
</table>

提示： 如果想选择多个连续的帧，选中一个帧的同时按住 Shift 键，再单击其他帧即可；如果要选择多个不连续的帧，选中一个帧的同时按住 Ctrl 键，再单击其他所要选择的帧即可。

复制帧：选中需要复制的帧，按住 Alt 键的同时拖动鼠标左键，停留到需要复制帧的位置，释放鼠标，即可复制该帧，如图 9-36 所示。

图 9-36

移动帧：要移动帧，只需要鼠标左键单击选中需要移动的帧，按住鼠标左键拖动需要停留的位置，即可完成移动帧的操作，如图 9-37 所示。

图 9-37

删除帧：删除帧的方法很简单，但是对于不同的帧，需要有不同的操作方法。如果要删除帧，首先选中该帧，执行"编辑>时间轴>删除帧"命令，或者按快捷键 Shift+F5，即可删除帧。也可以在该帧位置单击鼠标右键，在弹出菜单中选择"删除帧"命令。

而删除关键帧与空白关键帧的方法则不同，鼠标右键单击需要删除的关键帧或者空白关键帧，在弹出菜单中选择"清除关键帧"命令即可删除所选的关键帧。

清除帧：主要用于清除帧和关键帧，主要是清除帧中的内容，即帧内部所含的所有对象，对帧进行了清除后帧中将没有任何对象，清除帧的操作和删除帧的操作方法基本相同。

翻转帧：选择一个或多个图层中的合适帧，然后执行"修改>时间轴>翻转帧"命令，即可完成翻转帧的操作，使影片的播放顺序相反，如图 9-38 所示。

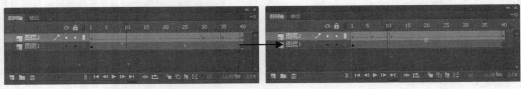

图 9-38

9.3 补间动画

补间动画是用来创建随着时间移动和变化的动画，并且是能够在最大程度上减小文件的占用空间的有效方法。

命令介绍

补间动画：为对象创建补间动画后，可以在相应的帧改变该对象的大小、位置等属性，Flash 会自动创建之间的动画效果。

元件：元件是 Flash 动画中非常重要的概念，Flash 动画中提供了"图形""按钮"和"影片剪辑"3 种元件类型。

动画预设：在 Flash CC 中提供了多种常用的动画预设，在场景中选中需要应用动画预设的对象后，在"动画预设"面板中选择需要应用的动画预设效果，单击"应用"按钮即可。

9.3.1 课堂案例——文字淡入淡出动画

【案例学习目标】理解并掌握补间动画的制作方法。

【案例知识要点】为元件应用动画预设效果创建补间动画，对补间动画进行调整，如图 9-39 所示。

【效果所在位置】光盘\源文件\第 9 章\文字淡入淡出动画.fla。

图 9-39

（1）执行"文件>新建"命令，在弹出的"新建文档"对话框中进行相应的设置，如图 9-40 所示，单击"确定"按钮，新建一个 Flash 文档。执行"文件>导入>导入到库"命令，弹出"导入到库"对话框，选择多张外部素材，如图 9-41 所示。

图 9-40

图 9-41

（2）单击"打开"按钮，将多张素材导入到"库"面板中，如图 9-42 所示。依次将"库"面板中的素材拖拽到舞台中，并调整至合适的位置，舞台效果如图 9-43 所示。

图 9-42

图 9-43

（3）按快捷键 Ctrl+A，选中舞台中所有对象，单击鼠标右键，在弹出菜单中选择"分散到图层"命令，"时间轴"面板如图 9-44 所示。选择"图层 1"，将该图层删除。选中 93101.jpg 图层，在第 80帧按 F5 键插入帧，如图 9-45 所示。

图 9-44

图 9-45

（4）选择舞台中的文字"五"，单击鼠标右键，在弹出菜单中选择"转换为元件"命令，如图 9-46所示，弹出"转换为元件"对话框，设置如图 9-47 所示。

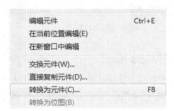

图 9-46

图 9-47

（5）单击"确定"按钮，执行"窗口>动画预设"命令，打开"动画预设"面板，选择"从底部飞入"选项，如图 9-48 所示。单击"应用"按钮，应用"从底部飞入"动画，"时间轴"面板如图 9-49 所示。

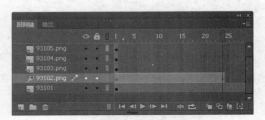

图 9-48 图 9-49

（6）选择第 24 帧，此时舞台效果如图 9-50 所示。选择该帧上的元件，将其移动至合适的位置，如图 9-51 所示。

图 9-50 图 9-51

> **提示：** 建补间动画的对象必须为元件。设定动画开始后，可以调整动画的长度，当再次调整元件属性时，动画自动生成。还可以通过调整动画轨迹丰富动画效果。

（7）选择第 80 帧按 F5 键插入帧，如图 9-52 所示。选择 93103.png 图层的第 1 帧，在舞台中选择文字"月"，单击鼠标右键，在弹出菜单中选择"转换为元件"命令，在弹出的对话框进行设置，如图 9-53 所示。

图 9-52 图 9-53

（8）单击"确定"按钮，将第 1 帧拖动至第 10 帧位置，如图 9-54 所示。在"动画预设"面板中选择"从底部飞入"选项，单击"应用"按钮，应用该补间动画效果，"时间轴"面板如图 9-55 所示。

（9）选择第 33 帧，舞台中的元件效果如图 9-56 所示。选择该帧上的元件，移动至合适的位置，效果如图 9-57 所示。

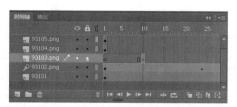

图 9-54

图 9-55

图 9-56

图 9-57

（10）选择第 80 帧按 F5 键插入帧，"时间轴"面板如图 9-58 所示。使用相同的制作方法，分别将"疯""抢""季"转换为图形元件，并分别应用补间动画效果，舞台效果如图 9-59 所示。

图 9-58

图 9-59

（11）完成该动画的制作，"时间轴"面板如图 9-60 所示。

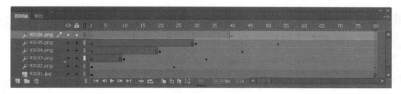

图 9-60

（12）执行"文件>保存"命令，将文件保存为"光盘\源文件\第 9 章\文字淡入淡出动画.fla"，按快捷键 Ctrl+Enter 测试动画效果，如图 9-61 所示。

图 9-61

9.3.2 补间动画的特点

在 Flash CC 中，由于创建补间动画的步骤符合人们的逻辑，因此比较易于掌握和理解。其中，补间动画只能在元件实例和文本字段上应用，但元件实例可以包含嵌套元件，在将补间动画应用于其他对象时，这些对象将作为嵌套元件包装在元件中，且包含的嵌套元件能够在自己的时间轴上进行补间。

9.3.3 什么是元件?

元件是一些可以重复使用的图像、动画或者按钮，它们被保存在"库"面板中。如果把元件比喻成图纸，实例就是依照图纸生产出来的产品，依照一个图纸可以生产出多个产品，同样，一个元件可以在舞台上拥有多个实例。修改一个元件时，舞台上所有的实例都会发生相应的变化。

9.3.4 元件的类型

在 Flash 动画中包含 3 种类型的元件，分别介绍如下。

图形：通常用于存放静态的图像，还能用来创建动画，在动画中也可以包含其他元件，但是不能加交互控制和声音效果。

按钮：用于在影片中创建对鼠标事件（如单击和滑过）响应的互动按钮，制作按钮首先要制作与不同的按钮状态相关联的图形。为了使按钮有更好的效果，还可以在其中加入影片剪辑或音效文件。

影片剪辑：一个独立的小影片，可以包含交互控制和音效，甚至能包含其他的影片剪辑。

9.3.5 "动画预设"面板

Flash 中的每个动画预设都可在"动画预设"面板中预览效果。通过预览预设动画的效果，可以提前了解在将动画应用于 FLA 文件中的对象时所获得的结果。对于自己创建或导入的自定义预设，可以添加自己的预览。

执行"窗口>动画预设"命令，打开"动画预设"面板，在"默认预设"文件夹中选择一个默认的预设，即可预览默认动画预设的效果，如图 9-62 所示。在该面板外单击鼠标即可停止预览播放。

图 9-62

9.4 传统补间动画

对于传统补间动画来说，操作方法太过于繁杂，导致使用起来不太方便，但是由于传统补间对某些类型的动画有着独特的控制功能，因此其在动画的制作上占据着不可代替的位置。

命令介绍

传统补间动画：在关键帧放置元件，在相邻的位置插入关键帧，并在该关帧中修改元件的大小、位置、透明度等属性，在两个关键帧之间创建传统补间动画，Flash 自动创建过渡动画效果。

滤镜：在 Flash CC 中，通过在"属性"面板中添加并设置滤镜属性，可以为选中的对象添加各种滤镜效果。

9.4.1　课堂案例——制作卡通角色入场动画

【案例学习目标】理解并掌握传统补间动画的制作方法。

【案例知识要点】新建元件导入素材图像，为元件添加滤镜效果；新建影片剪辑元件，在该影片剪辑元件中通过传统补间动画制作元件的入场动画效果，如图 9-63 所示。

【效果所在位置】光盘\源文件\第 9 章\制作卡通角色入场动画.fla。

图 9-63

（1）执行"文件>新建"命令，在弹出的"新建文档"对话框中进行设置，如图 9-64 所示，单击"确定"按钮，新建一个 Flash 文档。执行"插入>新建元件"命令，在弹出的"创建新元件"对话框中进行相应的设置，如图 9-65 所示。

图 9-64　　　　　　　　　　　　　　　　　　图 9-65

（2）单击"确定"按钮，执行"文件>导入>导入到舞台"命令，将素材图像"光盘\源文件\第 9 章\素材\94102.png"导入到舞台中，如图 9-66 所示。执行"插入>新建元件"命令，在弹出的"创建新元件"对话框中进行设置，如图 9-67 所示。

图 9-66　　　　　　　　　　　　　　　　　　图 9-67

165

（3）单击"确定"按钮，将"库"面板中名为"角色 1"的元件拖入舞台中，选择该元件，在"属性"面板上的"滤镜"选项区中单击"添加滤镜"按钮 ，在弹出菜单中选择"调整颜色"选项，如图 9-68 所示。添加该滤镜后，对该滤镜的相关选项进行设置，如图 9-69 所示。

图 9-68

图 9-69

（4）完成"调整颜色"滤镜的设置，可以看到该元件的效果，如图 9-70 所示。新建"图层 2"，再次拖入名为"角色 1"的元件，在"属性"面板中添加"模糊"滤镜，并进行相应的设置，如图 9-71 所示。

（5）完成设置后，将"图层 2"调整至"图层 1"下方，舞台效果如图 9-72 所示，"时间轴"面板如图 9-73 所示。

图 9-70

图 9-71

图 9-72

（6）执行"插入>新建元件"命令，在弹出的"创建新元件"对话框中进行设置，如图 9-74 所示。单击"确定"按钮，导入素材图像"光盘\源文件\第 9 章\素材\94103.png"，如图 9-75 所示。

图 9-73

图 9-74

图 9-75

（7）新建"名称"为"主体动画"的影片剪辑元件，如图 9-76 所示。在第 3 帧按 F6 键插入关键帧，将"库"面板中的"角色 1 动画"元件拖入到舞台中，分别在第 7、11、28、32 和 36 帧按 F6 键插入关键帧，如图 9-77 所示。

图 9-76

图 9-77

（8）选择第 3 帧上的元件，在"属性"面板面板中进行设置，如图 9-78 所示。使用相同的方法，分别设置其他帧上的元件，如图 9-79 所示。

（9）在第 95 帧按 F5 键插入帧，并分别在第 3、7、11、32 帧上单击鼠标右键，在弹出菜单中选择"创建传统补间"选项，创建传统补间动画，"时间轴"面板如图 9-80 所示。

图 9-78

图 9-79

图 9-80

（10）新建"图层 2"，使用相同的制作方法，完成该图层层中动画效果的制作，如图 9-81 所示。"时间轴"面板如图 9-82 所示。

图 9-81

图 9-82

167

（11）新建"图层 3"，在第 95 帧按 F6 键插入关键帧，打开"动作"面板，输入相应的脚本代码，如图 9-83 所示。返回"场景 1"的编辑状态，导入素材图像"光盘\源文件\第 9 章\素材\94101.jpg"，如图 9-84 所示。

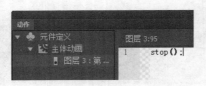

图 9-83　　　　　　　　　　　　　　　　　　图 9-84

（12）新建"图层 2"，将"库"面板中的"主体动画"元件拖入舞台中，并调整合适的位置，如图 9-85 所示。"时间轴"面板如图 9-86 所示。

图 9-85　　　　　　　　　　　　　　　　　　图 9-86

> **提示：**如果影片剪辑元件第 1 帧为空或对象完全透明，则将该元件拖入到舞台中时将看不到该元件的效果，也无法判断元件的位置是否合适，此时可以双击该元件进入该元件的编辑状态，舞台背景将会以半透明显示，可以查看元件在舞台中的位置是否合适，再返回到主场景中调整该元件的位置。

（13）完成动画的制作，执行"文件>保存"命令，将文件保存为"光盘\源文件\第 9 章\制作卡通角色入场动画.fla"，按快捷键 Ctrl+Enter 测试动画效果，如图 9-87 所示。

图 9-87

9.4.2　传统补间动画的特点

创建传统补间动画需要先设定起始帧和结束帧的位置，然后在动画对象的起始帧和结束帧之间建立传统补间。在中间的过程中，Flash 会自动完成起始帧与结束帧之间的过渡动画。

9.4.3　应用滤镜效果

在"属性"面板上"滤镜"属性的底部单击"添加滤镜"按钮，在弹出菜单中包含了所有的滤镜选项，如图 9-88 所示。单击选择相应的选项，即可为选中的对象添加一个新的滤镜效果，在滤镜列表中则可以对该滤镜的各种参数值进行设置，如图 9-89 所示。

图 9-88

图 9-89

添加滤镜：在"属性"面板上的"滤镜"属性中单击"添加滤镜"按钮，在弹出菜单中单击选择相应的滤镜，即可添加该滤镜效果。

删除滤镜：在已应用滤镜的列表中单击选中需要删除的滤镜，在"滤镜"属性中单击"删除滤镜"按钮，即可将该滤镜删除。

重置滤镜：在已应用滤镜的列表中单击选中需要重新设置的滤镜，在"滤镜"属性中单击"选项"按钮，在弹出菜单中选择"重置滤镜"选项，即可将该滤镜的参数设置恢复到默认设置。

9.5　课堂练习——制作圣诞老人飞入动画

【练习知识要点】将素材图像导入到舞台中并转换为元件，为元件创建补间动画，调整元件的位置和大小，自动创建运动路径，并调整运动路径，效果如图 9-90 所示。

【素材所在位置】光盘\源文件\第 9 章\素材\9501.jpg、9502.png。

【效果所在位置】光盘\源文件\第 9 章\制作圣诞老人飞入动画.fla。

图 9-90

9.6 课后习题——制作图像切换动画

【习题知识要点】导入素材图像并分别转换为图形元件，通过制作元件透明度变化的传统补间动画实现图像切换动画效果，如图 9-91 所示。

【素材所在位置】光盘\源文件\第 9 章\素材\9601.jpg、9602.jpg。

【效果所在位置】光盘\源文件\第 9 章\制作图像切换动画.fla。

图 9-91

第10章 高级 Flash 动画制作

本章介绍

在上一章中向读者介绍了 Flash 中的基础动画类型，以及各种基础动画的制作方法，本章将向读者介绍网页中高级动画的制作方法，在 Flash 动画设计中，引导线动画和遮罩动画分别占据着不可替代的位置。本章主要向读者介绍引导线动画、遮罩动画、3D 动画以及在动画中添加声音和视频的方法和技巧。

学习目标

● 掌握引导线动画的制作方法
● 理解并掌握遮罩动画的制作方法
● 理解 3D 旋转和 3D 平移动画
● 掌握在 Flash 动画中添加声音的方法
● 掌握在 Flash 动画中添加视频的方法

技能目标

● 掌握"制作汽车路径动画"的方法
● 掌握"多层次遮罩动画"的制作方法
● 掌握"制作 3D 旋转动画"的方法
● 掌握"添加背景音乐"的制作方法
● 掌握"制作网站视频广告"的方法

10.1 引导线动画

引导动画是通过引导层来实现的，主要用来制作沿轨迹运动的动画效果。如果创建的动画为补间动画，则会自动生成引导线，并且该引导线可以进行任意的调整；如果创建的动画是传统补间动画，那么则需要先使用绘图工具绘制路径，再将对象移至紧贴开始帧的开头位置，最后将对象拖动至结束帧的结尾位置即可。

命令介绍

引导层：引导层可以起到辅助静态对象定位的作用，不会被输出。

运动引导层：运动引导层是 Flash 引导动画中绘制运动路径的图层，可以在该图层中绘制对象的运动路径，从而使对象沿着所绘制的运动路径运动，该图层同样不会被输出。

10.1.1 课堂案例——制作汽车路径动画

【案例学习目标】掌握引层线动画的制作方法和技巧。

【案例知识要点】制作传统补间动画，为图层添加传统运动引导层，绘制运动路径，使对象沿着所绘制的运动路径运动，如图 10-1 所示。

【效果所在位置】光盘\源文件\第 10 章\制作汽车路径动画.fla。

（1）执行"文件>新建"命令，弹出"新建文档"对话框，设置如图 10-2 所示。单击"确定"按钮，新建Flash 文档。新建"名称"为"地球动画"的影片剪辑元件，将图像"光盘\源文件\第 10 章\素材\101101.png"导入到舞台中，如图 10-3 所示。

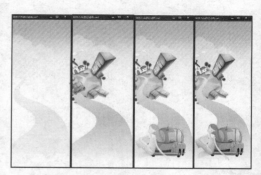

图 10-1

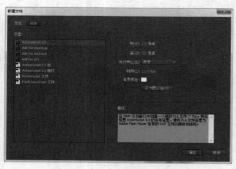

图 10-2

图 10-3

（2）将图像转换成"名称"为"地球"的图形元件，在第 100 帧按 F6 键插入关键帧，在第 1 帧创建传统补间动画，在"属性"面板中进行设置，如图 10-4 所示。返回"场景 1"编辑状态，将素材图像"光盘\源文件\第 10 章\素材\101102.png"导入舞台中，如图 10-5 所示。

（3）在第 145 帧按 F5 键插入帧，新建"图层 2"，在第 45 帧按 F6 键插入关键帧，将"地球"元件从"库"面板拖入到舞台中，如图 10-6 所示。在第 70 帧按 F6 键插入关键帧，选择第 45 帧上的元件，设置其 Alpha 值为 0%，如图 10-7 所示。

图 10-4 图 10-5

（4）在第 45 帧创建传统补间动画，在第 132 帧按 F7 键插入空白关键帧。新建"图层 3"，在第 132 帧插入关键帧，将"地球动画"元件从"库"面板拖入到舞台中，如图 10-8 所示。根据前面的制作方法，完成"图层 4"和"图层 5"的制作，场景效果如图 10-9 所示。

图 10-6 图 10-7 图 10-8

（5）在"图层 5"的图层名称上单击鼠标右键，在弹出菜单中选择"添加传统运动引导层"选项，"时间轴"面板如图 10-10 所示。使用"钢笔工具"在舞台中绘制引导线，如图 10-11 所示。

图 10-9 图 10-10 图 10-11

（6）使用"任意变形工具"对"图层 5"第 70 帧上的元件进行调整，如图 10-12 所示。再将第 105 帧上的元件移动到如图 10-13 所示的位置。

（7）在"引导层：图层 5"上新建"图层 7"，在第 110 帧按 F6 键插入关键帧，将图像"光盘\源文件\第 10 章\素材\101105.png"导入到舞台中，如图 10-14 所示。将其转换成"名称"为"人物"的图形元件，在第 130 帧按 F6 键插入关键帧，选择第 110 帧上的元件，设置"属性"面板如图 10-15 所示。

（8）完成设置效果如图 10-16 所示，在第 110 帧创建传统补间动画。新建"图层 8"，在第 145 帧按 F6 键插入关键帧，在"动作"面板输入脚本代码 stop();。完成汽车路径动画的制作，按快捷键 Ctrl+Enter 测试动画效果，如图 10-17 所示。

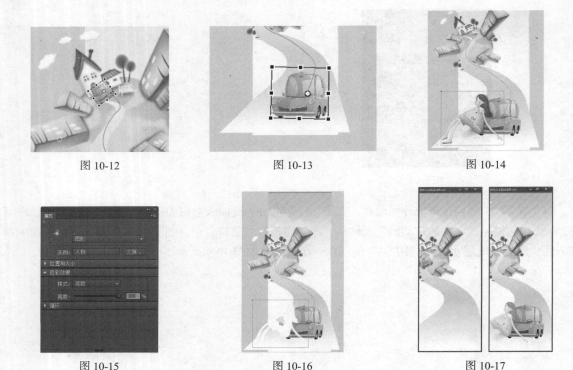

图 10-12　　　　　　　　图 10-13　　　　　　　　图 10-14

图 10-15　　　　　　　　图 10-16　　　　　　　　图 10-17

10.1.2　引导线动画的特点

在 Flash 中创建引导动画需要两个图层，分别为绘制路径的图层、在开始和结束的位置应用传统补间动画的图层。引导层在 Flash 中最大的特点在于，其一，在绘制图形时，引导层可以帮助对象对齐；其二，由于引导层不能导出，因此不会显示在发布的 SWF 文件中。

在 Flash CC 中，任何图层都可以使用引导层。当一个图层作为引导层时，则该图层名称的左侧会显示引导线图标，如图 10-18 所示。

图 10-18

> **提示：** 对象的中心必须与引导线相连，才能使对象沿着引导线自由运动。位于运动起始位置的对象的中心通常会自动连接到引导线，但是结束位置的对象则需要手动进行连接。如果对象的中心没有和引导线相连，那么对象便不能沿着引导线自由运动。

10.1.3　创建引导层和运动引导层

创建引导动画有两种方法，一种是在需要创建引导动画的图层上单击右键，在弹出菜单中选择"添加传统运动引导层"选项即可；另一种是首先在需要创建引导动画的图层上单击右键，在弹出菜单中选择"引导层"选项，将其自身变为引导层后，再将其他图层拖动到该引导层中，使其归属于引导层即可。

在 Flash 中绘制图像时，引导层可以起到辅助静态对象定位的作用，并且可以单独使用，无须使用被引导层；此外，层上的内容和辅助线的作用相似，不会被输出。

10.2 遮罩动画

遮罩动画是 Flash 动画中一种常见的动画形式，是通过遮罩层来显示需要展示的动画效果。通过遮罩动画能够制作出很多极富创意色彩的 Flash 动画，例如过渡效果、聚光灯效果等。

命令介绍

遮罩动画：遮罩就像是个窗口，将遮罩项目放置在需要用作遮罩的图层上，通过遮罩可以看到下面链接层的区域，而其余所有的内容都会被遮罩层的其余部分隐藏。

创建遮罩层：在需要设置为遮罩层的图层上单击鼠标右键，在弹出菜单中选择"遮罩层"选项，即可将该图层设置为遮罩层，该图层下方图层为被遮罩层。

10.2.1 课堂案例——多层次遮罩动画

【案例学习目标】理解遮罩动画的原理，掌握遮罩动画的制作方法和技巧。

【案例知识要点】置入素材图像，新建图层并绘制正圆形，将该正圆形图层设置为遮罩层，从而创建遮罩动画，可以在遮罩层中制作正圆形从小到大的动画效果，如图 10-19 所示。

【效果所在位置】光盘\源文件\第 10 章\多层次遮罩动画.fla。

图 10- 19

（1）执行"文件>新建"命令，弹出"新建文档"对话框，设置如图 10-20 所示。单击"确定"按钮，新建一个 Flash 文档，将图像"光盘\源文件\第 10 章\素材\102101.jpg"导入舞台中，如图 10-21 所示。

图 10-20　　　　　　　　　　　　　　　图 10-21

（2）在第 100 帧位置按 F5 键插入帧。新建"图层 2"，使用"椭圆工具"，设置"笔触颜色"为无，在舞台中绘制一个正圆形，如图 10-22 所示。在第 5 帧按 F6 键插入关键帧，使用"任意变形工具"，并按住 Shift 键拖动鼠标将正圆形等比例放大，如图 10-23 所示。

（3）在第 1 帧创建补间形状动画，在"图层 2"的图层名称上单击鼠标右键，在弹出菜单中选择"遮罩层"选项，创建遮罩动画，如图 10-24 所示。新建"图层 3"，在第 5 帧按 F6 键插入关键帧，将图像 102101.jpg 从"库"面板中拖入到舞台中，如图 10-25 所示。

图 10-22 　　　　　　　　　　图 10-23 　　　　　　　　　　图 10-24

（4）新建"图层 4"，在第 5 帧按 F6 键插入关键帧，在舞台中绘制一个正圆形，如图 10-26 所示。在第 10 帧按 F6 键插入关键帧，使用"任意变形工具"并按住 Shift 键拖动鼠标将正圆形等比例放大，如图 10-27 所示。

（5）在第 5 帧创建补间形状动画，并在"图层 4"的图层名称上单击鼠标右键，在弹出菜单中选择"遮罩层"选项，创建遮罩动画，如图 10-28 所示。使用相同的制作方法，制作出其他图层，完成后的"时间轴"面板如图 10-29 所示。

图 10-25 　　　　　　　　　　图 10-26 　　　　　　　　　　图 10-27

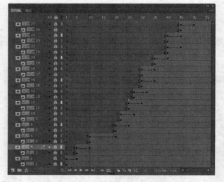

图 10-28 　　　　　　　　　　　　　　　　图 10-29

（6）完成多层次遮罩动画的制作，执行"文件>保存"命令，将文件保存为"光盘\源文件\第 10 章\多层次遮罩动画.fla"，按快捷键 Ctrl+Enter 测试动画，如图 10-30 所示。

图 10-30

10.2.2　遮罩动画的特点

在创建遮罩动画时，一般情况下，一个遮罩动画中可以同时存在多个被遮罩图层，但是一个遮罩层只能包含一个遮罩项目，遮罩项目可以是填充的形状、影片剪辑、文字对象或者图形。按钮内部不能存在遮罩层，并且不能将一个遮罩应用于另一个遮罩，但是可以将多个图层组织在一个遮罩项目下来创建更加复杂的遮罩动画效果。

在创建动态的遮罩动画时，对于不同的对象需要使用不同的方法。如果是对于填充的对象，则可以使用补间形状；如果是对于文字、影片剪辑或者图形对象，则可以使用补间动画或传统补间动画。

10.3　3D 动画

从 Flash CS4 开始，在 Flash 中添加了 3D 工具，通过使用 3D 工具可以很轻松地制作出 3D 平移和 3D 翻转动画效果，可以增强 Flash 动画的 3D 立体空间感。

命令介绍

3D 旋转工具："3D 旋转工具"是通过 3D 旋转控件旋转影片剪辑实例，使其沿 X、Y 和 Z 轴旋转，产生一种类似三维空间的透视效果。

3D 平移工具：使用"3D 平移工具"可以将对象沿着 Z 轴移动。当使用该工具选中影片剪辑实例后，X、Y、Z 三个轴将显示在舞台对象的顶部，X 轴为红色，Y 轴为绿色，Z 轴为蓝色。

10.3.1　课堂案例——制作 3D 旋转动画

【案例学习目标】掌握"3D 旋转工具"的使用方法，掌握 3D 旋转动画的制作方法。

【案例知识要点】置入素材图像并将其转换为影片剪辑元件，为该影片剪辑元件创建补间动画，使用"3D 旋转工具"对该影片剪辑元素进行 3D 旋转操作从而制作出 3D 旋转动画效果，如图 10-31 所示。

图 10-31

【效果所在位置】光盘\源文件\第 10 章\制作 3D 旋转动画.fla。

（1）执行"文件>新建"命令，弹出"新建文档"对话框，设置如图 10-32 所示，单击"确定"按钮，新建一个空白 Flash 文档。执行"文件>导入>导入到舞台"命令，导入图像素材"光盘\源文件\第 10 章\素材\103102.jpg"，如图 10-33 所示。

图 10-32

图 10-33

（2）在第 100 帧按 F5 插入帧。新建"名称"为"照片 1 动画"的影片剪辑元件，设置如图 10-34 所示。单击"确定"按钮，导入素材"光盘\源文件\第 10 章\素材\103101.jpg"，并调整到合适位置，如图 10-35 所示。

图 10-34

图 10-35

（3）将刚导入的素材转换成"名称"为"照片 1"的影片剪辑元件，如图 10-36 所示。在第 1 帧单击鼠标右键，在弹出菜单中选择"创建补间动画"命令，光标移至第 24 帧按 F6 键插入关键帧，如图 10-37 所示。

图 10-36

图 10-37

（4）选择第 1 帧，单击工具箱中的"3D 旋转工具"按钮，沿 Z 轴拖动鼠标，对元件进行 3D 旋转操作，如图 10-38 所示。新建"图层 2"，在第 24 帧按 F6 键插入关键帧，打开"动作"面板，输入脚本代码 stop();，"时间轴"面板如图 10-39 所示。

（5）新建"名称"为"照片 2 动画"的影片剪辑元件，如图 10-40 所示。单击"确定"按钮，导入素材"光盘\源文件\第 10 章\素材\103104.jpg"，并调整到合适位置，如图 10-41 所示。

图 10-38

图 10-39

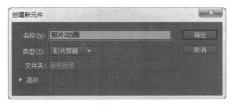

图 10-40

图 10-41

（6）将刚导入的素材转换成"名称"为"照片 2"的影片剪辑元件，如图 10-42 所示。第 1 帧单击鼠标右键，在弹出菜单中选择"创建补间动画"命令，选择第 1 帧，单击工具箱中的"3D 旋转工具"按钮 ，沿 Y 轴拖动鼠标，对元件进行 3D 旋转操作，如图 10-43 所示。

图 10-42

图 10-43

（7）选择第 24 帧，使用"3D 转转工具"，沿 Y 轴拖动鼠标，对元件进行 3D 旋转操作，如图 10-44 所示。新建"图层 2"，在第 24 帧按 F6 键插入关键帧，打开"动作"面板，输入脚本代码 stop();，"时间轴"面板如图 10-45 所示。

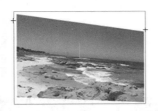

图 10-44

图 10-45

（8）使用相同的制作方法，可以制作出"照片 3 动画"元件，如图 10-46 所示。返回到"场景 1"编辑状态，新建"图层 2"，将"照片 1 动画"元件拖入到舞台中，并调整到合适的位置，如图 10-47 所示。

（9）选择刚拖入的元件，设置其 Alpha 值为 0%，如图 10-48 所示。在第 24 帧按 F6 键插入关键帧，设置该帧上元件的 Alpha 值为 100%，在第 1 帧创建传统补间动画，如图 10-49 所示。

（10）新建"图层 3"，在第 10 帧按 F6 键插入关键帧，导入素材图像"光盘\源文件\第 10 章\素材\103105.jpg"，如图 10-50 所示。将其转换成"名称"为"夹子 1"的图形元件，如图 10-51 所示。

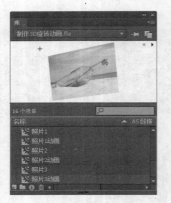

图 10-46

图 10-47

图 10-48

图 10-49

图 10-50

图 10-51

（11）在第 24 帧按 F6 键插入关键帧，选择 10 帧上的元件，设置其 Alpha 值为 0%，如图 10-52 所示。在第 10 帧创建传统补间动画，"时间轴"面板如图 10-53 所示。

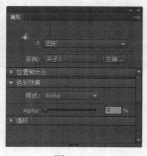

图 10-52

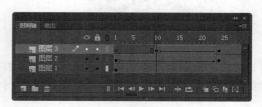

图 10-53

（12）新建"图层 4"，在第 25 帧按 F6 键插入关键帧，将"照片 2 动画"元件拖入到舞台中，并调整到合适的位置，如图 10-54 所示。在第 49 帧按 F6 插入关键帧，选择第 25 帧上的元件，设置其 Alpha 值为 0%，如图 10-55 所示。

图 10-54   图 10-55

（13）在第 25 帧创建传统补间动画，使用相同的制作方法，可以制作出"图层 5"上的动画效果，场景效果如图 10-56 所示，"时间轴"面板如图 10-57 所示。

图 10-56   图 10-57

（14）使用相同的制作方法，可以制作出"图层 6"和"图层 7"上的动画效果，效果如图 10-58 所示，"时间轴"面板如图 10-59 所示。

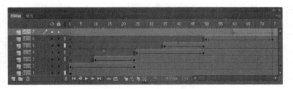

图 10-58   图 10-59

（15）完成动画的制作，执行"文件>保存"命令，将文件保存为"光盘\源文件\第 10 章\制作 3D 旋转动画.fla"，按快捷键 Ctrl+Enter 测试动画，如图 10-60 所示。

图 10-60

181

10.3.2　3D 旋转工具

3D 旋转控制由 4 部分组成：红色的是 X 轴控件、绿色的是 Y 轴控件、蓝色的是 Z 轴控件，使用橙色的自由变换控件可以同时绕 X 和 Y 轴进行旋转。

选中文档中需要进行 3D 旋转的影片剪辑对象，如图 10-61 所示。单击工具箱中的"3D 旋转工具"按钮 ，所选中的影片剪辑对象上将出现 3D 旋转控件，如图 10-62 所示。

将光标移至 3D 旋转控制的红色 X 轴上，光标变为 形状，拖动鼠标可以使影片剪辑对象沿 X 轴进行旋转，如图 10-63 所示。将光标移至 3D 旋转控制的绿色 Y 轴上，光标变为 形状，拖动鼠标可以使影片剪辑对象沿 Y 轴进行旋转，如图 10-64 所示。

图 10-61　　　　　　　　　　图 10-62　　　　　　　　　　图 10-63

将光标移至 3D 旋转控制的蓝色 Y 轴上，光标变为 形状，拖动鼠标可以使影片剪辑对象沿 Z 轴进行旋转，如图 10-65 所示。将光标移至 3D 控制轴最外侧的橙色自由旋转控件上，拖动鼠标可以使影片剪辑对象同时在 X 和 Y 轴上进行自由旋转，如图 10-66 所示。

图 10-64　　　　　　　　　　图 10-65　　　　　　　　　　图 10-66

> **提示**：无论是在 X 轴、Y 轴或 Z 轴上旋转对象时，其他轴将显示为灰色，表示当前不可操作，这样可以确保对象不受其他控件的影响。

10.3.3　3D 平移工具

单击工具箱中的"3D 平移工具"按钮 ，将光标移至 X 轴上，指针变成次 形状时，按住鼠标左键进行拖动，即可沿 X 轴方向移动，移动的同时，Y 轴改变颜色，表示当前不可操作，确保只沿 X 轴移动，如图 10-67 所示。同样，将光标移至 Y 轴上，当指针变化后进行拖动，可沿 Y 轴移移动，如图 10-68 所示。

X 轴和 Y 轴相交的地方是 Z 轴，即 X 轴与 Y 轴相交的黑色实心圆点，将鼠标指针移动到该位置，光标指针变成 形状，按住鼠标左键进行拖动，可使对象沿 Z 轴方向移动，移动的同时 X、Y 轴颜色改变，确保当前操作只沿 Z 轴移动，如图 10-69 所示。

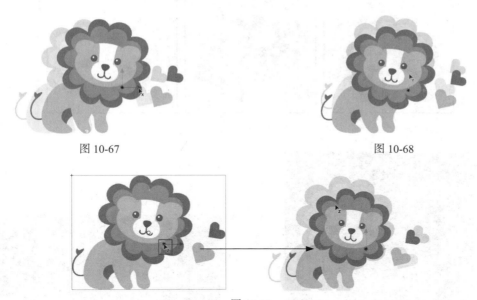

图 10-67   图 10-68

图 10-69

提示：使用"3D 平移工具"移动对象看上去与"选择工具"或"任意变形工具"移动对象结果相同，但这两者之间有着本质的区别。使用"3D 平移工具"是使对象在虚拟的三维空间中移动，产生空间感的画面，而使用"选择工具"或"任意变形工具"只是在二维平面上对对象进行操作。

10.4   为动画添加音乐

音频是一个优秀动画作品中必可少的重要元素之一，在 Flash 动画中导入音频可以使 Flash 动画本身效果更加丰富，并且对 Flash 本身起到很大的烘托作用，使动画作品增色不少。

命令介绍

音频格式：在为 Flash 动画添加音乐时，需要了解 Flash 动画所支持的音频格式。

导入视频：执行"文件>导入>导入到舞台"命令，在弹出的对话框中选择需要导入的音频文件，即可将该音频导入到 Flash 动画中。

音频属性：可以在"属性"面板中的"声音"选项区中对音频的相关属性进行设置。

10.4.1   课堂案例——添加背景音乐

【案例学习目标】掌握为 Flash 动画添加音频的方法。

【案例知识要点】在影片剪辑元件中使用传统补间动画与遮罩动画制作出图像切换的动画效果，导入音频素材，选择相应的关键帧，在"属性"面板中为其添加音频，如图 10-70 所示。

【效果所在位置】光盘\源文件\第 10 章\添加背景音乐.fla。

（1）执行"文件>新建"命令，弹出"新建文档"对话框，设置如图 10-71 所示。单击"确定"按钮，新建一个 Flash 文档。执行"插入>新建元件"命令，弹出"创建新元件"对话框，新建"名称"为"图像动画"的影片剪辑元件，如图 10-72 所示。

图 10-70

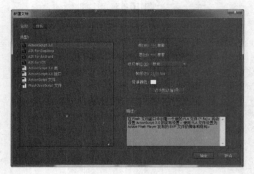

图 10-71

图 10-72

（2）导入素材图像"光盘\源文件\第 10 章\素材\104101.jpg"，并将其转换成"名称"为"图像 1"的图形元件，如图 10-73 所示。在第 15 帧按 F6 键插入关键帧，选择第 1 帧上的元件，在"属性"面板上设置如图 10-74 所示。

图 10-73

图 10-74

（3）完成"属性"面板的设置，将第 1 帧上的元件水平向左移动 10px，效果如图 10-75 所示。在第 1 帧创建传统补间动画，在第 125 帧按 F5 键插入帧，"时间轴"面板如图 10-76 所示。

图 10-75

图 10-76

（4）新建"图层 2"，在第 45 帧按 F6 键插入关键帧，导入素材图像 104102.jpg，将该图像转换成"名称"为"图像 2"的图形元件，如图 10-77 所示。在第 60 帧按 F6 键插入关键帧，选择第 45 帧上的元件，设置其 Alpha 值为 0%，将该帧上的元件向左水平移动 10px，如图 10-78 所示。

图 10-77

图 10-78

（5）在第 45 帧创建传统补间动画，使用相同的制作方法，可以完成"图层 3"中动画效果的制作，"时间轴"面板如图 10-79 所示。

图 10-79

（6）返回"场景 1"编辑状态，将"图像动画"元件从"库"面板中拖入到舞台中，如图 10-80 所示。新建"图层 2"，执行"文件>导入>打开外部库"命令，打开外部库"光盘\源文件\第 10 章\素材 104101.fla"，如图 10-81 所示。

图 10-80

图 10-81

（7）将"云烟动画"元件从"从部库"面板拖入到舞台中，如图 10-82 所示。新建"图层 3"，将"不规则遮罩"元件从"从部库"面板拖入到舞台中，如图 10-83 所示。

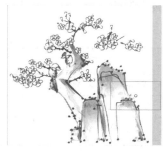

图 10-82

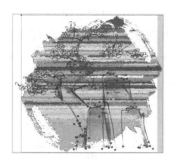

图 10-83

（8）设置"图层3"为遮罩层，并设置"图层1"为被遮罩层，如图10-84所示。执行"文件>导入>导入到库"命令，将声音文件"光盘\源文件\第10章\素材\ sy10401.mp3"导入到"库"面板中，如图10-85所示。

图 10-84

图 10-85

图 10-86

（9）新建"图层4"，单击第1帧，在"属性"面板中设置"名称"为sy10401.mp3，"同步"为"事件"，"声音循环"为"重复"，如图10-86所示。"时间轴"面板如图10-87所示。

（10）在场景中空白位置单击，在"属性"面板上设置舞台颜色为#F6F0DA，完成该动画效果的制作，将文件保存为"光盘\源文件\第10章\添加背景音乐.fla"，按快捷键Ctrl+Enter测试动画效果，如图10-88所示。

图 10-87

图 10-88

10.4.2　Flash 中支持的音频格式

在 Flash CC 中可以都过执行"文件>导入"命令，将外界各种类型的声音文件导入到动画场景中，在 Flash 中支持被导入的音频文件格式如下。

文件格式	适用环境
ASND	Windows 或 Macintosh
WAV	Windows
AIFF	Macintosh
MP3	Windows 或 Macintosh

如果系统中安装了 QuickTime® 4 或更高版本，则可以导入附加的声音文件格式如下。

AIFF	Windows 或 Macintosh
Sound Designer® II	Macintosh
QuickTime 影片	Windows 或 Macintosh
Sun AU	Windows 或 Macintosh
System 7 声音	Macintosh
WAV	Windows 或 Macintosh

由于音频文件本身比较大，为了避免占用较大的磁盘空间和内存，因此，在制作动画时尽量选择效果相对较好、文件较小的声音文件。MP3 音频数据是经过压缩处理的，所以比 WAV 或 AIFF 文件较小。如果使用 WAV 或 AIFF 文件，要使用 16 位 22kHz 单声，如果要向 Flash 中添加音频效果，最好导入 16 位音频。当然，如果内存有限，就尽可能地使用短的音频文件或用 8 位音频文件。

10.4.3　支持的音频类型

在 Flash CC 中，包括两种声音类型：事件声音和流式声音（音频流）。

事件音频：必须等全部下载完毕才能开始播放，并且是连续播放，直到接受了明确的停止命令。可以把事件音频用作单击按钮的音频，也可以把它作为循环背景音乐。

流式音频：只要下载了一定的帧数，就可以立即开始播放，而且音频的播放可以与时间轴上的动画保持同步。

> **提示：** 由于事件音频在播放之前必须完全下载，所以音频文件不易过大。可以将同一个音频在某处设置为事件音频，而在另一处设置为流式音频。

10.4.4　设置音频属性

在"属性"面板中的"声音"选项区中对声音的相关属性进行设置，如图 10-89 所示。为声音添加效果，设置事件以及播放次数，通过声音的编辑控制功能还可以对声音的起始点进行定义、控制音频的音量以及改变音频开始播放和停止播放的位置等。

名称：在该选项中可以看到当前添加的音频文件名，如果需要对其音频文件进行更改，可以在下拉列表中选择需要的音频即可。

效果：该选项可以用来设置音频的效果，在该选项的下拉列表中根据设计的需要，可以选择任意一种效果，如图 10-90 所示。同时也可以单击"编辑声音封套"按钮 ，在弹出的"编辑封套"对话框中，对其效果进行设置，如图 10-91 所示。

图 10-89

同步：在该选项区中包括"同步声音"下拉列表和"声音循环"下拉列表，它们可以用来设置音频与场景中的时间保持同步。

在"同步声音"下拉列表中包括 4 个选项，分别是"事件""开始""停止"和"数据流"，如图 10-92 所示。如果选择"事件"选项，可以将声音和一个事件的发生过程同步起来，事件声音在它的起始关键帧开始播放，并独立于时间轴播放整个声音，即使影片停止也会继续播放。如果选择"开始"

选项，该选项"事件"选项相似，但如果声音正在播放，新声音则不会播放。如果选择"停卡"选项，可以使当前指定的声音停止播放。如果选择"数据流"选项，可以用于在互联网上同步播放声音，Flash可以协调动画和声音流，将动画与声音同步。

图 10-90　　　　　　　　　　　图 10-91　　　　　　　　　　　图 10-92

对"声音循环"下拉列表进行设置，可以指定声音播放的次数。系统默认为播放一次，如果需要将声音设置为持续播放较长时间，可以在该文本框中输入较大的数值。另外，还可以在该选项的下拉列表中选择"循环"选项以连续播放声音。

10.5　为动画导入视频

视频文件包含了许多种不同的格式，在 Flash 中如果想使用视频文件就必须要了解所支持的格式，然后再通过导入命令将需要的视频文件导入到 Flash 文档中。

命令介绍

视频格式：在 Flash CC 中，可以导入多种视频文件格式，在 Flash 动画中应用视频效果时，需要了解 Flash 动画所支持的视频格式。

导入视频：Flash CC 中的视频根据文件的大小及网络条件，可以采用两种方式将视频导入到 Flash 文档中，即渐进式下载和嵌入视频。

10.5.1　课堂案例——制作网站视频广告

【案例学习目标】掌握在 Flash 动画中应用添加的方法。

【案例知识要点】导入相应的素材图像，使用"导入视频"命令导入外部视频素材，在 Flash 中调整视频到合适的大小和位置，如图 10-93 所示。

【效果所在位置】光盘\源文件\第 10 章\制作网站视频广告.fla。

图 10-93

（1）执行"文件>新建"命令，弹出"新建文档"对话框，设置如图 10-94 所示。单击"确定"按钮，新建一个 Flash 文档。执行"文件>导入>导入到舞台"命令，将图像"光盘\源文件\第 10 章\素材\101501.jpg"导入到舞台中，如图 10-95 所示。

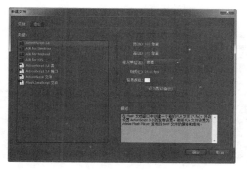

图 10-94

图 10-95

（2）新建"图层 2"，将图像"光盘\源文件\第 10 章\素材\105102.jpg"导入到舞台中，如图 10-96 所示。执行"文件>导入>导入视频"命令，弹出"导入视频"对话框，如图 10-97 所示。

图 10-96

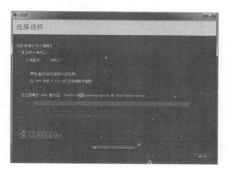

图 10-97

（3）单击"浏览"按钮，在弹出的对话框中选择需要导入的视频文件"光盘\源文件\第 10 章\素材\105103.flv"，对其他选项进行设置，如图 10-98 所示。单击"下一步"按钮，在对话框中选择一种播放器的外观，如图 10-99 所示。

图 10-98

图 10-99

提示：也可以在"外观"下拉列表框中选择"自定义外观 URL"，在 URL 文本框中输入 Web 服务器上的外观地址。

（4）设置完成后单击"下一步"按钮，显示完成视频导入选项，如图 10-100 所示。单击"完成"按钮，将视频导入到舞台中，使用"任意变形工具"调整视频的大小，并移动到相应的位置，如图 10-101 所示。

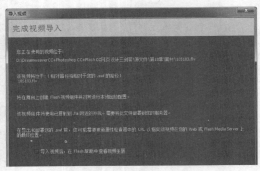

图 10-100 　　　　　　　　　　　　　　　　　　图 10-101

（5）完成动画的制作，将文件保存为"光盘\源文件\第 10 章\制作视频网站广告.fla"，按快捷键 Ctrl+Enter 测试动画效果，如图 10-102 所示。

图 10-102

10.5.2　Flash 中支持的视频格式

在 Flash CC 中，可以导入多种视频文件格式，如果用户系统中安装了 Quick Time7，或者安装了 DirectX 9 或更高版本（仅限于 Windows），则可以导入多种文件格式的视频剪辑，如 MOV、AVI 和 MPG/MPEG 等格式，还可以导入 MOV 格式的链接视频剪辑。

如果安装了 Quick Time7，则导入嵌入视频时支持的格式有以下几种。

文件类型	扩展名
音频视频	.avi
数字视频	.dv
运动图像专家组	.mpg、.mpeg
Quick Time 视频	.mov

如果系统中安装了 Direct X9 或者更高版本（仅限于 Windows），则在导入嵌入视频时支持以下视频文件格式。

文件类型	扩展名
音频视频	.avi
运动图像专家组	.mpg、.mpeg
Windows Media	.wmv、.asf

提示：如果 Flash 文档不支持导入的视频或音频文件，则会弹出一条警告信息，提示无法完成文件导入。另外，还有一种情况是可以导入视频但无法导入音频，那么就可以通过其他软件对视频或音频进行格式修改。

10.5.3 "导入视频"对话框

执行"文件>导入>导入视频"命令，如图 10-103 所示。弹出"导入视频"对话框，在该对话框中提供了两个视频导入选项，如图 10-104 所示。

图 10-103

图 10-104

使用播放组件加载外部视频：选中该选项，在导入视频时，同时通过 FLVPlayback 组件创建视频的外观。将 Flash 文档作为 SWF 发布并将其上载到 Web 服务器时，还必须将视频文件上载到 Web 服务器或 Flash Media Server，并按照已上载视频文件的位置进行配置。

在 SWF 中嵌入 FLV 并在时间轴中播放：选中该选项，允许将 FLV 或 F4V 嵌入到 Flash 文档中成为 Flash 文档的一部分，导入的视频将直接置于时间轴中，可以清晰地看到时间轴中各个视频帧的位置。

10.6 课堂练习——制作 3D 平移动画

【练习知识要点】导入背景素材图像，在第 100 帧插入帧。新建"图层 2"，导入素材图像并转换为影片剪辑元件，创建补间动画，使用"3D 平移工具"沿 Z 轴调整元件，创建 3D 平移动画。使用相同的制作方法，可以完成"图层 3"上的 3D 平移动画的制作，效果如图 10-105 所示。

【素材所在位置】光盘\源文件\第 10 章\素材\10601.png 至 10603.png。

【效果所在位置】光盘\源文件\第 10 章\制作 3D 平移动画.fla。

图 10-105

10.7 课后习题——制作图像切换遮罩动画

【习题知识要点】导入素材图像，在相应的帧按 F5 键插入帧，新建图层，绘制矩形并转换为图形元件。在该图层中制作矩形变形的动画效果，将该图层创建为遮罩层，并创建遮罩动画效果。使用相同的方法，可以在其他图层中制作出图像遮罩动画效果，如图 10-106 所示。

【素材所在位置】光盘\源文件\第 10 章\素材\10701.jpg 至 10704.jpg。

【效果所在位置】光盘\源文件\第 10 章\制作图像切换遮罩动画.fla。

图 10-106

第**11**章 广告文字动画和按钮动画

本章介绍

一个内容丰富的网站如果只有普通的文字和静态图片的话，那么页面的效果可想而知，会显得非常枯燥乏味，所以，在网页中制作出相应的文字和按钮动画，能够极大地丰富页面的内容，使页面的效果更加动感、更加精彩。本章将通过制作不同类型的动画效果，为读者介绍 Flash 中制作文字和按钮动画的制作方法与技巧。

学习目标

- 了解 Flash 中的文本类型
- Flash 中文本属性的设置
- 掌握 Flash 中文本的基本操作方法
- 理解按钮元件的 4 种状态
- 理解元件的中心点和注册点
- 掌握编辑元件的方法
- 掌握"库"面板的操作方法

技能目标

- 掌握"制作广告文字动画"的方法
- 掌握"制作闪烁文字动画"的方法
- 掌握"制作按钮菜单动画"的方法
- 掌握"制作游戏按钮动画"的方法

11.1 广告文字动画

在 Flash 动画中，广告文字动画是一种突出的 Flash 动画表现形式，通过文字动画的制作，可以突出表现动画的主题，本节将向读者介绍如何在 Flash 中制作广告文字动画。

命令介绍

文本类型：在 Flash 中提供了 3 种文本类型，分别为"静态文本""动态文本"和"输入文本"，默认的文本类型为"确态文本"。

文本属性：在"属性"面板中可以对在 Flash 中输入的文字属性进行设置，从而控制文字的表现效果。

选择和移动文本：在 Flash 中对文本进行处理时，首先就需要选中文字，选择和移动文本也是最基础的编辑操作。

为文本设置超链接：在 Flash 中输入的文字，可以直接在"属性"面板中为其设置超链接，从而方便从 Flash 动画跳转到其他网页中。

分离文本：在 Flash CC 中对文本进行分离操作，可以将每个字符置于单独的文本字段中，然后可以快速地将文本分离。

11.1.1 课堂案例——制作广告文字动画

【案例学习目标】学习输入文本和设置文本属性的方法，并且将文本分离为图形。

【案例知识要点】在影片剪辑元件中制作出矩形变形的动画效果，将该影片剪辑元件作为文字的遮罩层，制作出文字的遮罩动画效果，如图 11-1 所示。

【效果所在位置】光盘\源文件\第 11 章\制作广告文字动画.fla。

图 11-1

（1）执行"文件>新建"命令，弹出"新建文档"对话框，设置如图 11-2 所示，单击"确定"按钮，新建一个空白文档。执行"插入>新建元件"命令，新建"名称"为"矩形动画"的影片剪辑元件，如图 11-3 所示。

（2）使用"矩形工具"，在舞台中绘制"宽度"为 1px，"高度"为 40px 的矩形。在第 20 帧按 F6 键插入关键帧，使用"任意变形工具"，调整该矩形宽度，如图 11-4 所示。在第 1 帧创建补间形状动画。新建"图层 2"，在第 20 帧按 F6 键插入关键帧，在"动作"面板中输入 stop();脚本代码，"时间轴"面板如图 11-5 所示。

图 11-2

194

图 11-3   图 11-4   图 11-5

（3）新建"名称"为"整体矩形动画"的影片剪辑元件，如图 11-6 所示。将"矩形动画"元件从"库"面板中拖入到舞台中，在第 50 帧按 F5 键插入帧，新建"图层 2"，在第 2 帧按 F6 键插入关键帧，将"矩形动画"元件从"库"面板中拖入到舞台中，如图 11-7 所示。

图 11-6   图 11-7

（4）使用相同的制作方法，制作出"图层 3"到"图层 31"的内容。新建"图层 32"，在第 50 帧按 F6 键插入关键帧，在"动作"面板中输入 stop();脚本代码，"时间轴"面板如图 11-8 所示。新建"名称"为"文字动画 1"的影片剪辑元件，使用"文本工具"，在"属性"面板上对文字属性进行设置，如图 11-9 所示。

图 11-8   图 11-9

（5）在舞台中单击并输入文字，执行两次"修改>分离"命令，将文本分离成图形，如图 11-10 所示。新建"图层 2"，将"整体矩形动画"元件从"库"面板中拖入到舞台中，调整到合适的位置，将"图层 2"设置为"遮罩层"，创建遮罩动画效果，如图 11-11 所示。

图 11-10   图 11-11

> **提示：** 使用"文本工具"，在舞台中单击鼠标所创建的文本框中输入文字时，输入框的宽度不固定，它会随着用户所输入文本的长度自动扩展。如果需要换行输入，按 Enter 键即可。

（6）使用相同的制作方法，完成"文字动画 2"元件和"文字动画 3"元件的制作，如图 11-12 所示。返回到"场景 1"编辑状态，将素材图像"光盘\源文件\第 11 章\素材\111101.jpg"导入到舞台中，在第 300 帧按 F5 键插入帧，如图 11-13 所示。

图 11-12

图 11-13

（7）新建"图层 2"，将"文字动画 1"元件从"库"面板中拖入到舞台中，如图 11-14 所示。在第 100 帧按 F7 键插入空白关键帧，将"文字动画 2"元件拖入到舞台中。在第 200 帧按 F7 键插入空白关键帧，将"文字动画 3"元件拖入到舞台中，如图 11-15 所示。

图 11-14

图 11-15

（8）完成动画的制作，执行"文件>保存"命令，将文件保存为"光盘\源文件\第 11 章\制作广告文字动画.fla"，按快捷键 Ctrl+Enter 测试动画效果，如图 11-16 所示。

图 11-16

11.1.2　文本类型

单击工具箱中的"文本工具"按钮 T，在"属性"面板的"文本类型"下拉列表中提供了 3 种文本类型，如图 11-17 所示。

静态文本：该文本是用来创建动画中一直不会发生变化的文本，在某种意义上它就是一张图片，尽管很多人将"静态文本"称为文本对象，但需要注意的是，真正的文本对象是指"动态文本"和"输入文本"。由于"静态文本"不具备对象的基本特征，没有自己的属性和方法，无

图 11-17

法对其进行命名，因此，不能通过编程使用"静态文本"制作动画。

动态文本：该文本类型只允许动态显示，却不允许动态输入。当用户需要使用 Flash 开发涉及在线提交表单这样的应用程序时，就需要一些可以让用户实时输入数据的文本域，此时，则需要用到"输入文本"。

输入文本：该文本类型也是对象，和"动态文本"有相同的属性和方法。另外，"输入文本"的创建方法与"动态文本"也是相同的，其唯一的区别是需要在"属性"面板中的"文本类型"下拉列表中选择"输入文本"选项。

11.1.3　设置文本属性

在 Flash 中输入文字内容时，可以根据设计的需要，在"属性"中的"字符"选项区中对文字的相关属性进行设置，如图 11-18 所示。

图 11-18   图 11-19

系列：该选项可以为选中的文本应用不同的字体系列。

样式：该选项用来设置字体的样式，不同的字体可供选择的样式也是不同的。

大小：单击该选项，可以在文本框中输入具体的数值来设置字体的大小，字体大小的单位值是点，与当前标尺的单位无关。

字母间距：该选项可以用来设置所选字符或文本的间距，单击该选项，在文本框中输入相应的数值。

颜色：单击该选项右侧的色块，在弹出的拾色器窗口中可以选择字体的颜色。

消除锯齿：单击该选项右侧的"字体呈现方法"下拉按钮，弹出下拉列表选项，如图 11-19 所示。选择其中某一个选项，可以对所选择的每个文本字段应用锯齿消除，而不是每个字符。

"可选"按钮 ：该按钮是用来设置生成的 SWF 文件中的文本能否被用户通过鼠标进行选择和复制。

"将文本呈现为 HTML"按钮 ：该按钮是用来决定动态文本框中的文本能否使用 HTML 格式。动态文本和输入文本可以对该选项进行设置，静态文本则不能。

"在文本周围显示边框"按钮 ：单击该按钮，系统会在字体背景上显示一个白底不透明的输入框。动态文本和输入文本可以对该选项进行设置，静态文本则对该选项不可设置。

"切换上标"按钮 ：单击该按钮，可以将文本放置在基线之上（水平文本）或基线的右侧（垂直文本）。

"切换下标"按钮 ：单击该按钮，可以将文本放置在基线之下（水平文本）或基线的左侧（垂直文本）。

11.1.4　移动和选择文本

如果需要移动文本，可以使用"选择工具"，将鼠标放置于文本对象上，按住鼠标左键不放并拖拽鼠标，即可移动文本位置。

如果需要选择文本，可以使用"文本工具"，将鼠标移至舞台中的文本右端，鼠标指针呈 I 状时，单击并向左拖拽鼠标至文本左端，然后释放鼠标左键，即可选中文本。

11.1.5 课堂案例——制作闪烁文字动画

【案例学习目标】传统补间动画的制作，元件"样式"属性的设置，遮罩动画的制作。

【案例知识要点】在影片剪辑元件中制作出矩形透明度变化的动画效果，通过元件"样式"属性的设置得到多种不同颜色效果的元件，并将这些影片剪辑元件作为文字的遮罩层，从而制作出闪烁文字动画效果，如图 11-20 所示。

【效果所在位置】光盘\源文件\第 11 章\制作闪烁文字动画.fla。

图 11-20

（1）执行"文件>新建"命令，弹出"新建文档"对话框，设置如图 11-21 所示，单击"确定"按钮，新建一个空白文档。执行"插入>新建元件"命令，新建"名称"为"矩形动画"的影片剪辑元件，如图 11-22 所示。

图 11-21   图 11-22

（2）使用"矩形工具"，设置"笔触颜色"为无，"填充颜色"为白色，在舞台中绘制"宽"为 34px，"高"为 40px 的矩形，如图 11-23 所示，将矩形转换成"名称"为"矩形"的图形元件。分别在第 10、20、30 和 40 帧按 F6 键插入关键帧，分别设置第 10 帧和第 30 帧元件的 Alpha 值为 0%，如图 11-24 所示。分别在第 1、10、20、30 帧创建传统补间动画，在第 210 帧按 F5 键插入帧，"时间轴"面板如图 11-25 所示。

图 11-23   图 11-24   图 11-25

（3）新建"名称"为"整体矩形"的影片剪辑元件，在第 35 帧按 F6 键插入关键帧，将"矩形动画"元件从"库"面板中拖入到舞台中，如图 11-26 所示，在第 80 帧按 F5 键插入帧。新建"图层 2"，在第 20 帧按 F6 键插入关键帧，将"矩形动画"元件拖入到舞台中，设置其高级属性，如图 11-27 所示。

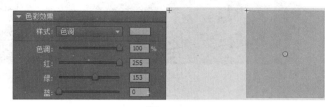

图 11-26　　　　　　　　　　　　　　　　图 11-27

（4）新建"图层 3"，在第 10 帧按 F6 键插入关键帧，将"矩形动画"元件拖入到舞台中，设置其高级属性，如图 11-28 所示。根据"图层 2"和"图层 3"的制作方法，制作出其他图层，如图 11-29 所示。

图 11-28　　　　　　　　　　　　　　　　图 11-29

（5）新建"名称"为"遮罩动画"的影片剪辑元件，将"整体矩形"元件从"库"面板中拖入到舞台中，并调整到合适的位置，如图 11-30 所示。新建"图层 2"，使用"文本工具"，对文字属性进行设置，在舞台中输入文本，如图 11-31 所示。执行"修改>分离"命令两次，将文本分离成图形，并将"图层 2"设置为"遮罩层"，如图 11-32 所示。

图 11-30　　　　　　　　　　图 11-31　　　　　　　　　　图 11-32

（6）返回到"场景 1"编辑状态，将图像"光盘\源文件\第 11 章\素材\111501.jpg"导入到舞台中，如图 11-33 所示。新建"图层 2"，将"遮罩动画"元件从"库"面板中拖入到舞台中，并调整到合适的大小和位置，如图 11-34 所示。

图 11-33　　　　　　　　　　　　　　　　图 11-34

（7）完成动画的制作，执行"文件>保存"命令，将文件保存为"光盘\源文件\第 11 章\制作闪烁文字动画.fla"，按快捷键 Ctrl+Enter，测试动画效果，如图 11-35 所示。

图 11-35

11.1.6 为文本设置超链接

为文本设置超链接，可以将静态的文本做成一个让用户单击的超链接。在为文本设置超链接时，需要选中相应文本，然后，在打开的"属性"面板中的"选项"内容中进行设置，在"链接"文本框中输入文本链接的地址，在"目标"下拉列表中选择文本链接的打开方式，如图 11-36 所示。

图 11-36

11.1.7 分离文本

分离后的文本，无法进行再编辑该操作，和其他任何形状一样，可以对文本进行改变形状、擦除、分组等操作。另外，还可以将他们转换为元件，并制作出动画效果。

使用"选择工具"单击选中文本，如图 11-37 所示。执行"修改>分离"命令，或按快捷键 Ctrl+B，可以将选定文本中的每个字符都会放入一个单独的文本字段中，但是文本在舞台上的位置保持不变，如图 11-38 所示，再次执行"修改>分离"命令，可以将舞台上的文本转换为形状，如图 11-39 所示。

图 11-37   图 11-38   图 11-39

11.2 按钮动画

按钮动画是 Flash 在网页中重要的一种动画表现形式，特别是在游戏类网站页面中，Flash 按钮动画的应用可以起到画龙点睛的作用，大大地增强网页的表现效果。

命令介绍

元件的中心点和注册点：元件的注册点是指元件舞台中原点的位置，元件的中心点默认位于元件的中心位置。

编辑元件：在 Flash 项目的实际工作中，经常要对元件进行再编辑操作，Flash 中对元件的编辑提供了 3 种方式，分别是"在当前位置编辑""在新窗口中编辑"和"在元件模式下编辑"。

"库"面板：在 Flash 动画中所有的元件、图像、音频等素材都放置在"库"面板中，"库"面板用于组织和管理 Flash 动画中的所有资源。

管理库项目：在"库"面板中，不仅可以利用"文件夹"对库中项目进行编辑，也可以轻松对资源进行编组、项目排序、重命名、更新等管理。

11.2.1　课堂案例——制作按钮菜单动画

【案例学习目标】掌握按钮元件的创建和使用方法，理解按钮元件各帧的含义。

【案例知识要点】新建按钮元件，使用基本绘图工具绘制出按钮的效果，并在相应的帧上改变图形的效果,从而完成按钮动画效果的制作，如图 11-40 所示。

【效果所在位置】光盘\源文件\第 11 章\制作按钮菜单动画.fla。

图 11-40

（1）执行"文件>新建"命令，在弹出的"新建文档"对话框中进行设置，如图 11-41 所示，单击"确定"按钮，新建一个 Flash 文档。执行"插入>新建元件"命令，在弹出的"创建新元件"对话框中进行设置，如图 11-42 所示。

图 11-41　　　　　　　　　　　　　　　　　　　图 11-42

（2）使用"椭圆工具"，设置"笔触颜色"为无，"填充颜色"为白色，在舞台中按住 Shift 键绘制正圆形，如图 11-43 所示。在"点击"帧位置按 F5 键插入帧，如图 11-44 所示。新建"图层 2"，使用"椭圆工具"，设置"笔触颜色"为无、"填充颜色"为#FF0066，在舞台中绘制正圆形，如图 11-45 所示。

图 11-43　　　　　　　　　　　图 11-44　　　　　　　　　　　图 11-45

提示：按钮元件是由 4 帧的交互影片剪辑组成的，前 3 帧显示按钮的 3 种可能的状态，第 4 帧定义按钮的活动区域，时间轴实际上并不播放，它只是对指针运动和动作做出反应。

（3）在"点击"帧位置按 F7 键插入空白关键帧。新建"图层 3"，使用"椭圆工具"，打开"颜色"面板，设置渐变颜色，如图 11-46 所示。在舞台中按住 Shift 键绘制正圆形，并调整渐变颜色填充效果，如图 11-47 所示。在"点击"帧位置按 F7 键插入空白关键帧，如图 11-48 所示。

图 11-46

图 11-47

图 11-48

（4）新建"图层 4"，使用相同的制作方法，可以绘制出相似的图形效果，如图 11-49 所示。新建"图层 5"，使用相应的绘图工具，在舞台中绘制出喇叭形状图形，如图 11-50 所示。

（5）在"指针经过"帧位置按 F6 键插入关键帧，选择舞台中的喇叭图形，设置"填充颜色"的 Alpha 值为 30%，效果如图 11-51 所示。在"点击"帧位置按 F7 键插入空白关键帧，如图 11-52 所示。

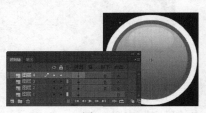
图 11-49

图 11-50

图 11-51

图 11-52

（6）新建"图层 6"，在"指针经过"帧位置按 F6 键插入关键帧，使用"文本工具"，在"属性"面板中进行相应的设置，如图 11-53 所示。在舞台中单击并输入文字，如图 11-54 所示。

图 11-53

图 11-54

（7）执行"修改>分离"命令两次，将文字分离为图形，如图 11-55 所示。在"按下"帧位置按

F6 键插入关键帧，使用"任意变形工具"调整文字的大小，如图 11-56 所示。在"点击"帧位置按 F7 键插入空白关键帧，如图 11-57 所示。

图 11-55

图 11-56

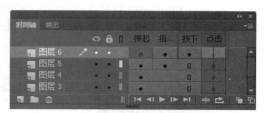
图 11-57

（8）返回到"场景 1"编辑状态，使用"矩形工具"，在"颜色"面板中设置渐变颜色，在舞台中绘制矩形，如图 11-58 所示。新建"图层 2"，将"按钮 01"元件从"库"面板中拖入到舞台中，如图 11-59 所示。

图 11-58

图 11-59

（9）根据"按钮 01"元件的制作方法，完成其他按钮元件的制作，"库"面板如图 11-60 所示。分别将所制作好的元件拖入到舞台中，并调整至合适的位置，如图 11-61 所示。

图 11-60

图 11-61

（10）完成动画的制作，执行"文件>保存"命令，将文件保存为"光盘\源文件\第 11 章\制作按钮菜单动画.fla"，按快捷键 Ctrl+Enter 测试动画效果，如图 11-62 所示。

图 11-62

11.2.2　元件的中心点和注册点

在 Flash 中有两个坐标体系，一个是主场景的坐标体系，如图 11-63 所示；一个是元件内的坐标体系，如图 11-64 所示。

当用户为元件创建了一个实例时，在场景中可以看到一个黑色的十字形图标，该图标就是元件的注册点，如图 11-65 所示，是对象本身在场景中所处位置的参考点，根据该坐标就可以在"属性"面板中直观清晰地看到对象的位置。也可以在"属性"面板中进行修改，即在"属性"面板的"位置和大小"选项区中对注册点的 X、Y 坐标进行设置，如图 11-66 所示。

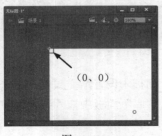
图 11-63

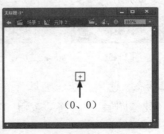
图 11-64

图 11-65

当用户选中场景中的一个元件实例时，除了会出现黑色十字形的注册点外，还会出现一个小圆点，如图 11-67 所示，该圆点即是元件的"中心点"，"中心点"是元件进行变形时的中心参考点，即所进行的变形操作都会以该圆点为中心调整，例如放大、缩小或旋转。

在对元件进行变形操作时，设置不同的中心点能够制作出丰富的理想效果。中心点的位置不是固定不变的，而是可以移动的，使用"任意变形工具"，在场景中选中元件，单击鼠标向右下方拖拽中心点，可以移动到需要的位置，如图 11-68 所示，此时，进行的变形操作所实现的效果也会变得不同。

图 11-66

图 11-67

图 11-68

11.2.3　编辑元件

使用"在当前位置编辑"时，其他元件将以灰色显示的状态出现，处在编辑状态下的元件名称会出现在"编辑栏"的左侧，场景名称的右侧，如图 11-69 所示。

在场景中选择一个实例，执行"编辑>在当前位置编辑"命令，即可在当前位置编辑指定的元件。

使用在"新窗口中编辑元件"时，Flash 会为元件新建一个编辑窗口，元件名称会显示在"编辑栏"中，如图 11-70 所示。

图 11-69

提示：双击元件也可进入当前位置的编辑状态，除该元件以外的其他区域将以半透明状态显示，双击除元件外的其他区域即可退出在当前位置编辑元件。

选择需要编辑的元件，单击鼠标右键，在弹出菜单中选择"在新窗口中编辑"命令，即可在新窗口中编辑元件，完成元件的编辑后，单击该窗口选项卡的"关闭"按钮 ，即可退出"在新窗口中编辑元件"状态。

在元件模式下编辑和新建元件时的编辑模式是一样的，双击"库"面板中需要编辑的元件，即可让元件在其编辑模式下进行编辑，如图 11-71 所示。也可以在场景中选中需要编辑的元件，执行"编辑>编辑元件"命令。

图 11-70

图 11-71

11.2.4 课堂案例——制作游戏按钮动画

【案例学习目标】掌握逐帧动画的制作方法，掌握按钮元件的使用。

【案例知识要点】在影片剪辑元件中制作出球转动的动画，在影片剪辑元件中制作出球过光的动画，在按钮元件中分别在各帧放置相应的元件，从而完成该游戏按钮动画的制作，如图 11-72 所示。

【效果所在位置】光盘\源文件\第 11 章\制作游戏按钮动画.fla。

图 11-72

（1）执行"文件>新建"命令，在弹出的"新建文档"对话框中进行相应的设置，如图 11-73 所示，单击"确定"按钮，新建一个 Flash 文档。执行"插入>新建元件"命令，在弹出的"创建新元件"对话框中进行设置，如图 11-74 所示。

图 11-73

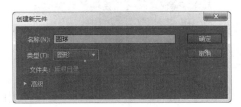

图 11-74

（2）单击"确定"按钮，执行"文件>导入>导入到舞台"命令，导入素材图像"光盘\源文件\第11章\素材\112402.png"，弹出提示对话框，如图11-75所示。单击"否"按钮，将素材导入到舞台中，效果如图11-76所示。

图 11-75

图 11-76

（3）执行"插入>新建元件"命令，在弹出的"创建新元件"对话框中进行相应的设置，如图11-77所示。单击"确定"按钮，在"库"面板中将"圆球"元件拖入舞台中，调整至合适的位置，在第18帧位置按F5键插入帧，如图11-78所示。

图 11-77

图 11-78

（4）在第3帧位置按F6键插入关键帧，导入素材图像"光盘\源文件\第11章\素材\112403.png"，在弹出的提示对话框中单击"否"按钮，将素材调整至合适的位置，如图11-79所示。使用相同的制作方法，在相应的位置插入关键帧，并分别导入素材图像，"时间轴"面板如图11-80所示。

图 11-79

图 11-80

（5）新建"图层2"，在第18帧位置按F6键插入关键帧，打开"动作"面板，输入脚本代码，如图11-81所示。"时间轴"面板如图11-82所示。

图 11-81

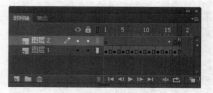

图 11-82

（6）执行"插入>新建元件"命令，在弹出的"创建新元件"对话框中进行相应的设置，如图11-83所示。单击"确定"按钮，在"库"面板中将"圆球"元件拖入舞台中，调整至合适的位置，在第45

帧位置按 F5 键插入帧，如图 11-84 所示。

图 11-83   图 11-84

（7）新建"图层 2"，执行"文件>导入到库"命令，在弹出对话框中选择需要的素材图像，将素材导入到"库"面板中，如图 11-85 所示。在第 17 帧位置按 F6 键插入关键帧，将"库"面板中的素材 112410.png 拖入舞台中，调整至合适的位置，如图 11-86 所示。

图 11-85   图 11-86

（8）在第 19 帧位置按 F6 键插入关键帧，将"库"面板中的素材 112411.png 拖入舞台中，调整至合适的位置，如图 11-87 所示。使用相同的制作方法，在相应的位置插入关键帧，并分别拖入素材，调整至合适的位置，"时间轴"面板如图 11-88 所示。

图 11-87   图 11-88

（9）在第 29 帧位置按 F7 键插入空白关键帧，"时间轴"面板如图 11-89 所示。执行"插入>新建元件"命令，在弹出的"创建新元件"对话框中进行设置，如图 11-90 所示。

（10）单击"确定"按钮，在"弹起"帧位置，将"库"面板中的"过光动画"元件拖入到舞台中，如图 11-91 所示。在"指针经过"帧位置按 F7 键插入空白关键帧，将"库"面板中的"旋转动画"元件拖入到舞台中，调整到合适的位置。使用相同的制作方法，在"按下"帧拖入"旋转动画"元件，在"点击"帧拖入"圆球"元件，"时间轴"面板如图 11-92 所示。

（11）返回到"场景 1"编辑状态，导入素材图像"光盘\源文件\第 11 章\素材\112401.png"，如图 11-93 所示。新建"图层 2"，将"库"面板中的"按钮"元件拖入舞台中，如图 11-94 所示。

图 11-89

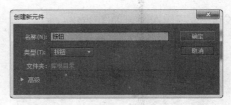

图 11-90

图 11-91

图 11-92

图 11-93

图 11-94

（12）完成动画的制作，执行"文件>保存"命令，将文件保存为"光盘\源文件\第 11 章\制作游戏按钮动画.fla"，按快捷键 Ctrl+Enter 测试动画效果，如图 11-95 所示。

图 11-95

11.2.5　认识"库"面板

在"库"面板中按列的形式显示"库"面板中的每个元件的信息，正常情况下，可以显示所有列的内容，使用者也可以拖动面板的左边缘或者右边缘来调整"库"面板的大小。"库"面板如图 11-96 所示。

文档列表：该选项用于显示当前显示库资源的所属文档，在该选项的下拉列表中会显示当前打开的文档列表，用于切换文档库。

面板菜单：单击该按钮打开"库"面板菜单，在该菜单下可执行"新建元件""新建字型""新建视频"等命令。

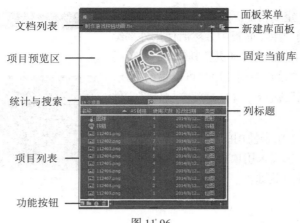

图 11-96

"固定当前库"按钮⚓：用于实现切换文档时"库"面板不会随文档改变而改变，而是固定显示指定文档，例如，当文档由"未命名-1"切换到"未命名-2"时，"库"面板中的显示不变。

"新建库面板"按钮⬜：单击该按钮，可同时打开多个"库"面板，每个面板可显示不同文档的库，一般在资源列表很长或元件在多文档中调用时使用。

项目预览区：选择文档中的某个项目，该项目将显示在"项目预览区"中，当项目为"影片剪辑"动画或声音文件时，预览区窗口的右上角会出现播放按钮 ■ ▶，如图11-97 所示，单击该播放按钮，即可在预览区欣赏影片剪辑或声音文件。

图 11-97

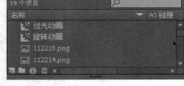

图 11-98

统计与搜索：该区域左侧是一个项目计数器，用于显示当前库中所包含的所有项目数，用户可在右侧文本框中输入项目关键字搜索目标对象，此时左侧会显示当前搜索结果的数目，如图 11-98 所示。

列标题：列标题包括"名称""AS 链接""使用次数""修改日期""类型"5 项信息，支持拖动列标题名称调整次序。

"新建元件"按钮⬜：单击该按钮将弹出"创建新元件"对话框，从而直接创建新元件。

"新建文件夹"按钮⬜：默认情况下，元件都存储在库的根目录下。单击该按钮可以创建一个新的文件夹，使用文件夹，更方便项目资源的管理，提高管理性。

"属性"按钮⬤：在"库"面板中选中一个元件或位图等项目，单击该按钮，弹出"元件属性"或"位图属性"对话框，用户可在该对话框中对选中项目的相关属性进行修改操作。

"删除"按钮🗑：在"库"面板中选中需要删除的项目，单击该按钮即可删除选定项目。

11.2.6 管理库项目

如果需要重命名库项目，可以在列表中选中一个项目，单击右键，在弹出菜单中选择"重命名"命令，输入新项目名称，按回车键即可，双击项目名称也可对其重命名，其操作方法和重命名文件夹的方法相同。

删除库项目的方法和删除文件夹的方法相同。另外，按住 Ctrl 键可同时选中不连续的多个库项目文件，如图 11-99 所示；按 Shift 键可以同时选中多个连续的库项目文件，如图 11-100 所示，再执行删除命令即可删除所有选定项目。

　　导入一张外部图片到"库"面板中，然后使用外部编辑器修改库中的该图片，Flash 会自动更新其修改，如位图或声音等。当 Flash 没有自动更新时，用户可以手动更新，在选项菜单中选择"更新"命令，Flash 就会把外部文件导入并覆盖库中文件。

　　如果想删除"库"面板中未使用的项目，可以在"库"面板的面板菜单中选择"选择未用项目"命令，找到所有未用项目后按 Delete 键即可删除。

图 11-99　　　　　　　　　图 11-100

11.3　课堂练习——制作发光文字动画

　　【练习知识要点】输入文字并将文字分离为图形，在影片剪辑元件中制作文字从小到大并逐渐消失的动画效果，将该影片剪辑元件使用多次从而制作出发光文字动画效果，如图 11-101 所示。

图 11-101

　　【素材所在位置】光盘\源文件\第 11 章\素材\11301.jpg。
　　【效果所在位置】光盘\源文件\第 11 章\制作发光文字动画.fla。

11.4　课后习题——制作翻转按钮动画

　　【习题知识要点】分别在按钮元件的 4 种状态帧中导入素材图像，并分别进行调整，从而制作出翻转按钮动画效果，如图 11-102 所示。
　　【素材所在位置】光盘\源文件\第 11 章\素材\11401.jpg、11402.jpg。
　　【效果所在位置】光盘\源文件\第 11 章\制作翻转按钮动画.fla。

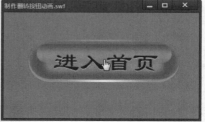

图 11-102

第12章 Dreamweaver CC 入门

本章介绍

Dreamweaver CC 是一款由 Adobe 公司开发的最新版本的专业 HTML 编辑器，用于 Web 站点、Web 页面和 Web 应用程序的设计、编码和开发。利用 Dreamweaver CC 中的可视化编辑功能，用户可以快速创建页面而无需编写任何代码。Dreamweaver CC 提供了许多与编码相关的工具和功能，本章中将带领读者一起去认识和了解最新版的 Dreamweaver CC。

学习目标

● 了解 Dreamweaver CC 的功能
● 认识 Dreamweaver CC 工作界面
● 掌握网页文件的基础操作方法
● 掌握站点的创建方法

技能目标

● 掌握"制作第一个 HTML 页面"的方法
● 掌握"创建站点并设置远程服务器"的方法

12.1 "网页三剑客" 之 Dreamweaver

Dreamweaver 是一款由 Adobe 公司大力开发的专业网页制作与网站开发软件，用于对 Web 站点、Web 页面和 Web 应用程序进行设计、编码和开发。利用 Dreamweaver 中的可视化编辑功能，用户可以快速创建页面而无需编写任何代码。

12.1.1 了解网页制作软件——Dreamweaver

Dreamweaver 是业界领先的网页开发工具，使用该软件能够使用户高效地设计、开发维护基于标准的网站和应用程序。使用 Dreamweaver，网页开发人员能够完成从创建和维护基本网站到支持最佳实践和最新技术的高级应用程序的开发的全过程。

图 12-1

Dreamweaver CC 在增强面向专业人士的基本工具和可视技术的同时，还为网页设计用户提供了功能强大的、开放的、基于标准的开发模式。正是如此，Dreamweaver CC 的出现巩固了自 1997 年推出 Dreamweaver 1 以来，长期占据网页设计专业开发领域行业标准级解决方案的领先地位。Dreamweaver CC 的启动画面如图 12-1 所示。

12.1.2 Dreamweaver 在网页制作方面的优势

与其他的网页设计制作软件相比，Dreamweaver 具有以下特点。
1. 集成的工作区，更加直观，使用更加方便。
2. 支持多种服务器端开发语言。
3. 提供了强大编码功能。
4. 具有良好的可扩展性，可以安装 Adobe 公司或第三方推出的插件。
5. 提供了更加全面的 CSS 渲染和设计支持，可以构建符合最新 CSS 标准的站点。
6. 可以更好地与 Adobe 公司的其他设计软件集成，如 Flash、Photoshop、Fireworks 等，以方便对网页动画和图像的操作。

12.2 认识 Dreamweaver CC 工作界面

Dreamweaver CC 提供了一个将全部元素置于一个窗口中的集成布局。在集成的工作区中，全部窗口和面板都被集成到一个更大的应用程序窗口中，使用户可以查看文档和对象属性，如图 12-2 所示。Dreamweaver CC 还将许多常用操作放置于工具栏中，使用户可以快速更改文档。

菜单栏：菜单栏中包含了所有 Dreamweaver CC 操作所需要的命令。这些命令按照操作类别分为文件、编辑、查看、插入、修改、格式、命令、站点、窗口和帮助 10 个菜单。

设计器：单击该按钮，可以在弹出的菜单中选择适合自己的面板布局方式，以便更好地适应不同的工作类型。如图 12-3 所示为单击该按钮所弹出的菜单。

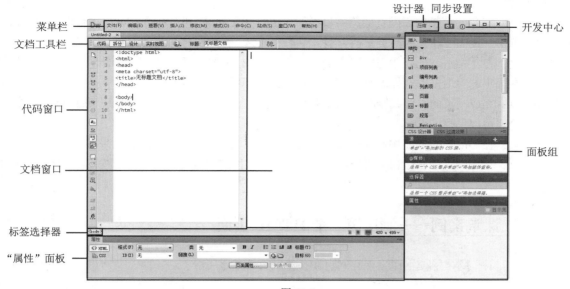

图 12-2

同步设置：该选项用于实现 Dreamweaver CC 与 Creative Cloud 同步，单击该按钮，可以在弹出的对话框中进行同步设置，如图 12-4 所示。

图 12-3

图 12-4

开发中心：单击该按钮，可以使用系统默认浏览器自动打开 Dreamweaver 开发中心页面。

文档工具栏：包含一些按钮，它们提供各种"文档"窗口视图（如"设计"视图和"代码"视图）的选项、各种查看选项和一些常用操作（如使用"实时视图"按钮 实时视图 ，将设计视图切换到实时视图）。

代码窗口：在该窗口中将显示当前所编辑页面的相应代码，在代码窗口左侧是相应的代码工具，通过这些工具的使用，可以在代码中插入注释、简化代码操作等。

文档窗口：又称为设计视图，显示用户当前创建和编辑的文档。

标签选择器："标签选择器"位于"文档"窗口底部的状态栏中。显示环绕当前选定内容的标签的层次结构。单击该层次结构中的任何标签都可以选择该标签及其全部内容。

"属性"面板：用于查看和更改所选对象或文本的各种属性。选择的对象不同，在"属性"面板中显示的内容也不同。

面板组：用于帮助用户监控和修改工作，如果要展开某个面板，可以单击其选项卡。

12.3 网页文件的基础操作

网页文件操作是制作网页的最基本操作，包括了网页文件的打开、保存、关闭、预览等，本小节将为大家主要介绍网页文件的基本操作方法。

命令介绍

新建网页：新建网页是制作网页的第一步操作，执行"文件>新建"命令，可以在弹出的"新建文档"对话框中选择需要新建的网页文档类型，单击"创建"按钮，即可新建网页。

打开网页：在 Dreamweaver 中要想编辑网页文件，就必须先打开网页文件，执行"文件>打开"命令，即可在弹出的对话框中选择需要在 Dreamweaver 中打开的网页文件。

保存网页：完成网页的制作或修改后需要将网页保存，执行"文件>保存"命令，或执行"文件>另存为"命令，可以保存网页。

预览网页：在 Dreamweaver 中制作网页时，可以随时在浏览器中预览网页的效果。

关闭网页：完成网页的制作和编辑操作后，可以单击文件选项卡上的"关闭"按钮，关闭该网页文件。

12.3.1 课堂案例——制作第一个 HTML 页面

【案例学习目标】掌握新建网页、保存网页和预览网页等基本操作。

【案例知识要点】在 Dreamweaver 中制作网页时，多数情况下都是在设计视图中进行制作，这样便于边制作边查看网页的效果，如图 12-5 所示。

【效果所在位置】光盘\源文件\第 12 章\12-3-1.html。

（1）启动 Dreamweaver CC，执行"文件>新建"命令，弹出"新建文档"对话框，设置如图 12-6 所示。单击"创建"按钮，创建一个 HTML 页面，如图 12-7 所示。

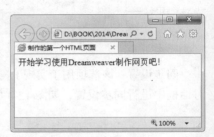

图 12-5

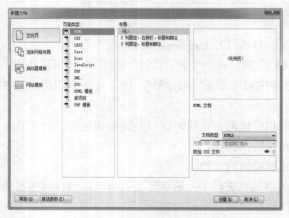

图 12-6

图 12-7

> **提示**：在 Dreamweaver CC 中新建的 HTML 页面，默认为遵循 HTML5 规范，之前的 CS6 版本默认为遵循 XHTML 1.0 Transitional 规范。如果需要新建其他规范的 HTML 页面，可以在"新建文档"对话框中的"文档类型"下拉列表中进行选择。

（2）在"文档"工具栏上的"标题"文本框中输入页面标题，并按键盘上的 Enter 键确认，如图 12-8 所示。在空白的文档窗口中输入页面的正文内容，如图 12-9 所示。

图 12-8   图 12-9

（3）执行"文件>保存"命令，弹出"另存为"对话框，将其保存为"光盘\源文件\第 12 章\13-3-1.html"，如图 12-10 所示。完成第一个 HTML 页面的制作，单击"文档"工具栏上的"在浏览器中预览/调试"按钮 ，在浏览器中预览网页，效果如图 12-11 所示。

图 12-10

图 12-11

12.3.2   新建网页

在开始制作网站页面之前，首先需要在 Dreamweaver CC 中创建一个空白页面，执行"文件>新建"命令，弹出"新建文档"对话框，在 Dreamweaver CC 中可以创建多种类型的网页文档，如图 12-12 所示。

空白页：在"空白页"选项卡中可以新建基本的静态网页和动态网页，其中最常用的就是 HTML 选项。

流体网格布局：单击"流体网格布局"选项卡，可以切换到"流体网格布局"选项中，可以新建基于"移动设备""平板电脑"和"桌面电脑"3 种设备的流体网格布局，如图 12-13 所示。

图 12-12

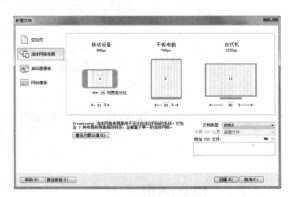

图 12-13

启动器模板：单击"启动器模板"选项卡，可以切换到"启动器模板"选项中，在该选项中提供了"Mobile 起始页"示例页面，在 Dreamweaver CC 中共提供了 3 种 Mobile 起始示例页面，选中其中一个示例，即可创建 jQuery Mobile 页面，如图 12-14 所示。

网站模板：单击"网站模板"选项卡，可以切换到"网站模板"选项中，可以创建基于各站点中的模板的相关页面，在"站点"列表中可以选择需要创建基于模板页面的站点，在"站点的模板"列表中列出了所选中站点中的所有模板页面，选中任意一个模板，单击"创建"按钮，即可创建基于该模板的页面，如图 12-15 所示。

| 图 12-14 | 图 12-15 |

12.3.3　打开网页

执行"文件>打开"命令，弹出"打开"对话框，如图 12-16 所示。"打开"对话框和其他的 Windows 应用程序类似，包括"查找范围"列表框、导航、视图按钮、文件名输入框以及文件类型列表框等。选择需要打开的网页文件，单击"打开"按钮，即可在 Dreamweaver CC 中打开该网页文件，如图 12-17 所示。

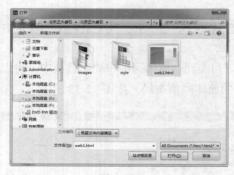 

| 图 12-16 | 图 12-17 |

提示：Dreamweaver CC 可以打开多种格式的文件，它们的扩展名分别为.html、.shtml、.asp、.js、.xml、.as、.css 等。

12.3.4　预览网页

如果需要在 Dreamweaver CS6 的实时视图中预览网页文件，可以单击文档工具栏上的"实时视图"按钮，如图 12-18 所示。即可在 Dreamweaver 的实时视图中预览该网页文件在浏览器中的显示效果，如图 12-19 所示。

图 12-18

图 12-19

> **提示：**"实时视图"与传统的 Dreamweaver 设计视图的不同之处在于，它提供了页面在某一浏览器中的不可编辑、更逼真的外观，在设计视图操作时可以随时切换到"实时视图"查看，进入"实时视图"后，"设计"视图变为不可编辑。

如果需要在浏览器中预览网页效果，可以单击工具栏上的"在浏览器中预览"按钮，在弹出菜单中选择一种预览器，如图 12-20 所示。即可使用所选择的浏览器预览该网页，如图 12-21 所示。

图 12-20

图 12-21

12.3.5　保存和关闭网页

保存当前编辑的网页，可以执行"文件>保存"命令，弹出"另存为"对话框，如图 12-22 所示。设置文件名，并设置文件的保存位置，完成后，单击"保存"按钮即可对此文档进行保存。

如果需要关闭网页文件，可以单击文档窗口右上角的"关闭"按钮，如图 12-23 所示。也可以在文档标签上单击鼠标右键，在弹出菜单中执行"关闭"命令。

图 12-22

图 12-23

> **提示：** 保存文件时，设置完文件名和保存位置后可以直接按 Enter 键确认保存。如果没有另外指定的文件类型，文件会自动保存为扩展名为 HTML 的网页文件。如果当前编辑的文件以前已经保存过，则执行"文件>保存"命令，将直接覆盖保存原来的文件，而不会弹出"另存为"对话框。

12.4 创建站点

无论是一个网页制作的新手，还是一个专业的网页设计师，都要从构建站点、理清网站结构的脉络开始。当然，不同的网站有不同的结构，功能也不尽相同，所以一切都需要按照需求组织站点的结构。

命令介绍

创建站点：在 Dreamweaver 中制作网站首先就需要创建该网站的站点，这样便于对网站中所有页面和资源进行管理。

切换站点：在 Dreamweaver 中可以通过"文件"面板或"管理站点"对话框切换站点。

管理站点：通过"管理站点"对话框可以对 Dreamweaver 中创建的站点进入编辑、导入、导出和切换等编辑操作。

12.4.1 课堂案例——创建站点并设置远程服务器

【案例学习目标】掌握创建站点和设置远程服务器的方法。

【案例知识要点】每个网站在制作之前都需要创建站点，将网站中相关的图片、CSS 样式和网页等资源统一放置在站点文件夹中，便于对站点进行管理和上传等操作，如图 12-24 所示。

【效果所在位置】无。

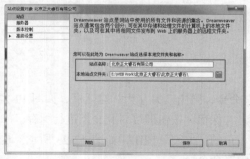

图 12-24

（1）执行"站点>新建站点"命令，弹出"站点设置对象"对话框，在"站点名称"对话框中输入站点的名称，单击"本地站点文件夹"后的"浏览"按钮，弹出"选择根文件夹"对话框，浏览到站点的根目录文件夹，如图 12-25 所示。单击"选择"按钮，选定站点根目录文件夹，如图 12-26 所示。

> **提示：** 在大多数情况下，都是在本地站点中编辑网页，再通过 FTP 上传到远程服务器。在 Dreamweaver CC 中创建本地静态站点的方法更加的方便、快捷，只需要一步就可以完成站点的创建。

（2）单击"站点设置对象"对话框左侧的"服务器"选项，切换到"服务器"选项设置界面，如

图 12-27 所示。单击"添加新服务器"按钮 ＋，弹出"添加新服务器"对话框，对远程服务器的相关
信息进行设置，如图 12-28 所示。

图 12-25

图 12-26

图 12-27

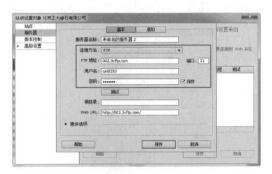

图 12-28

（3）单击"测试"按钮，弹出"文件活动"对话框，显示正在与设置的远程服务器连接，如图 12-29
所示。连接成功后，弹出提示对话框，提示"Dreamweaver 已成功连接您的 Web 服务器"，如图 12-30
所示。

图 12-29

图 12-30

（4）单击"添加新服务器"对话框上的"高级"选项卡，切换到"高级"选项卡的设置中，在"服
务器模型"下拉列表中选择 PHP MySQL 选项，如图 12-31 所示。单击"保存"按钮，完成"添加新
服务器"对话框的设置，如图 12-32 所示。

提示：在创建站点的过程中定义远程服务器是为了方便本地站点随时能够与远程服务器相关联，上
传或下载相关的文件。如果用户希望在本地站点中将网站制作完成后再将站点上传到远程服务器，
则可以选不定义远程服务器，待需要上传时再定义。

图 12-31

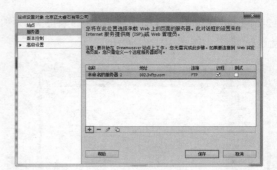
图 12-32

（5）单击"保存"按钮，即完成该站点的创建并设置了远程服务器，"文件"面板将自动切换为刚建立的站点，如图 12-33 所示。单击"文件"面板上的"连接到远程服务器"按钮 ，即可在 Dreamweaver 中直接连接到所设置的远程服务器，如图 12-34 所示。

图 12-33

图 12-34

12.4.2　切换站点

使用 Dreamweaver CC 编辑网页或进行网站管理时，每次只能操作一个站点。在"文件"面板上左边的下拉列表中选择已经创建的站点，如图 12-35 所示，就可以快速切换到对这个站点进行操作的状态。

另外，在"管理站点"对话框中选中需要切换到的站点，单击"完成"按钮，同样可以切换到所选择的站点。

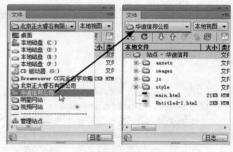
图 12-35

12.4.3　"管理站点"对话框

如果需要对 Dreamweaver 中的站点进行编辑、删除、复制等操作，可以执行"站点>管理站点"命令，在弹出的"管理站点"对话框中可以对站点进行全面的管理操作，如图 12-36 所示。

站点列表：在该列表中显示了当前在 Dreamweaver CC 中所创建的所有站点，并且显示了各个站点的类型，可以在该列表中选中需要进行管理的站点。

"删除当前选定的站点"按钮 ：单击该按钮，弹出提示对话框，单击"是"按钮，即可删除当前选中的站点。注意，这里删除的只是在 Dreamweaver 中创建的站点，而该站点中的文件并不会被删除。

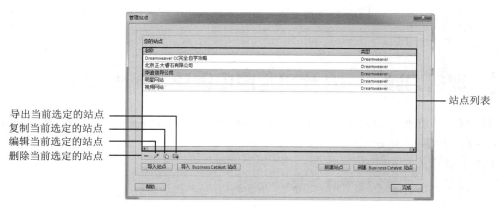

图 12-36

"编辑当前选定的站点"按钮 🖉：单击该按钮，弹出"站点设置对象"对话框，在该对话框中可以对选中的站点设置信息进行修改。

"复制当前选定的站点"按钮 🗗：单击该按钮，即可复制选中的站点并得到该站点的副本。

"导出当前选定的站点"按钮 ➡：单击该按钮，弹出"导出站点"对话框，选择导出站点的位置，在"文件名"文本框中为导出的站点文件设置名称，单击"保存"按钮，即可将选中的站点导出为一个扩展名为.set 的 Dreamweaver 站点文件。

"导入站点"按钮：单击该按钮，弹出"导入站点"对话框，在该对话框中选择需要导入的站点文件，单击"打开"按钮，即可将该站点文件导入到 Dreamweaver 中。

"导入 Business Catalyst 站点"按钮：Business Catalyst 站点是 Dreamweaver CS6 新增的功能，单击该按钮，将弹出 Business Catalyst 对话框，显示当前用户所创建的 Business Catalyst 站点，选择需要导入的 Business Catalyst 站点，单击"Import Site"按钮，即可将选中的 Business Catalyst 站点导入到 Dreamweaver 中。

"新建站点"按钮：单击该按钮，弹出"站点设置对象"对话框，可以创建新的站点，单击该按钮与执行"站点>新建站点"命令功能相同。

"新建 Business Catalyst 站点"按钮：单击该按钮，弹出 Business Catalyst 对话框，可以创建新的 Business Catalyst 站点，单击该按钮与执行"站点>新建 Business Catalyst 站点"命令功能相同。

12.5 课堂练习——创建本地静态站点

【练习知识要点】创建本地静态站点，只需要在"站点设置对象"对话框中设置站点的名称和本地站点文件夹的位置即可，如图 12-37 所示。

图 12-37

【素材所在位置】无。

【效果所在位置】无。

12.6 课后习题——在代码视图中创建 HTML 页面

【习题知识要点】在<title>与</title>标签之间输入网页的标题，在<body>与</body>标签之间输入网页的正文内容，如图 12-38 所示。

【素材所在位置】无。

【效果所在位置】光盘\源文件\第 12 章\12-6.html。

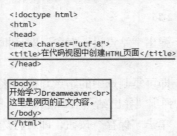
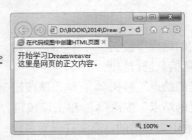

图 12-38

第13章

在网页中插入基础网页元素

本章介绍

一个完整网页的构成要素有很多，其中包括文本、图像等元素，多种元素综合运用才能够生动、形象地表达出网页的主体信息，并且能够给浏览者带来无穷的趣味性，增强网页的新鲜感和亲和力，从而吸引更多浏览者的访问。本章将向读者介绍如何使用 Dreamweaver 为网页添加文本、图像以及相关的元素内容。

学习目标

- 理解并掌握页面整体属性的设置方法
- 掌握输入文本和文本属性设置的方法
- 掌握特殊文本元素的使用和设置方法
- 掌握在网页中插入图像和设置图像属性的方法
- 掌握在网页中插入鼠标经过图像的方法

技能目标

- 掌握"控制欢迎页面整体外观"的方法
- 掌握"制作关于我们页面"的方法
- 掌握"制作新闻列表"的方法
- 掌握"制作游戏介绍页面"的方法

13.1 设置网页整体属性

许多网站的页面会有固定的色彩或者图像背景，这些特征可以通过网站页面属性来控制，在开始设计网站页面时即可设置好页面的各种属性，网页属性可以控制网页的背景颜色和文本颜色等，主要对外观进行总体上的控制。

命令介绍

外观（CSS）：该选项分类主要用于设置页面的一些基本属性，包括页面字体、颜色和背景的控制等。

外观（HTML）：该分类中的选项与"外观（CSS）"中的选项基本相同，所不同的是，这里所做的设置不会创建相应的 CSS 样式。

链接（CSS）：该选项分类主要用于设置页面中默认的文字超链接效果。

标题（CSS）：该选项分类主要用于设置网页中默认的 6 种标题的样式效果。

标题和编码：该选项分类可以设置网页的标题和编辑格式等属性。

跟踪图像：该选项分类可以为网页设置一个辅助制作的跟踪图像。

13.1.1 课堂案例——控制欢迎页面整体外观

【案例学习目标】理解并掌握"页面属性"对话框中选项的功能和设置。

【案例知识要点】在"页面属性"中设置网页中字体、字体颜色、背景颜色、背景图像、文字连接、标题等页面整体属性，从而控制页面的整全外观效果，如图 13-1 所示。

【效果所在位置】光盘\最终效果\第 13 章\13-1-1.html。

（1）执行"文件>打开"命令，打开页面"光盘\源文件\第 13 章\13-1-1.html"，效果如图 13-2 所示。在浏览器中预览该页面，页面效果如图 13-3 所示。

图 13-1

图 13-2

图 13-3

（2）返回 Dreamweaver 中，切换到代码视图，为相应文字添加<h1></h1>标签，如图 13-4 所示。返回到设计视图，页面效果如图 13-5 所示。

（3）切换到代码视图，为相应文字添加<h2></h2>标签，如图 13-6 所示。返回到设计视图，页面效果如图 13-7 所示。

```
<div id="box"><img src="images/141102.gif" width
="122" height="25" class="img01"><br>
<h1>创新的多媒体设计<br>
图形/网站/视频/印刷品<br>
Creative Multimedia<br>
Photo/Web/Video/Print<br></h1>
<img src="images/141103.gif" width="152" height=
"50"><br>
<img src="images/141104.gif" width="84" height=
"18" class="img01"><br>
```

图 13-4

图 13-5

```
<img src="images/141104.gif" width="84" height=
"18" class="img01"><br>
<h2>专属时尚产品品牌<br>
画册/服装及饰品/文具<br>
Exclusive Stylish<br>
Books/Apparel/Tool<br></h2>
<img src="images/141105.gif" width="152" height=
"50"><br>
```

图 13-6

图 13-7

（4）单击"属性"面板上的"页面属性"按钮，弹出"页面属性"对话框，对相关选项进行设置，如图 13-8 所示。单击"页面属性"对话框左侧的"分类"列表中的"链接（CSS）"选项，切换到"链接（CSS）"选项设置界面，对相关选项进行设置，如图 13-9 所示。

图 13-8

图 13-9

提示：在为网页设置背景图像时需要注意的是，为了避免出现问题，尽可能使用相对路径的图像路径，而不要使用绝对路径。

（5）单击"页面属性"对话框左侧的"分类"列表中的"标题（CSS）"选项，切换到"标题（CSS）"选项设置界面，对相关选项进行设置，如图 13-10 所示。单击"页面属性"对话框左侧的"分类"列表中的"标题/编码"选项，切换到"标题/编码"选项设置界面，对相关选项进行设置，如图 13-11 所示。

图 13-10

图 13-11

（6）设置完成后，单击"确定"按钮，页面效果如图 13-12 所示。执行"文件>保存"命令，保存该页面，按 F12 键即可在浏览器中预览该页面，效果如图 13-13 所示。

图 13-12

图 13-13

13.1.2　设置外观（CSS）

执行"修改>页面属性"命令，或单击"属性"面板上的"页面属性"按钮，即可弹出"页面属性"对话框，默认显示的是"外观（CSS）"选项分类，可以设置页面的一些基本属性，如图 13-14 所示。设置的页面相关属性将自动生成为 CSS 样式写在页面头部。

页面字体：从该选项后的第 1 个下拉列表中选择一种字体设置为页面字体，也可以直接在该选项的下拉列表框中输入字体的名称。在第 2 个下拉列表中可以选择字体的样式。在第 3 个下拉列表中可以选择字体的粗细。

图 13-14

大小：可以选择页面中的默认文本字号，还可以设置页面字体大小的单位，默认为"px（像素）"。

文本颜色：可以设置网页中默认的文本颜色。如果未对该选项进行设置，则默认文本颜色为黑色。

背景颜色：可以设置网页的背景颜色。如果在这里不设置颜色，常用浏览器默认网页的背景色为白色。

背景图像：可以输入网页背景图像的路径，给网页添加背景图像。也可以单击文本框后的"浏览"按钮，在弹出的对话框中选择需要设置为背景图像的文件。

重复：在使用图像作为背景时，可以在"重复"下拉列表中选择背景图像的重复方式，其选项包括 no-repeat（不重复）、repeat（重复）、repeat-x（横向重复）和 repeat-y（纵向重复）4 个选项。

左边距/右边距/上边距/下边距：在"左边距""右边距""上边距"和"下边距"文本框中可以分别设置网页 4 边与浏览器 4 边边框的距离。

13.1.3　设置外观（HTML）

在"页面属性"对话框左侧的"分类"列表中选择"外观（HTML）"选项，可以切换到"外观（HTML）"选项设置界面，如图 13-15 所示。该选项的设置与"外观（CSS）"的设置基本相同，唯一的区别是在"外观（HTML）"选项中设置的页面属性将会自动在页面主体标签<body>中添加相应的属性设置代码，而不会自动生成 CSS 样式。

图 13-15

13.1.4　设置连接（CSS）

在"页面属性"对话框左侧的"分类"列表中选择
"链接（CSS）"选项，可以切换到"链接（CSS）"选项
设置界面，在该部分可以设置页面中的链接文本的效果，
如图 13-16 所示。

链接字体：从第 1 个下拉列表中选择一种字体设置
为页面中链接的字体，从第 2 个下拉列表中设置字体的
样式，从第 3 个下拉列表中设置字体的粗细。

图 13-16

大小：从下拉列表中可以选择链接文本字号，还可
以设置链接字体大小的单位，默认为"px（像素）"。

链接颜色：在该选项文本框中可以设置网页中文本超链接的默认状态颜色。

变换图像链接：在该选项文本框中可以设置当鼠标移动到超链接文字上方时超链接文本的颜色。

已访问链接：在该选项文本框中可以设置网页里访问过的超链接文本的颜色。

活动链接：在该选项文本框中可以设置网页中激活的超链接文本的
颜色。

图 13-17

下划线样式：从该选项下拉列表中可以选择网页中当鼠标移动到超
链接文字上方时采用何种下划线，在该选项的下拉列表中包括 4 个选项，
如图 13-17 所示。

13.1.5　设置标题（CSS）

在"页面属性"对话框左侧的"分类"列表中选择"标
题（CSS）"选项，可以切换到"标题（CSS）"选项设置
界面，在"标题（CSS）"选项中可以设置标题文字的相关
属性，如图 13-18 所示。

标题字体：在第 1 个下拉列表中选择一种字体并设置
为页面中标题的字体，从第 2 个下拉列表中设置字体的样
式，从第 3 个下拉列表中设置字体的粗细。

图 13-18

标题 1 至标题 6：在 HTML 页面中可以通过<h1>至
<h6>标签，定义页面中的文字为标题文字，分别对应"标题 1"至"标题 6"，在该部分选项区中可以
分别设置不同标题文字的大小以及文本颜色。

13.1.6　设置标题和编码

在"页面属性"对话框左侧的"分类"列表中选择"标题/编码"选项，可以切换到"标题/编码"
选项设置界面，在"标题/编码"选项中可以设置网页的标题和文字编码等，如图 13-19 所示。

标题：在该选项文本框中可以输入页面的标题。

文档类型：可以从下拉列表中选择文档的类型，在 Dreamweaver CC 中默认新建的文档类型是
HTML5。

编码：可以从下拉列表中可以选择网页的文字编码，在 Dreamweaver CC 中默认新建的文档编码是 Unicode（UTF-8）。

重新载入：如果在"编码"下拉列表中更改了页面的编码，可以单击该按钮，转换现有文档或者使用新编码重新打开该页面。

Unicode 标准化表单：只有用户选择 Unicode（UTF-8）作为页面编码时，该选项才可用。在该选项下拉列表中提供 4 种 Unicode 标准化表单，最重要的是 C 范式，它是用于万维网的字符模型的最常用范式。

图 13-19

包括 Unicode 签名：选中该复选框，则在文档中包括一个字节顺序标记（BOM）。

13.1.7　设置跟踪图像

在"页面属性"对话框左侧的"分类"列表中选择"跟踪图像"选项，可以切换到"跟踪图像"选项设置界面，在"跟踪图像"选项中可以设置跟踪图像的属性，如图 13-20 所示。

跟踪图像：可以为当前制作的网页添加跟踪图像。单击文本框后的"浏览"按钮，可以在弹出的对话框中选择需要设置为跟踪图像的图像。

透明度：拖动"透明度"滑块要以调整跟踪图像在网页编辑状态下的透明度。

图 13-20

> 提示：跟踪图像是网页排版的一种辅助手段，主要是用来进行图像的对位，它只在网页编辑时有效，对 HTML 文档并不会产生任何的影响。

13.2　在网页中添加文本

在设计制作网页时，文本是网页中必不可少的一部分，使用 Dreamweaver CC 可以对网页中的文字属性、特殊字符和文本换行等进行设置，使文本在网页中不但可以起到表达页面信息的效果，还可以美化网页界面，从而吸引更多的浏览者访问。

命令介绍

文本属性：选中文本，在"属性"面板中便会出现相应的文本属性选项，可以对文本的属性进行修改和重新设置。

文本换行与分段处理：按快捷键 Shift+Enter 可以对文本进行换行，按 Enter 键可以对文本进行分段。

水平线：水平线可以起到分割网页元素的作用，因此，在文本内容较多的网页中，可以使用一条或多条水平线分隔文本或元素，使页面看起来更加规整、清爽。

时间：单击"日期"按钮向网页中加入当前的日期和时间，通过设置还可以使其每次保存时都能自动更新。

特殊字符：特殊字符包括注册商标、版权符号以及商标符号等字符的实体名称，其在 HTML 代码中是以名称或数字的形式来表示的。

13.2.1 课堂案例——制作关于我们页面

【案例学习目标】掌握在网页中输入文本和设置文本的方法。

【案例知识要点】在网页中输入文字内容，为文字进行分段，并在网页中插入水平线和时间，效果如图 13-21 所示。

【效果所在位置】光盘\最终效果\第 13 章\13-2-1.html。

（1）执行"文件>打开"命令，打开页面"光盘\源文件\第 13 章\13-2-1.html"，如图 13-22 所示。光标移至页面中名为 news 的 Div 中，将多余文字删除，输入文字，如图 13-23 所示。

图 13-21

图 13-22

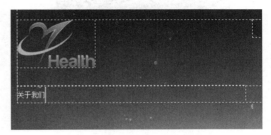

图 13-23

（2）光标移至刚输入的文字后，按 Enter 键插入段落，继续输入相应的文字内容，如图 13-24 所示。拖动鼠标选中"关于我们"文字，单击"属性"面板上的"粗体"按钮 **B**，将文字加粗显示，如图 13-25 所示。

（3）光标移至"关于我们"文字之后，单击"插入"面板上的"水平线"按钮，如图 13-26 所示。即可在页面中光标所在位置插入水平线，效果如图 13-27 所示。

图 13-24

图 13-25

图 13-26

（4）将光标移至所有文字后，按快捷键 Shift+Enter，插入换行符，单击"插入"面板中的"日期"按钮，如图 13-28 所示。弹出"插入日期"对话框，设置如图 13-29 所示。

图 13-27 图 13-28 图 13-29

> **提示：** 有两种方法将文本放到下一行，一种是按 Enter 键进行分段，在"代码"视图中显示为<P>标签，这种方式是将文本彻底划分到下一段落中，两个段落之间将会留出一条空白行。还可以按快捷键 Shift+Enter，在代码视图中显示为
标签，可以使文本放到下一行，但是被分行的文本仍然在同一段落中，中间也不会留出空白行。

（5）单击"确定"按钮，即可在页面中插入日期，如图 13-30 所示。执行"文件>保存"命令，保存页面，在浏览器中预览页面，效果如图 13-31 所示。

图 13-30 图 13-31

13.2.2 在网页中输入文本的方法

当需要在网页中输入大量的文本内容时，可以通过两种方式输入文本，一种是在网页编辑窗口中直接使用键盘输入，这是最基本的输入方式，和一些文本编辑软件的使用方法相同，例如 Microsoft Word；另一种是使用复制粘贴的方法。接下来将通过一个小案例，介绍如何在网页中添加文本。

13.2.3 设置文本属性

对文本属性进行设置，可以美化网页，使得浏览者更加方便的阅读文本信息，在 Dreamweaver CC 中，可以通过"属性"面板对中文本的大小和对齐方式等属性进行设置，如图 13-32 所示。

粗体和斜体　　文本格式控制

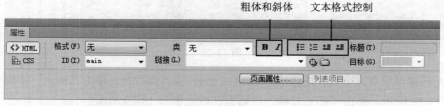

图 13-32

格式：该选项的下拉列表框中的"标题 1"到"标题 6"分别表示各级标题，对应字体由大到小，同时文字全部加粗，可以应用于网页的标题部分。当使用"标题 1"时，在代码视图中，文字两端应用<h1></h1>标签；当使用"标题 2"时，文字两端应用<h2></h2>标签，以下依次类推。

ID：该选项用于设置包含当前文本的容器的 ID 值。

类：该选项可以用来设置已经定义的 CSS 样式为选中的文字应用。

粗体和斜体：选中需要加粗显示的文本，单击"属性"面板上的"粗体"按钮 **B**，可以加粗显示文字；单击"属性"面板上的"斜体"按钮 *I*，可以斜体显示文字。

文本格式控制：选中段落文本，单击"属性"面板上的"项目列表"按钮 ≣，可以将段落文本转换为项目列表；单击"编号列表"按钮 ≣，可以将段落文本转换为编号列表；单击"属性"面板上的"文本凸出"按钮 ≛，即可向左侧凸出一级；单击"属性"面板上的"文本缩进"按钮 ≛，即可向右侧缩进一级。

在"属性"面板上单击 CSS 按钮，可以切换到文字 CSS 属性设置面板中，"属性"面板如图 13-33 所示。

图 13-33

应用 CSS 样式：在该选项的下拉列表中可以为选中的文字应用已经定义的 CSS 样式。单击"编辑规则"按钮，即可对所选择的 CSS 样式进行编辑设置；单击"CSS 面板"按钮，可以在 Dreamweaver 工作界面中显示出"CSS 样式"面板。

字体：该选项可以用来给文本设置字体组合。Dreamweaver CS6 默认的字体设置是"默认字体"，如果选择"默认字体"，则网页在浏览时，文字字体显示为浏览器默认的字体。

字体大小：该选项可以用来设置选中的字体的大小。

字体颜色：该选项可以用来设置选中的字体的颜色。

文本对齐方式：在"属性"面板上的 CSS 选项中可以设置 4 种文本段落的对齐方式，从左至右分别为"左对齐""居中对齐""右对齐"和"两端对齐"，默认的文本对齐方式为"左对齐"。

13.2.4　插入水平线

如果需要在网页中插入水平线，可以单击"插入"面板上的"常用"选项卡中的"水平线"按钮，即可在网页中光标所在位置插入水平线，单击选中刚插入的水平线，即可在"属性"面板中对其相关属性进行设置，"属性"面板如图 13-34 所示。

图 13-34

水平线：在该选项的文本框中可以设置该水平线的 ID 值。

宽：用来设置水平线的宽度，右侧的下拉列表用来设置宽度的单位，包括"%"和"像素"两个选项。

高：用来设置水平线的高度，单位为像素。

对齐：设置水平线的对齐方式，其中包括"默认""左对齐""居中对齐"和"右对齐"4种选项。

阴影：用来为水平线设置阴影效果，默认为勾选状态。

类：在该选项的下拉列表中可以为水平线应用已经定义好的 CSS 样式。

13.2.5　插入时间

如果需要在网页中插入时间，可以将光标移至需要插入日期的位置，单击"插入"面板中的"日期"按钮，在弹出的"插入日期"对话框中进行设置，如图 13-35 所示。设置完成后，单击"确定"按钮，即可在页面中插入日期。

图 13-35

星期格式：该选项可以用来设置星期的格式，在其下拉列表中包含 7 个选项。由于因为星期格式对中文的支持不是很好，所以一般情况下都选择"[不要星期]"选项，这样在插入的日期不显示当前是星期几。

日期格式：该选项可以用来设置日期的格式，共有 12 个选项，只要选择其中一个选项，日期的格式就会按照所选选项的格式插入到网页中。

时间格式：用来设置时间的格式，共有 3 个选项，分别为"[不要时间]""10:18 PM""22:18"。

储存时自动更新：如果勾选中该复选框，则插入的日期将在网页每次保存时自动更新为最新的日期。

13.2.6　插入特殊字符

如果需要在网页中插入特殊字符，可以将光标移至需要插入特殊字符的位置，单击"插入"面板中的"字符"按钮旁的三角符号，在弹出菜单中选择需要插入的特殊字符，如图 13-36 所示。选择"其他字符"选项，即可弹出"插入其他字符"对话框，在该对话框中可以选择更多特殊字符，如图 13-37 所示。

图 13-36

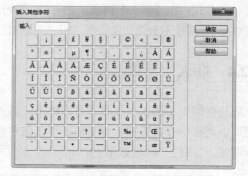

图 13-37

13.3　在网页中创建项目列表和编号列表

在 Dreamweaver 中制作一些信息类网页时，为了更有效地排列网页中的文字，通常会采用为文字创建列表的方式来取得更加清晰、整齐的显示效果。

命令介绍

项目列表：项目列表也称为无序列表，在每个项目前显示小圆点、方块或自定义的图形，各项目之间无级别之分。

编号列表：编号列表是指以数字编号来对一组没有顺序的文本进行排列，通常使用一个数字符号作为每条列表项的前缀，并且各个项目之间存在顺序级别之分。

13.3.1 课堂案例——制作新闻列表

【案例学习目标】掌握项目列表和编辑列表的创建方法。

【案例知识要点】在网页中输入段落文本，选中所输入的段落文本，单击"属性"面板上的"项目列表"或"编号列表"按钮，即可创建项目列表或编号列表，如图 13-38 所示。

【效果所在位置】光盘\最终效果\第 13 章\13-3-1.html。

图 13-38

（1）执行"文件>打开"命令，打开页面"光盘\源文件\第 13 章\13-3-1.html"，如图 13-39 所示。光标移至名为 list 的 Div 中，将多余文字删除，输入段落文字，如图 13-40 所示。

> **提示：** 只有在网页中选中段落文本，单击"属性"面板上的"项目列表"或"编号列表"按钮，才能够创建出项目列表和编号列表。段落文本的输入方法是在输入完一个段落后按 Enter 键。

图 13-39

图 13-40

（2）转换到代码视图中，可以看到在该 Div 中所输入的段落文本格式，如图 13-41 所示。选中所有段落文本，单击"属性"面板上的"项目列表"按钮，创建项目列表，如图 13-42 所示。

```
<div id="list">
    <p>纳新，今天起你也是我们的会员！</p>
    <p>[官方新闻]关于网络服务器波动的相关公告</p>
    <p>[官方新闻]游戏小助手角色恢复功能正式上线</p>
    <p>[官方新闻]权力争霸首周 火热战报速递！</p>
    <p>[官方新闻]官方策划团队答疑：据点战Q&amp;A</p>
</div>
```

图 13-41

图 13-42

（3）转换到代码视图中，可以看到项目列表的标签代码，如图 13-43 所示。切换到该文本所链接的外部 CSS 样式表文件 13-3-1.css 中，创建名为#list li 的 CSS 样式，如图 13-44 所示。

```
<div id="list">
  <ul>
    <li>纳新，今天起你也是我们的会员！</li>
    <li>[官方新闻]关于网络服务器波动的相关公告</li>
    <li>[官方新闻]游戏小助手角色恢复功能正式上线</li>
    <li>[官方新闻]权力争霸首周 火热战报速递！</li>
    <li>[官方新闻]官方策划团队答疑：据点战Q&amp;A</li>
  </ul>
</div>
```

图 13-43

```
#list li {
    list-style-type: circle;
    list-style-position: inside;
}
```

图 13-44

> **提示：** CSS 样式是网页设计制作非常重要的知识，通过 CSS 样式可以对网页中元素的外观、位置等属性进行设置，从而达到控制页面显示效果的功能。关于 CSS 样式的知识将在后面的章节中进行详细的介绍。

（4）返回页面设计视图中，可以看到项目列表的效果，如图 13-45 所示。光标移至页面中名为 top 的 Div 中，将多余文字删除，输入段落文字，如图 13-46 所示。

图 13-45

图 13-46

（5）选中该 Div 中的所有段落文本，单击"属性"面板上的"编号列表"按钮 ≡，创建编号列表，如图 13-47 所示。转换到代码视图中，可以看到编号列表的标签代码，如图 13-48 所示。

图 13-47

```
<div id="top">
  <ol>
    <li>幕容小刀丨</li>
    <li>被水呛死的鱼</li>
    <li>丶丶春暖花開</li>
    <li>冥灵子</li>
    <li>丿 ㄗ 红顏。</li>
    <li>开住春天的地铁里</li>
  </ol>
</div>
```

图 13-48

（6）切换到外部 CSS 样式表文件 13-3-1.css 中，创建名为#top li 的 CSS 样式，如图 13-49 所示。返回页面设计视图中，可以看到编号列表的效果，如图 13-50 所示。

```
#top li {
    list-style-position: inside;
}
```

图 13-49

图 13-50

（7）执行"文件>保存"命令，保存页面，在浏览器中预览页面，效果如图 13-51 所示。

图 13-51

13.3.2　设置项目列表和编号列表属性

在设计视图中选中已有列表的其中一项，执行"格式>列表>属性"命令，弹出"列表属性"对话框，如图 13-52 所示，在该对话框中可以对列表进行设置。

列表类型：在该选项的下拉列表中提供了"项目列表""编号列表""目录列表"和"菜单列表"4 个选项。其中"目录列表"类型和"菜单列表"类型只在较低版本的浏览器中起作用，这里不做介绍。

如果选择"项目列表"选项，则列表类型被转换成无序列表。此时"列表属性"对话框上除"列表类型"下拉列表框外，只有"样式"下拉列表框和"新建样式"下拉列表框可用。如果选择"编号列表"选项，则列表类型被转换成有序列表。此时，对话框中的所有下拉列表框均可以使用。

样式：在该选项的下拉列表中可以选择列表的样式。如果在"列表类型"下拉列有中选择"项目列表"，则"样式"下拉列表框中共有 3 个选项分别为"默认""项目符号"和"正方形"。默认的列表标志是项目符号，也就是圆点。在"样式"下拉列表框中选择"默认"或"项目符号"选择都将设置列表标志为项目符号。

如果在"列表类型"下拉列表中选择"编号列表"，则"样式"下拉列表框有 6 个选项，如图 13-53 所示，这是用来设置编号列表里每行开头的编辑号符号，如图 13-54 所示的是以大写字母作为编号符号的有序列表。

图 13-52

图 13-53

图 13-54

开始计数：如果在"列表类型"下拉列表中选择"编号列表"选项，则该选项可用，可以在该选项后的文本框中输入一个数字，指定编号列表从几开始。

新建样式：该下拉列表与"样式"下拉列表的选项相同，如果在该下拉列表中选择一个列表样式，则在该页面中创建列表时将自动运用该样式，而不会运用默认列表样式。

重设计数：该选项的使用方面与"开始计数"选项的使用方法相同，如果在该选项中设置一个值，则在该页面中创建编号列表中将从设置的数开始有序排列列表。

13.4 在网页中插入图像

图像和文字一样，都是网页中必不可少的组成元素，合理地在网页中使用图像可增添页面的可观赏性，使网页充满生命力，避免由于网页中文字过多而导致的视觉疲劳，从而吸引更多浏览者的访问。

命令介绍

网页中图像格式：网页中并不是所有格式的图像都能够正常显示，网页中最常用的图像格式主要有 GIF、JPEG 和 PNG 等 3 种。

插入图像：在网页中插入图像只需要单击"插入"面板上的"图像"按钮，在弹出的对话框中选择需要插入的图像即可。

设置图像属性：选中网页中的图像，在"属性"面板中可以对图像的宽度、高度和替换文字等属性进行设置。

插入鼠标经过图像：鼠标经过图像是一种交互式的图像效果，常用于导航菜单或按钮。

13.4.1 课堂案例——制作游戏介绍页面

【案例学习目标】掌握在网页中插入图像和鼠标经过图像的方法。

【案例知识要点】单击"插入"面板上的"图像"按钮即可在网页中插入图像，单击"插入"面板上的"鼠标经过图像"按钮，在弹出的对话框中进行设置，即可插入鼠标经过图像，如图 13-55 所示。

【效果所在位置】光盘\最终效果\第 13 章\13-4-1.html。

图 13-55

（1）执行"文件>打开"命令，打开页面"光盘\源文件\第 13 章\13-4-1.html"，如图 13-56 所示。光标移至名为 pic 的 Div 中，将多余文字删除，单击"插入"面板中"图像"按钮，如图 13-57 所示。

图 13-56   图 13-57

（2）弹出"选择图像源文件"对话框，选择选择需要插入的图像，如图 13-58 所示。单击"确定"按钮，即可在光标所在位置插入图像，如图 13-59 所示。

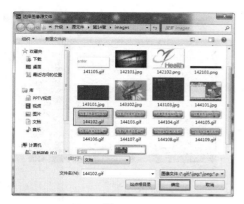

图 13-58

图 13-59

提示：在插入图像时，如果所选择的图像不在本地站点的目录下，则会弹出提示对话框，提示用户是否复制图像文件到本地站点的目录中，若单击"是"按钮，则会弹出"拷贝文件为"对话框，让用户选择图像文件的存放位置，可选择根目录或根目录下的任何文件夹。

（3）使用相同的制作方法，可以在网页中插入其他图像，如图 13-60 所示。执行"文件>保存"命令，保存该页面，在浏览器中预览该页面的效果，如图 13-61 所示。

图 13-60

图 13-61

（4）返回 Dreamweaver 设计视图中，将刚插入的图像全部删除，单击"插入"面板中"图像"按钮旁的向下箭头按钮，在弹出菜单中选择"鼠标经过图像"选项，如图 13-62 所示。弹出"插入鼠标经过图像"对话框，设置如图 13-63 所示。

图 13-62

图 13-63

（5）设置完成后，单击"确定"按钮，即可在光标所在位置插入鼠标经过图像，如图 13-64 所示。将光标移至刚插入的鼠标经过图像后，使用相同的制作方法，可以在页面中插入其他的鼠标经过图像，页面效果如图 13-65 所示。

图 13-64   图 13-65

（6）执行"文件>保存"命令，保存该页面，按快捷键 F12，在浏览器中预览该页面的效果，如图 13-66 所示。

图 13-66

13.4.2　网页图像格式

目前，由于浏览器支持的网页图像格式有限，因此，在 Dreamweaver CC 中制作网页时，常用的图像格式用 3 种，分别为 GIF、JPEG 和 PNG。

GIF（Graphics Interchange Format）格式，图形交换格式，采用 LZW 无损压缩算法。GIF 图像文件的特点是：最多包含 256 种颜色、支持透明的背景色、支持动画格式，并且特别擅长表现那些包含有大面积单色区域的图像以及所含颜色不多、变化不繁杂的图像。

JPEG（Joint Photographic Experts Group）格式，由联合图像专家组开发的图形标准。JPEG 格式采用的是一种有损的压缩算法，也就是说，可能会造成图像失真，并且 JPEG 图像支持 24 位真彩色，也不支持透明的背景色，完全和 GIF 图像形成了互补。在表现色彩非富、物体形状结构复杂的图片，比如照片等方面，JPEG 格式有着不可取代的优点。

PNG（Portable Network Graphic）格式的图像以任何颜色深度存储单个光栅图像。PNG 是与操作平台无关的格式，其支持高级别无损耗压缩并支持 Alpha 通道透明度，并且与 JPEG 的有损压缩相比，PNG 提供的压缩量较少。

13.4.3　设置图像属性

如果需要对图像的属性进行设置，首先在 Dreamweaver 设计视图中选择需要设置属性的图像，然后可以在"属性"面板上对该图像的属性进行设置，如图 13-67 所示。

图像信息：在"属性"面板的左上角显示了所选图片的缩略图，并且在缩略图的右侧显示该对象的信息。

图 13-67

Src：在页面中单击选中图像，在该选项文本框中可以查看图像的源文件位置，也可以在此手动更改图像的位置。

链接：在"链接"文本框中可以输入图像的链接地址。

目标：在"目标"下拉列表中可以设置图像链接文件显示的目标位置，如图 13-68 所示。

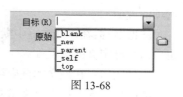

图 13-68

原始：该选项用于设置所选中图像的低分辨率图像。

Class：在该选项下拉列表中可以选择应用已经定义好的类 CSS 样式，或者进行"重命名"和"附加样式表"的操作。

编辑：在该选项后提供了多个编辑按钮，单击相应的按钮，可以对图像进行相应的编辑操作。

单击"编辑"按钮 ，将启动外部图像编辑软件对所选中的图像进行编辑操作。

单击"编辑图像设置"按钮 ，将弹出"图像优化"对话框，可以对图像进行优化处理。

单击"从源文件更新"按钮 ，在更新智能对象时网页图像会根据原始文件的当前内容和原始优化设置以新的大小、无损方式重新呈现图像。

单击"裁剪"按钮 ，图像上会出现虚线区域，拖动该虚线区域的 8 个角点至合适的位置，按键盘上的 Enter 键即可完成图像裁剪操作。

对已经插入到页面中的图像进行了编辑操作后，单击"重新取样"按钮 ，重新读取该图像文件的信息。

单击"亮度和对比度"按钮 ，弹出"亮度/对比度"对话框，可以设置图像的亮度和对比度，如图 13-69 所示。

单击"锐化"按钮 ，弹出"锐化"对话框，可以对图像的清晰度进行调整，如图 13-70 所示。

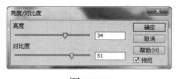

图 13-69

图 13-70

宽和高：在网页中插入图像时，Dreamweaver 会自动在"属性"面板上的"宽"和"高"文本框中显示图像的原始大小。如果需要调整图像的宽度和高度，可以直接在"宽"和"高"文本框中输入相应的数值。

替换：在"替换"文本框中可以输入图像的替换说明文字，在浏览网页时，当该图片因丢失或者其他原因不能正确显示时，在其相应的区域就会显示设置的替换说明文字。

标题：图片的提示信息，在网页中将鼠标停在图片上时会有信息提示。

13.4.4 "插入鼠标经过图像"对话框

鼠标经过图像是一种在浏览器中查看并且鼠标指针经过它时发生变化的图像。鼠标经过图像实际上由两个图像组成：主图像（当首次载入页面时显示的图像）和次图像（当鼠标指针经过主图像时显示的图像）。鼠标经过图像中的这两个图像大小应该相等；如果这两个图像大小不同，Dreamweaver将自动调整次图像的大小匹配主图像的属性。

"插入鼠标经过图像"对话框如图 13-71 所示，各选项的说明如下。

图像名称：在该文本框中默认时会分配一个名称，也可以自己定义图像名称。

原始图像：在该文本框中可以填入页面被打开时显示的图形，或者单击该文本框后的"浏览"按钮，选择一个图像文件作为原始图像。

图 13-71

鼠标经过图像：在该文本框中可以填入鼠标经过时显示的图像，或者单击该文本框后的"浏览"按钮，选择一个图像文件作为鼠标经过图像。

预载鼠标经过图像：选中该选项，则当页面载入时，将同时加载鼠标经过图像文件，以免当鼠标移至该鼠标经过图像上时，又需要重新下载经过时的图像。默认情况下，该复选框被选中。

替换文本：在该文本框中可以输入鼠标经过图像的替换说明文字内容，同图像的"替换"功能相同。

按下时，前往的 URL：在该文本框中可以设置单击该鼠标经过图像时跳转到的链接地址。

13.5 课堂练习——制作图像页面

【练习知识要点】在网页中相应的位置插入图像，并创建 CSS 样式，在"属性"面板中为所插入的图像应用 CSS 样式，效果如图 13-72 所示。

【素材所在位置】光盘\源文件\第 13 章\13-5.html。

【效果所在位置】光盘\最终效果\第 13 章\13-5.html。

图 13-72

13.6 课后习题——制作文本网页

【习题知识要点】打开页面，在页面中相应的位置输入文字内容，注意对文本的换行处理，并在相应的位置插入特殊字符，效果如图 13-73 所示。

【素材所在位置】光盘\源文件\第 13 章\13-6.html。

【效果所在位置】光盘\最终效果\第 13 章\13-6.html。

图 13-73

第**14**章　创建网页链接

本章介绍

一个网站是由多个页面组成的，页面之间就是依靠超链接来确定相互的导航关系。超链接是网页页面中最重要的元素之一，是一个网站的灵魂与核心。网页中的超链接分为文本超级链接、电子邮件超链接、图像超链接和热点超链接等，本章中将向读者介绍如何在 Dreamweaver 中创建各种类型的超链接。

学习目标

- 理解相对路径和绝对路径
- 理解外部链接和内部链接
- 了解链接打开方式
- 掌握创建各种特殊超链接的方法

技能目标

- 掌握"创建文字和图像链接"的方法
- 掌握"创建空链接和下载链接"的方法
- 掌握"创建 Email 链接"的方法

14.1 创建普通超链接

Dreamweaver CC 中的超级链接，根据建立链接的对象有所不同，可以分为文本链接和图像链接两种，图像链接和文本链接都是网页中基本的链接。网页中为文字和图像提供了多种创建链接的方法，而且可以通过对属性的控制，达到很好的视觉效果。

命令介绍

相对路径：相对路径就是相对于当前文件的路径，网页中通常用这种方法表示路径。

绝对路径：绝对路径是指包括服务器规范在内的完全路径，通常使用 http:// 来表示，就是网页上的文件或目录在硬盘上真正的路径，一般常用的绝对路径如 http://www.sina.com.cn 等。

外部链接和内部链接：外部链接是指在"链接"文本框中直接输入所要链接页面的 URL 绝对地址，并且包括所使用的协议。内部链接是指链接站点内部的文件。

链接打开方式：为网页中的图像或文字设置超链接后，可以通过"目标"选项设置该超链接的打开方式。

14.1.1 课堂案例——创建文字和图像链接

【案例学习目标】掌握在网页中为文字和图像设置超链接的方法。

【案例知识要点】选中需要设置超链接的文字或图像，在"属性"面板上的"链接"文本框中可以直接设置超链接，在"目标"下拉列表中可以设置超链接的打开方式，如图 14-1 所示。

【效果所在位置】光盘\最终效果\第 14 章\14-1-1.html。

图 14-1

（1）执行"文件>打开"命令，打开页面"光盘\源文件\第 14 章\14-1-1.html"，如图 14-2 所示。单击选中页面左侧的图片，在"属性"面板中可以看到 "链接"文本框，如图 14-3 所示。

图 14-2

图 14-3

（2）在"链接"文本框中输入链接地址，在"目标"下拉列表中可以设置链接的打开方式，如图 14-4 所示，完成该图片链接的设置。在页面中选中第 1 条新闻标题文字，在"属性"面板中可以看到一个链接文本框，如图 14-5 所示。

（3）单击"链接"文本框后的"浏览文件"按钮，在弹出的"选择文件"对话框中选择需要链接到的 html 页面，如图 14-6 所示。单击"确定"按钮，"链接"文本框中就会显示刚选择页面的路径和名称，在"目标"下拉列表中选择链接的打开方式为_blank，如图 14-7 所示。

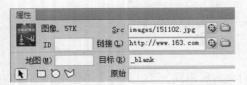

图 14-4

图 14-5

图 14-6

图 14-7

提示：创建文字超链接的操作方法有很多种，除了上面所叙述的方法外，还可以直接在"链接"文本框中输入 html 页面的地址，也可以用鼠标拖动文本框后面的"指向文件"按钮🔘，至"文件"面板中需要链接到的 html 页面，释放鼠标，地址即可插入到文本框中。

（4）单击"属性"面板中的"页面属性"按钮，弹出"页面属性"对话框，在其左侧的"分类"列表中选择"链接（CSS）"选项，设置如图 14-8 所示。单击"确定"按钮，完成"页面属性"对话框的设置，页面中文字超链接的效果如图 14-9 所示。

图 14-8

图 14-9

提示：在网页中文字超链接默认显示为蓝色带有下划线的效果，这样的效果并不能满足网页设计中表现的需要，可以通过在"页面属性"对话框中进行设置对网页中所有的超链接文字外观效果进行控制，也可以通过 CSS 样式分别对网页中不同的文字超链接进行控制。

（5）完成页面中文字与图像链接的设置，执行"文件>保存"命令，保存页面，在浏览器中预览页面，如图 14-10 所示，单击页面中设置了超链接的文字或图像，即可看到链接的效果。

图 14-10

14.1.2 相对路径

相对路径最适合网站的本地链接，只要是属于同一网站之下的，即使不在同一个目录之下，相对路径也比较合适。

如果链接到同一目录下，只需要输入链接文档的名称；要链接到下一级目录中的文件，则需先输入目录名，然后加"/"，再输入文件名；如果要链接到上一级目录中的文件，则先要输入"../"再输入目录名、文件名。

采用相对路径的优点是省略掉对于当前文档和所链接的文档都相同的绝对 URL 部分，而只提供不同的路径部分，且相对路径在搜索引擎中表现良好。通常我们在 Dreamweaver 中制作网页时在网页中插入的图像或在 CSS 样式中设置的背景图像等，使用的大多数路径都是相对路径，如图 14-11 所示。

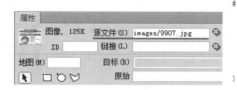

```
#center {
    width: 189px;
    height: 192px;
    background-image: url(../images/bg9902.png);
    background-repeat: no-repeat;
    margin-top: 35px;
    margin-left: 5px;
}
```

图 14-11

14.1.3 绝对路径

采用绝对路径的优点是：它同链接的源端点无关，只要网站的地址不变，无论文档在站点中如何移动都可以正常实现跳转。另外，如果希望链接到其他站点上的内容，就必须使用绝对路径，如图 14-12 所示。

绝对路径也可以出现在尚未保存的网页上，如果在未保存的网页上插入图像或添加链接，Dreamweaver 会暂时使用绝对路径，如图 14-13 所示。当网页保存后，Dreamweaver 会自动将绝对路径转换为相对路径。

图 14-12   图 14-13

提示：被链接文档的完整 URL 就是绝对路径，包括所使用的传输协议，从一个网站的网页链接到另一个网站的页面时，绝对路径是必须使用的，以保证当一个网站的网页发生变化时，被引用的另一个链接还是有效的。

14.1.4 外部链接和内部链接

外部链接是指链接到外部的地址，一般是绝对地址链接。外部链接的链接目标文件不在站点内，而在远程的服务器上，只需在链接栏内输入需链接的网址即可，外部链接可实现网站与网站之间的跳转，从而将浏览范围扩大到整个互联网网络。

内部链接是指站点内部页面之间的链接，其目标端点是本站点中的其他网页或文件，即只在本站点内进行页面跳转。在"链接"文本框中，用户需要输入文档的相对路径，一般使用"指向文件"和"浏览文件"的方式来创建。

14.1.5 超链接打开方式

在"目标"选项的下拉列表中可以选择超链接的打开方式，在该选项下拉列表中包含 5 个选项，如图 14-14 所示。

图 14-14

_blank：将链接的文件载入一个未命名的新浏览器窗口中。

new：将链接的文件载入一个新的浏览器窗口中，如果页面中的其他的链接打开方式同样为 new，则页面中其他链接将在第一个弹出的新窗口中打开而不会再弹出新窗口。

_parent：将链接的文件载入含有该链接的框架的父框架集或父窗口中。如果包含的链接的框架不是嵌套的，链接文件则加载到整个浏览器窗口中。

_self：将链接的文件载入该链接所在的同一框架或窗口中。该目标是默认的，所以通常不需要指定它。

_top：将所链接的文件载入整个浏览器窗口中，会删除所有的框架。

14.2 创建特殊超链接

在网页页面中，除了可以创建文本、图像等基础链接外，还可以在页面中创建特殊的超链接，例如，空链接、脚本链接、电子邮件链接等其他的一些链接方式，本节中将向读者详细介绍其他一些特殊链接形式的创建方法。

命令介绍

空链接：空链接并不会跳转到任何的页面，其作用是有些客户端行为动画需要由超链接来调用，这时就需要使用空链接。

下载链接：下载链接的创建方法与一般的链接创建方法相同，只是所链接的内容不是文字或网页，而是一个文件。

Email 链接：Email 链接是在网页中经常使用的一种特殊链接形式，通过 Email 链接可以实现自动打开客户端默认的电子邮件收发软件，便于用户编写电子邮件。

脚本链接：选中网页中需要设置脚本链接的对象，在"属性"面板上的"链接"文本框中直接输入脚本语句，即可创建脚本链接。

图像热点工具：选中网页中的图像，使用图像热点工具在图像中绘制热点区域，可以在同一张图像上的不同部分创建不同的链接。

14.2.1　课堂案例——创建空链接和下载链接

【案例学习目标】掌握空链接和下载链接的创建方法。

【案例知识要点】选中页面中需要创建空链接的对象，在"属性"面板上的"链接"文本框中输入#即可创建空链接，选中需要创建下载链接的对象，在"属性"面板上的"链接"文本框中设置下载文件的路径和名称，如图 14-15 所示。

图 14-15

【效果所在位置】光盘\最终效果\第 14 章\14-2-1.html。

（1）执行"文件>打开"命令，打开页面"光盘\源文件\第 14 章\14-2-1.html"，如图 14-16 所示。单击选中"开始游戏"图片，在"属性"面板中可以看到"链接"文本框，如图 14-17 所示。

图 14-16

图 14-17

（2）在"属性"面板上的"链接"文本框中输入#，即可为该图片创建空链接，如图 14-18 所示。选中页面中"游戏下载"图片，单击"属性"面板上"链接"文本后的"浏览文件"按钮，如图 14-19 所示。

（3）在弹出的"浏览文件"对话框中选择需要下载的文件，如图 14-20 所示。单击"确定"按钮，即可设置下载链接，如图 14-21 所示。

图 14-18

图 14-19

图 14-20

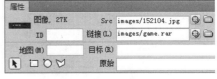

图 14-21

247

（4）完成页面中空链接和下载链接的设置，执行"文件>保存"命令，保存页面，在浏览器中预览页面，单击页面中设置了链接图像，即可看到特殊超链接的效果，如图 14-22 所示。

图 14-22

14.2.2　空链接

所谓空链接，就是没有目标端点的链接，当访问者单击网页中空链接时，将不会打开任何文件。利用空链接，可以激活文档链接对应的对象和文本，一旦对象或文本被激活，就可以为之添加一个行为，以实现当光标移动到链接上时进行切换图像或显示分层等动作。

14.2.3　下载链接

链接到下载文件的方法与链接到网页的方法完全一样。当被链接的文件是 exe 文件或 zip 文件等浏览器不支持的类型时，这些文件会被下载，这就是网页中下载的方法。比如要给页面中的文件或图像添加下载链接，希望用户单击文字或图像后下载相关的文件，这时只需要将文字或图像选中，直接链接到相关的压缩文件就可以了。

14.2.4　课堂案例——创建 Email 链接

【案例学习目标】掌握 Email 链接的创建方法。

【案例知识要点】在网页中选中需要创建 Email 链接的图像，在"属性"面板上的"链接"文本框中输入"mailto:+电子邮件地址"，即可创建 Email 链接，如图 14-23 所示。

【效果所在位置】光盘\最终效果\第 14 章\14-2-4.html。

图 14-23

（1）执行"文件>打开"命令，打开页面"光盘\源文件\第 14 章\14-2-4.html"，如图 14-24 所示。

单击选中页面中的"与我们联系"图像，在"属性"面板上的"链接"文本框中输入语句 mailto:webmaster@qq.com，如图 14-25 所示。

图 14-24　　　　　　　　　　　　　　　　　　　图 14-25

（2）执行"文件>保存"命令，保存页面，在浏览器中预览页面，效果如图 14-26 所示。单击"与我们联系"图像，弹出系统默认的邮件收发软件，如图 14-27 所示。

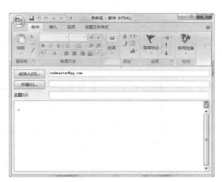

图 14-26　　　　　　　　　　　　　　　　　　　图 14-27

（3）选中刚刚设置 E-mail 链接的图像，在其后面输入"?subject=客服帮助"，如图 14-28 所示。保存页面，在浏览器中预览页面，单击页面中图像，弹出系统默认的邮件收发软件并自动填写邮件主题，如图 14-29 所示。

图 14-28　　　　　　　　　　　　　　　　　　　图 14-29

提示：用户在设置时还可以替浏览者加入邮件的主题。方法是在输入电子邮件地址后面加入"?subject=要输入的主题"的语句，实例中主题可以写"客服中心"，完整的语句为"mailto:webmaster@qq.com?subject=客服帮助"。

14.2.5　电子邮件链接

E-mail 链接是一种特殊的链接，单击这种链接，不是跳转到相应的网页上，也不是下载相应的文件，而是会启动计算机中相应的 E-mail 程序，允许书写电子邮件，然后发往指定的地址。

当使用 E-mail 地址作为超链接的链接目标时，与其他链接目标不同。当用户在浏览器中单击指向电子邮件地址的超链接时，将会打开默认邮件管理器的新邮件窗口，其中会提示用户输入消息并将其传送到指定的地址。

14.2.6　脚本链接

脚本链接是另一种特殊类型的链接，通过单击带有脚本链接的文本或对象，可以运行相应的脚本及函数（JavaScript 和 VBScript 等），从而为浏览者提供许多附加的信息，例如关闭浏览器窗口、验证表单等。

14.2.7　图像热点工具

在网页中，不但可以单击整幅图像跳转到链接文档，也可以单击图像中的不同区域而跳转到不同的链接文档，通常将处于一幅图像上的多个链接区域成为热点，通过图像热点功能，可以在图像中的特定部分建立链接，在单个图像内，可以设置多个不同的链接。

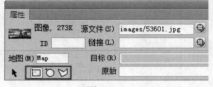

图 14-30

单击选中网页中的图像，在"属性"面板上的左下方可以看到用于创建和移动图像执点的工具，如图 14-30 所示。

矩形热点工具：单击"属性"面板上的"矩形热点工具"按钮□，可以在所选中的图像上绘制矩形热点区域。

圆形热点工具：单击"属性"面板上的"圆形热点工具"按钮○，可以在所选中的图像上绘制正圆形热点区域。

多边形热点工具：单击"属性"面板上的"多边形热点工具"按钮▽，可以在所选中的图像上绘制多边形热点区域。

指针热点工具：单击"属性"面板上的"指针热点工具"按钮，可以在图像上移动热点的位置，改变热点的大小和形状。

> **提示：** 图像热点也可称为图像映像，是在一幅图像中创建的多个链接区域，主要指客户端图像映像。这种技术在客户端实现图像映像，不通过服务器计算，因而减轻了服务器的负担，因此也成为实现图像映像的主流方式。

14.3　课堂练习——创建脚本链接

【练习知识要点】选中网页中相应的图像，在"属性"面板中上的"链接"文本框中输入关闭浏览器窗口的脚本代码，创建脚本链接，如图 14-31 所示。

【素材所在位置】光盘\源文件\第 14 章\14-3.html。

【效果所在位置】光盘\最终效果\第 14 章\14-3.html。

图 14-31

14.4 课后习题——创建图像热点链接

【习题知识要点】选中页面中的图像，单击"属性"面板上的"圆形热点工具"，在图像中相应的位置绘制圆形图像热点区域，选中绘制的热点区域，在"属性"面板上的"链接"文本框中输入链接地址，从而创建图像热点链接，如图 14-32 所示。

【素材所在位置】光盘\源文件\第 14 章\14-4.html。

【效果所在位置】光盘\最终效果\第 14 章\14-4.html。

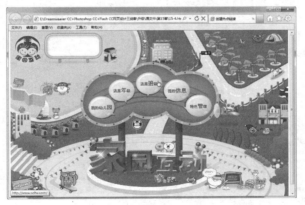

图 14-32

第15章

在网页中运用多媒体元素

本章介绍

在网页中除了可以使用文字和图像元素表达信息外，还可以在网页中插入 Flash 动画、声音和视频等内容，从而丰富网页的效果，使页面变得更加精彩。本章将向读者介绍如何在网页中插入各种多媒体元素。

学习目标

- 掌握 HTML5 Audio 和 HTML5 Video 的使用
- 掌握在网页中插入 Flash 动画的方法
- 掌握在网页中插入 FLV 视频的方法
- 掌握在网页中插入普通视频的方法

技能目标

- 掌握"为网页插入 HTML5 视频和音频"的方法
- 掌握"制作 Flash 网页"的方法
- 掌握"制作 FLV 视频页面"的制作方法
- 掌握"在网页中插入视视"的方法

15.1 HTML5 Audio 和 HTML5 Video

在之前的版本中需要通过插件来插入音频和视频，而且插入的视频还需要通过浏览器安装 Flash 插件才能正常播放。现在 HTML5 中新增了<video>标签和<audio>标签，通过使用这两个标签，可以直接在网页中嵌入视频、音频文件，不需要任何的插件。

命令介绍

HTML5 Video：在 HTML5 中新增了<video>标签，通过使用<video>标签，可以直接在网页中嵌入视频文件，不需要任何的插件。

HTML5 Audio：在 HTML5 中新增了<audio>标签，通过该标签可以在网页中嵌入音频并播放。

15.1.1 课堂案例——为网页插入 HTML5 视频和音频

【案例学习目标】掌握在网页中插入 HTML5 视频和音频。

【案例知识要点】单击"插入"面板"媒体"选项卡中的 HTML5 Video 按钮，和 HTML5 Audio 按钮，在网页中插入 HTML5 视频和音频，在"属性"面板中对相关属性进行设置，如图 15-1 所示。

图 15-1

【效果所在位置】光盘\最终效果\第 15 章\15-1-1.html。

（1）执行"文件>打开"命令，打开页面"光盘\源文件\第 15 章\15-1-1.html"，页面效果如图 15-2 所示。光标移至页面中名为 box 的 Div 中，将多余文字删除，如图 15-3 所示。

图 15-2

图 15-3

（2）单击"插入"面板"媒体"选项卡中的 HTML5 Video 按钮，在该 Div 中插入 HTML5 Video，如图 15-4 所示。选中视图中的视频图标，在"属性"面板上设置相关属性，如图 15-5 所示。

图 15-4

图 15-5

253

（3）转换到 HTML 代码中，可以看到 HTML5 Video 的相关代码，如图 15-6 所示。保存页面，在浏览器中预览页面，可以看到使用 HTML5 所实现的视频播放效果，如图 15-7 所示。

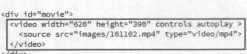

```
<div id="movie">
<video width="620" height="390" controls autoplay >
  <source src="images/161102.mp4" type="video/mp4">
</video>
</div>
```

图 15-6

图 15-7

提示： 视频标签的出现无疑是 HTML5 的一大亮点，但是旧的浏览器不支持 HTML5 Video，并且，涉及到视频文件的格式问题，Firefox、Safari 和 Chrome 的支持方式并不相同，所以，在现阶段要想使用 HTML 5 的视频功能，浏览器兼容性是一个不得不考虑的问题。

（4）返回到设计视图，页面效果如图 15-8 所示。将光标移至页面中名为 video 的 Div 中，将多余文字删除，如图 15-9 所示。

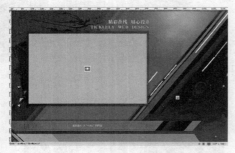

图 15-8

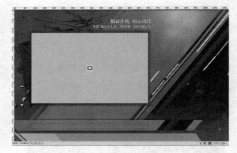

图 15-9

（5）单击"插入"面板"媒体"选项卡中的 HTML5 Audio 按钮，在该 Div 中插入 HTML5 Audio，如图 15-10 所示。选中音频图标，在"属性"面板上设置相关属性，如图 15-11 所示。

图 15-10

图 15-11

（6）转换到 HTML 代码中，可以看到 HTML5 Audio 的相关代码，如图 15-12 所示。执行"文件>保存"命令，保存页面，在浏览器中预览页面，可以看到使用 HTML5 所实现的音频播放效果，如图 15-13 所示。

```
<div id="movie">
  <video width="620" height="390" controls autoplay >
    <source src="images/161102.mp4" type="video/mp4">
  </video>
</div>
<div id="video">
  <audio controls autoplay >
    <source src="images/music.mp3" type="audio/mp3">
  </audio>
</div>
```

图 15-12

图 15-13

15.1.2 插入 HTML5 Audio 并设置属性

单击"插入"面板"媒体"选项卡中的 HTML5 Audio 按钮，如图 15-14 所示。即可在网页中光标所在位置插入 HTML5 音频，所插入的 HTML5 音频以图标的形式显示，如图 15-15 所示。转换到代码视图中，可以看到所插入的 HTML5 音频的 HTML 代码，如图 15-16 所示。

```
<body>
<audio controls></audio>
</body>
```

图 15-14   图 15-15   图 15-16

单击选中刚刚在网页中插入的 HTML5 Audio 图标，在"属性"面板中可以对 HTML5 Audio 的相关属性进行设置，如图 15-17 所示。

图 15-17

ID：该选项用于设置 HTML5 Audio 元素的 id 名称。

Class：在该选项的下拉列表中可以选择相应的类 CSS 样式为其应用。

源：该选项用于设置 HTML5 Audio 元素的源音频文件，可以单击该选项文本框后的"浏览"按钮，在弹出的对话框中选择所需要的音频文件。

Title：该选项用于设置 HTML5 Audio 在浏览器中当鼠标移至该对象上时所显示的提示文字。

回退文本：该选项用于设置当浏览器不支持 HTML5 Audio 元素时所显示的文字内容。

Controls：选中该复选项，可以在网页中显示音频播放控件。

Loop：选中该复选框，可以设置音频重复播放。

Autoplay：选中该复选框，可以在打开网页的同时自动播放音乐。

Muted：选中该复选框，可以设置音频在默认情况下静音。

Preload：该属性用于设置是否在打开网页时自动加载音频，如果选中 Autoplay 复选框，则忽略该选项设置。在该选项的下拉列表中包含 3 个选项，分别是 none、auto 和 metadata。

如果设置 Preload 选项为 none，则当页面加载后不载入音频；如果设置 Preload 选项为 auto，则当页面加载后载入整个音频；如果设置 Preload 选项为 metadata，则当页面加载后只需载入音频元数据。

Alt 源 1：该选项用于设置第 2 个 HTML5 Audio 元素的源音频文件。

Alt 源 2：该选项用于设置第 3 个 HTML5 Audio 元素的源音频文件。

15.1.3　插入 HTML5 Video 并设置属性

单击"插入"面板"媒体"选项卡中的 HTML5 Video 按钮，如图 15-18 所示。即可在网页中光标所在位置插入 HTML5 视频，所插入的 HTML5 视频以图标的形式显示，如图 15-19 所示。转换到代码视图中，可以看到所插入的 HTML5 视频的 HTML 代码，如图 15-20 所示。

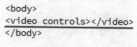

图 15-18　　　　　　　图 15-19　　　　　　　图 15-20

单击选中刚刚在网页中插入的 HTML5 Video 图标，在"属性"面板中可以对 HTML5 Video 的相关属性进行设置，如图 15-21 所示。

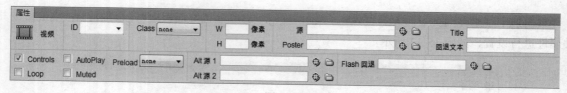

图 15-21

HTML5 Video 的许多属性与 HTML5 Audio 的属性相同，接下来向读者介绍不同的几个属性。

W 和 H：W 属性用于设置 HTML5 Video 的宽度，H 属性用于设置 HTML5 Video 的高度。

Poster：该选项用于设置在视频开始播放之前需要显示的图像，可以单击该选项文本框之后的"浏览"按钮，选择相应的图像设置为视频播放之前所显示的图像。

Flash 回退：该选项用于设置当 HTML5 Video 无法播放时替代的 Flash 动画。

15.2　在网页中插入 Flash 动画

随着 Flash 动画的广泛运用，现在任何一个网站几乎都有 Flash 动画，Flash 动画既可以增强网页的动态画面感，又能够实现交互的功能，本节将向读者介绍如何在网页中插入 Flash 动画。

命令介绍

插入 Flash 动画：在网页中插入 Flash 动画的方法非常简单，在"插入"面板中的"媒体"选项卡中提供了用于插入 Flash 动画的 Flash SWF 按钮。

设置 Flash 属性：在网页中插入 Flash 动画后，选中网页中的 Flash 动画，在"属性"面板中可以设置该 Flash 动画的宽度、高度等属性。

15.2.1 课堂案例——制作 Flash 网页

【案例学习目标】掌握在网页中插入 Flash 动画的方法。

【案例知识要点】单击"插入"面板上的"媒体"选项卡中的 Flash SWF 按钮，在弹出的对话框中选择需要插入的 Flash 动画，即可插入 Flash 动画，如图 15-22 所示。

【效果所在位置】光盘\最终效果\第 15 章\15-2-1.html。

（1）执行"文件>打开"命令，打开页面"光盘\源文件\第15 章\15-2-1.html"，效果如图 15-23 所示。光标移至名为 flash 的 Div 中，将多余的文字删除，单击"插入"面板上的"媒体"选项卡中的 Flash SWF 按钮，如图 15-24 所示。

图 15-22

图 15-23

图 15-24

（2）弹出"选择 SWF"对话框，选择"光盘\源文件\第 15 章\images\index.swf"，如图 15-25 所示。单击"确定"按钮，弹出"对象标签辅助功能属性"对话框，如图 15-26 所示。

图 15-25

图 15-26

提示："对象标签辅助功能属性"对话框用于设置媒体对象辅助功能选项，屏幕阅读器会朗读该对象的标题，对于普通的网站页面，并不需要设置这些选项，可以直接单击"确定"或"取消"按钮。

（3）单击"取消"按钮，将 Flash 动画就插入到了页面中，如图 15-27 所示。完成在页面中插入

Flash 动画，执行"文件>保存"命令，保存页面，在浏览器中预览页面，可以看到网页中 Flash 动画的效果，如图 15-28 所示。

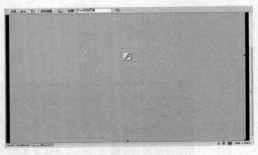

图 15-27

图 15-28

15.2.2　设置 Flash 属性

选中插入到页面中的 Flash SWF 文件，在"属性"面板中可以对 Flash SWF 的相关属性进行设置，如图 15-29 所示。

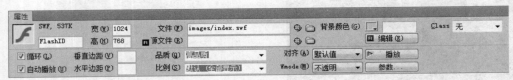

图 15-29

　　循环：选中该选项时，Flash 动画将连续播放；如果没有选择该选项，则 Flash 动画在播放一次后即停止。默认情况下，该选项为选中状态。

　　自动播放：可以设置该 Flash 文件是否在页面加载时就播放。默认情况下，该选项为选中状态。

　　垂直边距：用来设置 Flash 动画上边与其上方元素，以及 Flash 动画下边与其下方元素的距离。

图 15-30　　　　图 15-31

　　水平边距：用来设置 Flash 动画左边与其左方元素，以及 Flash 动画右边与其右方元素的距离。

　　品质：通过该选项可以控制 Flash 动画播放期间的质量。设置越高，Flash 动画的观看效果就越好。但这就要求使用更快的处理器以使 Flash 动画在屏幕上正确显示。在该选项的下拉列表中共有 4 个选项，如图 15-30 所示。

　　比例：在比例下拉列表中可以选择"默认""无边框""严格匹配"3 种，如图 15-31 所示。如果选择"默认"，则 Flash 动画将全部显示，能保证各部分的比例；如果选择"无边框"，则在必要时会漏掉 Flash 动画左右两边的一些内容；如果选择"严格匹配"，则 Flash 动画将全部显示，但比例可能会有所变化。

　　对齐：用来设置 Flash 动画的对齐方式。共有 10 个选项，分别为"默认值""基线""顶端""居中""底部""文本上方""绝对居中""绝对底部""左对齐"和"右对齐"。

　　Wmode：在该属性下拉列表中共有 3 个选项，分别为"窗口""透明""不透明"。为了能够使页面的背景在 Flash 动画下衬托出来，选中 Flash 动画，设置"属性"面板上的"Wmode（M）"属性为"透明"，这样在任何背景下，Flash 动画都能实现透明显示背景的效果。

背景颜色：用来设置 Flash 动画的背景颜色。当 Flash 动画还没被显示时，其所在位置将显示这个颜色。

编辑：单击"编辑"按钮，会自动打开 Flash 软件，可以重新编辑选中的 Flash 动画。

播放：在 Dreamweaver 中可以选择该 Flash 文件，单击"属性"面板上的"播放"按钮，在 Dreamweaver 的设计视图中预览 Flash 动画效果。

参数：单击该按钮，可以弹出"参数"对话框，可以在该对话框中设置需要传递给 Flash 动画的附加参数。注意，Flash 动画必须设置好可以接收这些附加参数。

15.3 在网页中插入 FLV 视频

使用 Dreamweaver CC 和 Flash Video 文件可以快速将视频内容放置在 Web 上，将 Flash Video 文件拖动到 Dreamweaver CC 中可以将视频快速地融入网站的应用程序，本节将向读者介绍如何在网页中插入 FLV 视频。

命令介绍

插入 FLV 视频：单击"插入"面板上的"媒体"选项卡中的 Flash Video 按钮，在弹出的"插入 FLV"对话框中进行设置，即可在网页中插入 FLV 视频。

15.3.1 课堂案例——制作 FLV 视频页面

【案例学习目标】掌握如何在网页中插入 FLV 视频。

【案例知识要点】单击"插入"面板上的"媒体"选项卡中的 Flash Video 按钮，在弹出的"插入 FLV"对话框中进行相应的果设置，在网页中插入 FLV 视频，如图 15-32 所示。

【效果所在位置】光盘\最终效果\第 15 章\15-3-1.html。

（1）执行"文件>打开"命令，打开页面"光盘\源文件\第 15 章\15-3-1.html"，如图 15-33 所示。光标移至名为 box 的 Div 中，将多余文字删除，单击"插入"面板"媒体"选项卡中的 Flash Video 按钮，在弹出的"插入 FLV"对话框中单击"浏览"按钮，如图 15-34 所示。

图 15-32

图 15-33

图 15-34

（2）在弹出"选择 FLV"对话框中选择需要插入的 FLV 视频文件"光盘\源文件\第 15 章\images\movie.flv"，单击"确定"按钮，如图 15-35 所示。在"插入 FLV"对话框中对相关属性进行设置，如

图 15-36 所示。

图 15-35

图 15-36

提示：Flash Video 是随着 Flash 系列产品推出的一种流媒体格式，它的视频采用 Sorenson Media 公司的 Sorenson Spark 视频编码器，音频采用 MP3 编辑。它可以使用 HTTP 服务器或者专门的 Flash Communication Server 流服务器进行流式传送。

（3）单击"确定"按钮，即可在网页中插入 FLV 视频，如图 15-37 所示。完成制作 FLV 视频页面的制作，执行"文件>保存"命令，保存页面，在浏览器中预览页面，可以看到视频播放的效果，如图 15-38 所示。

图 15-37

图 15-38

15.3.2 "插入 FLV 视频"对话框

单击"插入"面板上的"媒体"选项卡中的 Flash Video 按钮，弹出"插入 FLV"对话框，在该对话框中可以浏览到需要插入的 FLV 视频，并且可以对相关选项进行设置，如图 15-39 所示。

视频类型：在该下拉列表中可以选择插入到网页中的 FLV 视频的类型，主要包括两个选项，分别是"累进式下载视频"和"流视频"，如图 15-40 所示。默认情况下，选择"累进式下载视频"选项。

图 15-39

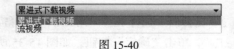

图 15-40

累进式下载视频是指将 FLV 视频文件下载到访问者的硬盘上，然后进行播放。但是，与传统的"下载并播放"视频传送方法不同，累进式下载允许边下载边播放视频。流视频是指对视频内容进行流式处理，并在一段可以确保流畅播放的很短的缓冲时间后在网页上播放该内容。

URL：该选项用于指定 FLV 文件的相对路径或绝对路径。如果要指定相对路径的 FLV 文件，可以单击"浏览"按钮，浏览到 FLV 文件并将其选定。如果要指定绝对路径，可以直接输入 FLV 文件的 URL 地址。

外观：在该选项的下拉列表中可以选择视频组件的外观，在该选项的下拉列表中共包括 9 个选项，如图 15-41 所示。当选择某个选项后，则可以显示该外观效果。

图 15-41

宽度和高度：在"宽度"和"高度"文本框中允许用户以像素为单击指定 FLV 文件的宽度和高度。单击"检测大小"按钮，Dreamweaver 会自动检测 FLV 文件的准确宽度和高度。

自动播放：该选项允许用户设置在 Web 页面打开时是否播放视频。

自动重新播放：该选项允许用户设置在播放控件在视频播放完之后是否返回到起始位置。

15.4 在网页中插入普通视频

在 Dreamweaver CC 中，制作网页时可以将视频直接插入到页面中，不但可以插入 HTML5 视频和 FLV 视频，还可以在网页中插入常见的普通格式的视频文件。

命令介绍

常用的视频格式：并不是所有的视频格式网页都是支持的，所以在网页中插入视频之前必须先了解网页中所支持的常用视频格式。

插件：通过使用"插入"面板上的"媒体"选项卡中的"插件"按钮，可以轻松地在网页中插入视频和音频。

15.4.1 课堂案例——在网页中插入视频

【案例学习目标】学习如何在网页中插入普通视频。

【案例知识要点】单击"插入"面板上的"媒体"选项卡中的"插件"按钮，在弹出的对话框中选择需要插入的视频文件，即可在网页中插入普通视频，效果如图 15-42 所示。

【效果所在位置】光盘\最终效果\第 15 章\15-4-1.html。

（1）执行"文件>打开"命令，打开页面"光盘\源文件\第 15 章\15-4-1.html"，如图 15-43 所示。光标移至名为 box 的 Div 中，将多余文字删除，单击"插入"面板上的"媒体"选项卡中的"插件"按钮，如图 15-44 所示。

图 15-42

（2）弹出"选择文件"对话框，选择需要插入的视频文件"光盘\源文件\第 15 章\images\movie.avi"，如图 15-45 所示。单击"确定"按钮，插入后的视频并不会在设计视图中显示视频内容，而是显示插件图标，如图 15-46 所示。

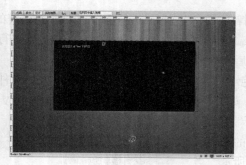

图 15-43

图 15-44

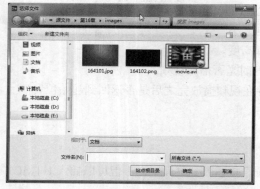

图 15-45

图 15-46

（3）选中刚插入的插件图标，在"属性"面板中设置其"宽"为 573，"高"为 300，效果如图 15-47 所示。单击"属性"面板上的"参数"按钮，弹出"参数"对话框，添加相应的参数设置，如图 15-48 所示。

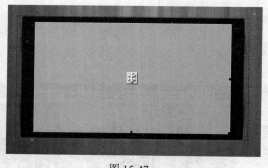

图 15-47

图 15-48

> 提示：设置 autostart 参数的值为 true，则在打开网页的时候就会自动播放所插入的视频文件。设置 loop 参数的值为 true，则在网页中将循环播放所插入的视频文件。

（4）单击"确定"按钮，完成"参数"对话框的设置。执行"文件>保存"命令，保存页面，在浏览器中预览页面，可以看到视频播放的效果，如图 15-49 所示。

> 提示：在网页中通过插件功能插入视频，在浏览器中预览时该视频的播放外观会根据系统中默认的视频播放器的不同而有所不同。

图 15-49

15.4.2　网页中常用视频格式

网页中常用的视频主要包括以下几种格式。

MPEG 或 MPG：中文译为"运动图像专家组"，是一种压缩比率较大的活动图像和声音的视频压缩标准，它也是 VCD 光盘所使用的标准。

AVI：是一种 Microsoft Windows 操作系统使用的多媒体文件格式。

WMV：是一种 Windows 操作系统自带的媒体播放器 Windows Media Player 所使用的多媒体文件格式。

RM：是 Real 公司推广的雨中多媒体文件格式，具有非常好的压缩比率，是网络传播中应用最广泛的格式之一。

MOV：是 Apple 公司推广的一种多媒体文件格式。

15.4.3　在网页中添加背景音乐

在 HTML 语言中提供了<bgsound>标签，该标签就是为了实现在网页中添加背景音乐而提供的，设计者在添加背景音乐时可以将光标移至相应的 Div 中输入该标签并在该标签中输入背景音乐的路径，即可添加背景音乐，非常方便。

15.4.4　网页中支持的音频格式

网页中常用的声音主要包括以下几种格式。

MIDI 或 MID：是 Musical Instrument Digital Interface 的简写，中文译为"乐器数字接口"，是一种乐器的声音格式。它能够被大多数浏览器支持，并且不需要插件。但是尽管其声音品质非常好，但根据浏览者声卡的不同，声音效果也会不同。很小的 MIDI 文件也可以提供较长时间的声音剪辑。MIDI 文件不能被录制并且必须使用特殊硬件和软件在计算机上合成。

WAV：是 Waveform Extension 简写，译为"WAV 扩展名"，这种格式的文件具有较高的声音质量，能够被大多浏览器支持，不需要插件。用户可以使用 CD、磁带、麦克风来录制声音，但文件尺寸通常较大，限制了可以在网页上使用的声音剪辑长度。

AIF 或 AIFF：是 Audio InterchangeFile Format 的简写，译为"音频交换文件格式"这种格式也具有较高的声音质量，和 WAV 相似。

MP3：是 Motion Picture Experts Group Audio 或 MPEG-Audio Layer-3 的简写，译为"运动图像专家组音频"，这是一种压缩格式的声音，可以令声音文件相对与 WAV 格式明显缩小。其声音品质非常好。MP3 技术使用户可以对文件进行"流式处理"，以便浏览者不必等待整个文件下载完成就可以收听该文件。

RA 或 RAM、RP 和 Real Audio：这种格式具有非常高的压缩程度，文件大小要小于 MP3。全部歌曲文件可以在合理的时间范围内下载。因为可以在普通的 Web 服务器上对这些文件进行"流式处理"，所以浏览者在文件没有下载完之前就可以听到声音，前提是浏览者必须下载并安装 RealPlayer 辅助应用程序。

15.5　课堂练习——为网页添加背景音乐

【习题知识要点】在网页代码中添加<bgsound>标签，在该标签中添加 src 属性，通过该属性指定背景音乐的路径和文件名称，添加 loop 属性设置，使音乐重复播放，效果如图 15-50 所示。

【素材所在位置】光盘\源文件\第 15 章\15-5.html。

【效果所在位置】光盘\最终效果\第 15 章\15-5.html。

图 15-50

15.6　课后习题——制作 Flash 欢迎页

【习题知识要点】单击"插入"面板上的"媒体"选项卡中的 Flash SWF 按钮，在弹出的对话框中选择需要插入的 Flash 动画，即可在网页中插入 Flash 动画，效果如图 15-51 所示。

【素材所在位置】光盘\源文件\第 15 章\15-6.html。

【效果所在位置】光盘\最终效果\第 15 章\15-6.html。

图 15-51

第16章

CSS 样式与
Div+CSS 布局

本章介绍

在设计制作网页的过程中，常常需要对页面中元素的位置、大小、背景、风格、间距等进行设置，这些都可以通过 CSS 样式来实现。在 Div+CSS 布局中，最重要的依然是使用 CSS 样式控制网页的外观表现，所以，CSS 样式是网页设计制作中非常重要的技术。本章将向读者介绍 CSS 样式和 Div+CSS 布局的相关知识。

学习目标

● 掌握创建各种选择器 CSS 样式的方法
● 了解 CSS 样式并理解 CSS 样式的写法
● 认识全新的 "CSS 设计器" 面板
● 掌握设置和编辑 CSS 样式的方法
● 理解并掌握 CSS 属性的设置
● 掌握 CSS 样式的特殊用法

技能目标

● 掌握 "创建标签 CSS 样式和类 CSS 样式" 的方法
● 掌握 "创建 ID CSS 样式和复合 CSS 样式" 的方法
● 掌握 "制作图像展示页面" 的方法
● 掌握 "制作网页文本介绍" 的方法
● 掌握 "为网页中的图像添加边框效果" 的方法
● 掌握 "设置网页背景图像" 的方法
● 掌握 "美化新闻列表" 的方法

16.1 创建 CSS 样式

要想在网页中应用 CSS 样式，首先必须创建相应的 CSS 样式，在 Dreamweaver 中创建 CSS 样式的方法有两种，一种是通过"CSS 样式"面板可视化创建 CSS 样式，另一种是手动编写 CSS 样式代码。

命令介绍

通配符 CSS 样式：CSS 的通配符选择器可以使用*作为关键字，*号使用表示所有对象，包含所有不同 id 不同 class 的 HTML 的所有标签。

标签 CSS 样式：HTML 文档是由多个不同的标签组成，CSS 标签选择器可以用来控制标签的应用样式。

类 CSS 样式：如果有两个不同的类别标签都采用了相同的样式，就可以采用类 CSS 样式，注意类名前面有"."号，类名可随意命名。

ID CSS 样式：ID CSS 样式主要用于定义设置特定 ID 名称的元素，通常在一个页面中，ID 名称是不能重复的，所以，所定义的 ID CSS 样式也是特定指向页面中唯一的元素。

复合 CSS 样式：当仅想对某一个对象中的"子"对象进行样式设置时，复合选择器就派上了用场，复合选择器指选择器组合中前一个对象包含后一个对象，对象之间使用空格作为分隔符。

"CSS 设计器"面板：在 Dreamweaver CC 中将 CSS 样式的创建与管理集成在一个全新的"CSS 设计器"面板中，在该面板中可以创建、设置、修改和管理网页中所有的 CSS 样式。

16.1.1 课堂案例——创建标签 CSS 样式和类 CSS 样式

【案例学习目标】掌握创建标签 CSS 样式和类 CSS 样式的方法。

【案例知识要点】通过"CSS 设计器"面板创建标签 CSS 样式，通过"CSS 设计器"面板创建类 CSS 样式，并为网页中相应的文字应用所创建的类 CSS 样式，效果如图 16-1 所示。

【效果所在位置】光盘\最终效果\第 16 章\16-1-1.html。

（1）执行"文件>打开"命令，打开页面"光盘\源文件\第 16 章\16-1-1.html"，效果如图 16-2 所示。打开"CSS 设计器"面板，可以看到定义的 CSS 样式，如图 16-3 所示。

图 16-1

图 16-2

图 16-3

（2）在浏览器中预览该页面，效果如图 16-4 所示。单击"CSS 设计器"面板"选择器"选项区右上角的"添加选择器"按钮 ⚏，在文本框中输入 body，如图 16-5 所示，创建 body 标签的 CSS 样式。

图 16-4

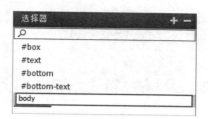

图 16-5

（3）在"属性"选项区中单击"布局"按钮，对相关 CSS 属性进行设置，如图 16-6 所示。在"属性"选项区中单击"文本"按钮，对文本相关的 CSS 属性进行设置，如图 16-7 所示。在"属性"选项区中单击"背景"按钮，对背景相关的 CSS 属性进行设置，如图 16-8 所示。

图 16-6

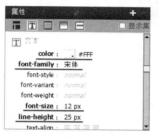

图 16-7

图 16-8

（4）选中"显示集"复选框，在"属性"选项区中可以看到 body 标签 CSS 样式的属性设置，如图 16-9 所示。切换到外部的 CSS 样式表文件中，可以看到 body 标签的 CSS 样式代码，如图 16-10 所示。

图 16-9

```
body {
    font-family: "宋体";
    font-size: 12px;
    color: #FFF;
    line-height: 25px;
    background-color: #000;
    background-image: url(../images/171101.jpg);
    background-repeat: no-repeat;
    background-position: center top;
    margin: 0px;
}
```

图 16-10

（5）返回页面的设计视图，可以看到页面的效果，如图 16-11 所示。单击"CSS 设计器"面板"选择器"选项区右上角的"添加选择器"按钮 ⚏，在文本框中输入.font01，如图 16-12 所示，创建名称为.font01 的类 CSS 样式。

提示： 在新建的类 CSS 样式时，默认的在类 CSS 样式名称前有一个"."。这个"."说明了此 CSS 样式是一个类 CSS 样式（class），根据 CSS 规则，类 CSS 样式（class）可以在一个 HTML 元素中被多次调用。

图 16-11

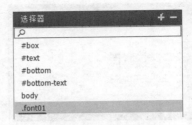

图 16-12

（6）在"属性"选项区中对相关 CSS 属性进行设置，如图 16-13 所示。切换到外部的 CSS 样式表文件中，可以看到名称为 font01 的类 CSS 样式代码，如图 16-14 所示。

图 16-13

图 16-14

（7）返回页面设计视图，选中页面中相应的文字，在"属性"面板上的"类"下拉列表中选择刚创建的名为 font01 的类 CSS 样式应用，如图 16-15 所示。保存页面，在浏览器中预览页面，可以看到页面的效果，如图 16-16 所示。

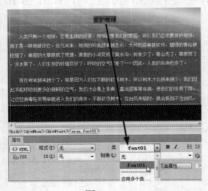

图 16-15

图 16-16

16.1.2 什么是 CSS 样式

CSS 是 Cascading Style Sheets（层叠样式表）的缩写，是一种对 Web 文档添加样式的简单机制，也是一种表现 HTML 或 XML 等文件式样的计算机语言，它的定义是由 W3C 来维护的。

CSS 是网页排版和风格设计的重要工具，在所谓的新式网页里，CSS 是相当重要的一环，CSS 用来弥补 HTML 规格中的不足，也让网页设计更为灵活。也可以这样讲，CSS 是为了帮助简化和整理在使用 HTML 标签制作页面过程中那些繁琐的方式以及杂乱无章的代码而被开发出来的。

16.1.3　CSS 样式的基本写法

一个 CSS 样式的基本写法是由 3 部分组成的：Selector（选择器）、属性（Property）和属性值（Value），一个基本的 CSS 样式写法如下。

CSS 选择器{属性 1:属性值 1; 属性 2:属性值 2; 属性 3:属性值 3;……}

在大括号中，使用属性名和属性值这对参数定义选择器的样式。

16.1.4　CSS 样式的优越性

CSS 样式可以为网页上的元素精确地定位和控制传统的格式属性（如字体、大小和对齐等），还可以设置如位置、特殊效果和鼠标滑过之类的 HTML 属性。

1. 将格式和结构分离

HTML 语言定义了网页的结构和各要素的功能，而 CSS 样式通过将定义结构的部分和定义格式的部分分离，使设计者能够对页面的布局施加更多的控制，同时 HTML 仍可以保持简单明了的初衷。CSS 代码独立出来从另一个角度控制页面外观。

2. 以前所未有的能力控制页面布局

HTML 语言对页面总体上的控制很有限。如精确定位、行间距或字间距等，这些都可以通过 CSS 来完成。

3. 制作体积更小、下载更快的网页

CSS 样式只是简单的文本，就像 HTML 那样。它不需要图像，不需要执行程序，不需要插件。使用 CSS 样式可以减少表格标签及其他加大 HTML 体积的代码，减少图像用量从而减小文件大小。

4. 将许多网页同时更新，比以前更快更容易

没有 CSS 样式时，如果想更新整个站点中所有主体文本的字体，必须一页一页地修改网页。CSS 样式的主旨就是将格式和结构分离。利用 CSS 样式，可以将站点上所有的网页都指向单一的一个 CSS 文件，这样只要修改 CSS 文件中的某一行，整个站点的网站都会随之修改。

5. 浏览器将成为更友好的界面

样式表的代码有很好的兼容性，也就是说，如果用户丢失了某个插件时不会发生中断，或者使用老版本的浏览器时代码不会出现杂乱无章的情况。只要是可以识别 CSS 样式表的浏览器就可以应用它。

16.1.5　课堂案例——创建 ID CSS 样式和复合 CSS 样式

【案例学习目标】掌握创建 ID CSS 样式和复合 CSS 样式的方法。

【案例知识要点】通过"CSS 设计器"面板创建 ID CSS 样式，通过"CSS 设计器"面板创建复合 CSS 样式，如图 16-17 所示。

【效果所在位置】光盘\最终效果\第 16 章\16-1-5.html。

（1）执行"文件>打开"命令，打开页面"光盘\源文件\第 16 章\16-1-5.html"，效果如图 16-18 所示。在状态栏上的标签选择器中单击<div#banner>标签，如图 16-19 所示。

图 16-17

269

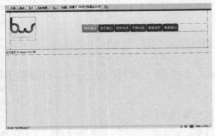

图 16-18   图 16-19

（2）选中 ID 名为 text 的 Div，如图 16-20 所示。单击"CSS 设计器"面板"选择器"选项区右上角的"添加选择器"按钮 ，在文本框中输入#banner，如图 16-21 所示，创建 ID 名称为 banner 的 CSS 样式。

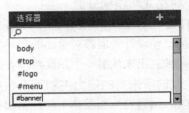

图 16-20   图 16-21

提示：ID 选择器是根据 DOM 文档对象模型原理而出现的选择器类型，对于一个网页而言，其中的每一个标签（或其他对象），均可以使用一个 id=" " 的型式，对 id 属性进行一个名称的指派，id 可以理解为一个标识，在网页中每个 id 名称只能使用一次。ID CSS 样式的命名必须以井号（#）开头，并且可以包含任何字母和数字组合。

（3）在"属性"选项区中对相关 CSS 属性进行设置，如图 16-22 所示。切换到外部的 CSS 样式表文件中，可以看到#banner 的 CSS 样式代码，如图 16-23 所示。

（4）返回页面设计视图，可以看到页面中 ID 名为 banner 的 Div 的效果，如图 16-24 所示。光标移至该 Div 中，将多余文字删除，插入图像"光盘\源文件\第 16 章\images\171514.png"，如图 16-25 所示。

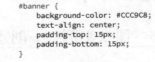

```
#banner {
    background-color: #CCC9C8;
    text-align: center;
    padding-top: 15px;
    padding-bottom: 15px;
}
```

图 16-23

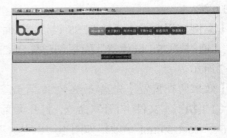

图 16-22   图 16-24

（5）在网页中可以看到导航菜单各菜单项紧靠在一起，如图 16-26 所示。选中包含导航菜单项的 Div，在"属性"面板中可以看到该 Div 的 ID 名称为 menu，如图 16-27 所示。

提示：通过观察可以发现，导航菜单图像都是位于名为 menu 的 Div 中的，所以可以定义一个复合 CSS 样式对名为 menu 的 Div 中的图像起作用。

图 16-25

图 16-26

图 16-27

（6）单击"CSS 设计器"面板"选择器"选项区右上角的"添加选择器"按钮，在文本框中输入#menu img，如图 16-28 所示，该复合 CSS 样式是对 ID 名称为 menu 的 Div 中的 img 标签起作用的。在"属性"选项区中对相关 CSS 属性进行设置，如图 16-29 所示。

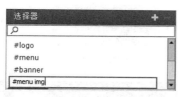

图 16-28

图 16-29

提示：注意，此处所创建的复合 CSS 样式#menu img，仅仅对 ID 名为 menu 的 Div 中的 img 标签起作用，而不会对页面中其他位置的 img 标签起作用。

（7）转换到所链接的外部样式表文件中，可以看到所定义的名#menu img 的复合 CSS 样式代码，如图 16-30 所示。返回页面设计视图，可以看到页面导航菜单的效果，如图 16-31 所示。

```
#menu img {
    margin-left: 13px;
    margin-right: 10px;
}
```

图 16-30

图 16-31

（8）执行"文件>保存"命令，保存页面，在浏览器中预览该页面，效果如图 16-32 所示。

图 16-32

16.1.6 全新的 "CSS 设计器" 面板

"CSS 设计器" 面板中一个 CSS 样式集成化面板，也是 Dreamweaver 中非常重要的面板之一，在该面板中支持可视化的创建与管理网页中的 CSS 样式，在该面板中包括 "源" "@媒体" "选择器" 和 "属性" 4 个部分，每个部分针对 CSS 样式不同的管理与设置操作，如图 16-33 所示。

"CSS 设计器" 面板上的 "源" 选项区用于确定网页使用 CSS 样式的方式，如图 16-34 所示，以确定是使用外部 CSS 样式表文件还是使用内部 CSS 样式。单击 "源" 选项区右上角的 "添加源" 按钮▇▇，在弹出菜单中提供了 3 种定义 CSS 样式的方式，如图 16-35 所示。

在 "CSS 设计器" 面板中的 "源" 选项区中选中一个 CSS 源，"@媒体" 选项区的效果如图 16-36 所示。单击 "@媒体" 选项区右上角的 "添加媒体查询" 按钮▇▇，弹出 "定义媒体查询" 对话框，在该对话框中可以定义媒体查询的条件，如图 16-37 所示。

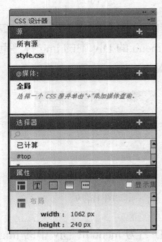

图 16-33

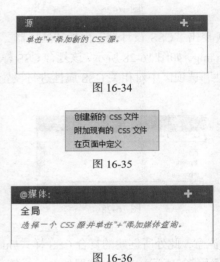

图 16-34

创建新的 CSS 文件
附加现有的 CSS 文件
在页面中定义

图 16-35

图 16-36

> **提示：** 在 "媒体属性" 下拉列表中可以选择需要设置的属性，选择不同的媒体属性，其属性设置的设置方式也不相同。

"CSS 设计器" 面板中的 "选择器" 选项区用于在网页中创建 CSS 样式，如图 16-38 所示。网页中所创建的所有类型的 CSS 样式都会显示在该选项区的列表中，单击 "选择器" 选项区右上角的 "添加选择器" 按钮▇▇，即可在 "选择器" 选项区中出现一个文本框，用于输入所要创建的 CSS 样式的名称，如图 16-39 所示。

> **提示：** 在 "选择器" 选项区中可以创建任意类型的 CSS 选择器，包括通配符选择器、标签选择器、ID 选择器、类选择器、伪类选择器和复合选择器等，这就要求用户需要了解 CSS 样式中各种类型 CSS 选择器的要求与规定。

图 16-37

"CSS 设计器" 面板中的 "属性" 选项区主要用于对 CSS 样式的属性进行设置和编辑，在该选项区中将 CSS 样式属性分为 5 种类型，分别是 "布局" "文本" "边框" "背景" 和 "其他"，如图 16-40

所示。单击不同的按钮，可以快速切换到该类别属性的设置，如图 16-41 所示。

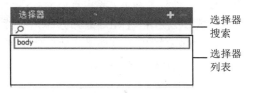

选择器
搜索

选择器
列表

图 16-38   图 16-39

图 16-40   图 16-41

> 提示：CSS 样式中包括众多的属性，CSS 样式属性也是 CSS 样式非常重要的内容，熟练的掌握各种不同类型的 CSS 样式属性，才能够在网页设计制作过程中灵活的进行运用。

16.1.7 编辑 CSS 样式

当一个 CSS 样式创建完毕后，在网站升级维护工作中只需要修改 CSS 样式即可。

在 "CSS 设计器" 面板中的 "选择器" 选项区中，选中需要重新编辑的 CSS 样式，如图 16-42 所示。展开 "属性" 选项区，在该选项区中可以对所选中的 CSS 样式进行重新设置和修改，如图 16-43 所示。

如果希望删除 CSS 样式，可以打开 "CSS 设计器" 面板，在 "选择器" 选项区中选中需要删除的 CSS 样式，单击 "删除选择器" 按钮 ，即可将选中的 CSS 样式删除。

图 16-42   图 16-43

16.2 丰富的 CSS 样式设置

在 Dreamweaver CC 中为了方便初学者的可视化操作，提供了集成的 "CSS 设计器" 面板，在该面板中设置几乎所有的 CSS 样式属性，完成 CSS 样式属性的设置后，Dreamweaver 会自动生成相应的 CSS 样式代码。

命令介绍

布局样式：主要用来定义页面中各元素的位置和属性，如大小和环绕方式等，通过应用 padding（填充）和 margin（边界）属性还可以设置各元素（如图像）水平和垂直方向上的空白区域。

文本样式：文本是网页中最基本的重要元素之一，文本的 CSS 样式设置是经常使用的，也是在网页制作过程中使用频率最高的。

边框样式：通过为网页元素设置边框 CSS 样式，可以对网页元素的边框颜色、粗细和样式进行设置。

背景样式：在使用 HTML 编写的页面中，背景只能使用单一的色彩或利用背景图像水平垂直方向平铺，而通过 CSS 样式可以更加灵活地对背景进行设置。

其他样式：通过 CSS 样式对列表进行设置，可以设置出非常丰富的列表效果。

16.2.1　课堂案例——制作图像展示页面

【案例学习目标】掌握布局相关 CSS 样式属性的设置。

【案例知识要点】在 Div 中插入图像，创建该 Div 的 ID CSS 样式，在该 CSS 样式中通过布局 CSS 样式的设置控制该 Div 的宽度、高度以及在页面中的位置，如图 16-44 所示。

【效果所在位置】光盘\最终效果\第 16 章\16-2-1.html。

（1）执行"文件>打开"命令，打开页面"光盘\源文件\第 16 章\16-2-1.html"，效果如图 16-45 所示。光标

图 16-44

移至名为 top 的 Div 中，将多余文字删除，插入图像"光盘\源文件\第 16 章\images\172101.jpg"，如图 16-46 所示。

图 16-45

图 16-46

（2）单击"CSS 设计器"面板"选择器"选项区右上角的"添加选择器"按钮，在文本框中输入#top，如图 16-47 所示，创建 ID 名称为 top 的 CSS 样式。在"属性"选项区中单击"布局"按钮，对相关 CSS 属性进行设置，如图 16-48 所示。

（3）转换到所链接的外部样式表文件中，可以看到所定义的名#top 的 ID CSS 样式代码，如图 16-49 所示。返回页面设计视图，可以看到页面的效果，如图 16-50 所示。

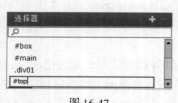

图 16-47

图 16-48

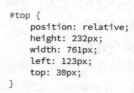

图 16-49

（4）执行"文件>保存"命令，保存页面，在浏览器中预览该页面，效果如图 16-51 所示。

图 16-50

图 16-51

16.2.2　布局样式详解

在"CSS 设计器"面板中的"属性"选项区中单击"布局"按钮，在"属性"选项区中可以对布局相关 CSS 属性进行设置，如图 16-52 所示。

图 16-52

width：该属性用于设置元素的宽度，默认为 auto。

height：该属性用于设置元素的高度，默认为 auto。

min-width 和 min-height：这两个属性是 CSS3.0 新增属性，分别用于设置元素的最小宽度和最小高度。

max-width 和 max-height：这两个属性是 CSS3.0 新增属性，分别用于设置元素的最大宽度和最大高度。

margin：该属性用于设置元素的边界，如果对象设置了边框，margin 是边框外侧的空白区域。可以在下面对应的 top、right、bottom 和 left 各选项中设置具体的数值和单位。如果单击该属性下方的"单击更改特定属性"按钮，可以分别对 top、right、bottom 和 left 选项设置不同的值。

padding：该属性用于设置元素的填充，如果对象设置了边框，则 padding 指的是边框和其中内容之间的空白区域。用法与 margin 属性的用法相同。

position：该属性用于设置元素的定位方式，包括 static（静态）、absolute（绝对）、fixed（固定）和 relative（相对）4 个选项，如图 16-53 所示。

static 是元素定位的默认方式，无特殊定位。

absolute 表示绝对定位，此时父元素的左上角的顶点为元素定位时的原点。在 position 选项下的 top、right、bottom 和 left 选项中进行设置，可以控制元素相对于原点的位置。

fixed 表示固定定位，当用户滚动页面时，该元素将在所设置的位置保持不变。

relative 表示相对定位，在 position 选项下的 top、right、bottom 和 left 选项中进行设置，都是相对于元素原来在网页中的位置进行的设置。

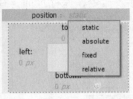

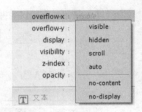

图 16-53　　　　　　　　　图 16-54

float：该属性用于设置元素的浮动定位，float 实际上是指文字等对象的环绕效果，有 left、right 和 none 3 个选项。

clear：该属性用于设置元素清除浮动，在该选项后有 left、right、both 和 none 4 个选项。

overflow-x 和 overflow-y：这两个属性分别用于设置元素内容溢出在水平方向和在垂直方向上的处理方式，可以在选项后的属性值列表中选择相应的属性值，如图 16-54 所示。

display：该属性用于设置是否显示以及如何显示元素。

visibility：该属性用于设置元素的可见性，在属性值列表中包括 inherit（继承）、visible（可见）和 hidden（隐藏）3 个选项。如果不指定可见性属性，则默认情况下将继承父级元素的属性设置。

z-index：用该属性用于设置元素的先后顺序和覆盖关系。

opacity：该属性是 CSS3.0 新增属性，用于设置元素的不透明度。

16.2.3　课堂案例——制作网页文本介绍

【案例学习目标】掌握文本相应 CSS 属性的设置。

【案例知识要点】在页面相应的 Div 中输入段落文本，创建复合 CSS 样式对刚输入的段落文本效果进行控制，创建类 CSS 样式，对部分文字效果进行控制，如图 16-55 所示。

【效果所在位置】光盘\最终效果\第 16 章\16-2-3.html。

（1）执行"文件>打开"命令，打开页面"光盘\源文件\第 16 章\16-2-3.html"，效果如图 16-56 所示。光标移至 ID 名为 text 的 Div 中，将多余文字删除，输入段落文本，如图 16-57 所示。

图 16-55

图 16-56

图 16-57

（2）转换到代码视图中，可以看到所输入的段落文本被<p>标签包围，如图 16-58 所示。返回设计视图，单击"CSS 设计器"面板"选择器"选项区右上角的"添加选择器"按钮，在文本框中输入

#text p，如图 16-59 所示，该复合 CSS 样式是对 ID 名称为 text 的 Div 中的 p 标签起作用的。

（3）在"属性"选项区中单击"文本"按钮，对相关 CSS 属性进行设置，如图 16-60 所示。转换到所链接的样式表文件中，可以看到名为#text p 的复合 CSS 样式代码，如图 16-61 所示。

图 16-58   图 16-59   图 16-60

（4）返回页面设计视图，可以看到页面的效果，如图 16-62 所示。单击"CSS 设计器"面板"选择器"选项区右上角的"添加选择器"按钮 ，在文本框中输入.font01，如图 16-63 所示，创建名称为 font01 的类 CSS 样式。

```
#text p {
    color: #FFF;
    line-height: 23px;
    text-indent: 24px;
}
```

图 16-61   图 16-62   图 16-63

（5）在"属性"选项区中单击"文本"按钮，对相关 CSS 属性进行设置，如图 16-64 所示。转换到所链接的样式表文件中，可以看到名为.font01 的类 CSS 样式代码，如图 16-65 所示。

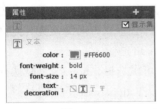

```
.font01 {
    color: #FF6600;
    font-weight: bold;
    font-size: 14px;
    text-decoration: underline;
}
```

图 16-64   图 16-65   图 16-66

（6）返回页面设计视图，选中相应的文字，在"属性"面板上的"类"下拉列表中选择刚定义的 font01 类 CSS 样式应用，如图 16-66 所示。执行"文件>保存"命令，保存页面，在浏览器中预览该页面，效果如图 16-67 所示。

图 16-67

16.2.4　文本样式详解

在"CSS 设计器"面板中的"属性"选项区中单击"文本"按钮，在"属性"选项区中将显示文本相关的 CSS 属性，如图 16-68 所示。

color：该属性用于设置文字颜色，单击"设置颜色"按钮 可以为字体设置颜色。

font-family：该属性用户设置字体，可以选择默认预设的字体组合，也可以输入相应的字体名称。

font-style：该属性用于设置字体样式，在该下拉列表框中可以选择文字的样式，如图 16-69 所示。

其中 normal 正常表示浏览器显示一个标准的字体样式，italic 表示显示一个斜体的字体样式，oblique 表示显示一个倾斜的字体样式。

图 16-68

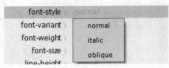

图 16-69

font-variant：该下拉列表中主要是针对英文字体的设置，normal 表示浏览器显示一个标准的字体，small-caps 表示浏览器会显示小型大写字母的字体。

font-weight：在该下拉列表中可以设置字体的粗细，也可以设置具体的数值。

font-size：在该处单击可以首先选择字体的单位，随后输入字体的大小值。

line-height：该属性用于设置文本行的高度。

text-align：该属性用于设置文本的对齐方式，有 left（左对齐）、center（居中对齐）、right（右对齐）和 justify（两端对齐）4 个选项。

text-decoration：该属性用于设置文字修饰，提供了 4 种修饰效果供选择。单击"none（无）"按钮，则文字不发生任何修饰；单击"underline（下划线）"按钮，可以为文字添加下划线；单击"overline（上划线）"按钮，可以为文字添加上划线；单击"line-through（删除线）"按钮，可以为文字添加删除线。

text-indent：该属性用于设置段落文本的首行缩进。

text-shadow：该属性是 CSS3.0 中的新增属性，用于设置文本阴影效果。h-shadow 主要是设置文本阴影在水平方向的位置，允许使用负值；v-shadow 主要是设置文本阴影在垂直方向的位置，允许使用负值；blur 主要是设置文本阴影的模糊距离；color 主要是设置文本阴影的颜色。

text-transform：该属性用于设置英文字体大小写，提供了 4 种样式可供选择，none 是默认样式定义标准样式，capitalize 按钮是将文本中的每个单词都以大写字母开头，uppercase 按钮是将文本中字母全部大写，lowercase 按钮是将文本中的字母全部小写。

letter-spacing：该属性可以设置英文字母之间的距离，也可以设置数值和单位相结合的形式。可使用正值来增加字母间距，使用负值来减少字母间距。

word-spacing：该属性可以设置英文单词之间的距离，还可以设置数值和单位相结合的形式。可使用正值来增加单词间距，使用负值来减少单词间距。

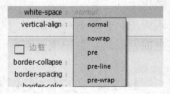

图 16-70

white-space：该选项可以对源代码文字空格进行控制，有 5 种选项，如图 16-70 所示。

vertical-align：该选项列表用于设置对象的垂直对齐方式，包括 baseline（基线）、sub（下标）、super（上标）、top（顶部）、text-top（文本顶对齐）、middle（中线对齐）、bottom（底部）、text-bottom（文本底对齐）以及自定义的数值和单位相结合的形式。

16.2.5　课堂案例——为网页中的图像添加边框效果

【案例学习目标】掌握边框相应 CSS 属性的设置。

【案例知识要点】创建类 CSS 样式，在该类 CSS 样式中定义边框相应的 CSS 属性，为网页中相应的图像应用类 CSS 样式，可以看到图像边框的效果，如图 16-71 所示。

【效果所在位置】光盘\最终效果\第 16 章\16-2-5.html。

（1）执行"文件>打开"命令，打开页面"光盘\源文件\第 16 章\16-2-5.html"，效果如图 16-72 所示。单击"CSS 设计器"面板"选择器"选项区右上角的"添加选择器"按钮，在文本框中输入.border01，如图 16-73 所示，创建名称为 border01 的类 CSS 样式。

图 16-71

图 16-72

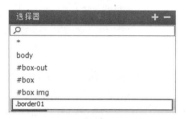

图 16-73

（2）在"属性"选项区中单击"边框"按钮，对相关 CSS 属性进行设置，如图 16-74 所示。转换到所链接的样式表文件中，可以看到名为.border01 的复合 CSS 样式代码，如图 16-75 所示。

（3）返回页面设计视图，选中相应的图像，在"属性"面板上的 Class 下拉列表中选择刚定义的 border01 类 CSS 样式应用，如图 16-76 所示。使用相同的制作方法，可以创建出名称为.border02 和.border03 的类 CSS 样式，如图 16-77 所示。

图 16-74

```
.border01 {
    border: 10px solid #FFFFFF;
}
```

图 16-75

图 16-76

（4）返回页面设计视图，为网页中相应的图像应用刚创建的类 CSS 样式，如图 16-78 所示。执行"文件>保存"命令，保存页面，在浏览器中预览该页面，效果如图 16-79 所示。

```
.border02 {
    border: 10px dashed #666;
}
.border03 {
    border: 10px groove #666;
}
```

图 16-77

图 16-78

图 16-79

16.2.6　边框样式详解

在"CSS 设计器"面板中的"属性"选项区中单击"边框"按钮，在"属性"选项区中将显示边框相关的 CSS 属性，如图 16-80 所示。

图 16-80

border-collapse：该属性用于设置边框是否合成单一的边框，collapse按钮是合并单一的边框，separate是分开边框，默认为分开。

border-spacing：该属性用于设置相邻边框之间的距离，前提是 border-collapse:separate;，第一个选项值表示垂直间距，第二个选项值表示水平间距。

border-color：该属性用于设置上、右、下和左 4 边边框的颜色，也可以通过 border-top-color、border-right-color、border-bottom-color 和 border-left-color 分别设置 4 边的边框为不同的颜色。

border-width：该属性用于设置上、右、下和左 4 边边框的宽度，也可以通过 border-top-width、border-right-width、border-bottom-width 和 border-left-width 分别设置 4 边的边框为不同的宽度。

border-style：该属性用于设置上、右、下和左 4 边边框的样式，样式分别有 none（无）、dotted（点划线）、dashed（虚线）、solid（实线）、double（双线）、groove（槽状）、ridge（脊状）、inset（凹陷）、outset（凸出），也可以通过 border-top-style、border-right-style、border-bottom-style 和 border-left-style 分别设置 4 边的边框为不同的样式。

border-radius：该属性是 CSS3.0 中的新增属性，用于设置圆角边框效果。

16.2.7　课堂案例——设置网页背景图像

【案例学习目标】掌握背景相应 CSS 样式的设置。

【案例知识要点】在"CSS 设计器"面板中找到相应的 CSS 样式，在"属性"选项区中添加有关背景的相关 CSS 属性设置，如图 16-81 所示。

【效果所在位置】光盘\最终效果\第 16 章\16-2-7.html。

（1）执行"文件>打开"命令，打开页面"光盘\源文件\第 16 章\16-2-7.html"，效果如图 16-82 所示。在"CSS 设计器"面板中的"选择器"选项区中找到 body 标签的 CSS 样式，如图 16-83 所示。

图 16-81

图 16-82 　　　　　　　　　　　　　　　　　　图 16-83

（2）在"属性"选项区中单击"背景"按钮，对相关 CSS 属性进行设置，如图 16-84 所示。转换到所链接的样式表文件中，可以看到名为 body 标签的 CSS 样式代码，如图 16-85 所示。

```
body {
    font-size: 12px;
    color: #5a5a5a;
    line-height: 25px;
    background-image: url(../images/172701.jpg);
    background-repeat: repeat-x;
}
```

图 16-84 　　　　　　　　　　　　　　　　　图 16-85

（3）返回页面设计视图，可以看到页面背景的效果，如图 16-86 所示。在"CSS 设计器"面板中的"选择器"选项区中找到名为#bg 的 ID CSS 样式，如图 16-87 所示。

图 16-86 　　　　　　　　　　　　　　　　　　图 16-87

（4）在"属性"选项区中单击"背景"按钮，对相关 CSS 属性进行设置，如图 16-88 所示。转换到所链接的样式表文件中，可以看到名为#bg 的 ID CSS 样式代码，如图 16-89 所示。

```
#bg {
    width: 100%;
    height: 768px;
    background-image: url(../images/172702.png);
    background-repeat: no-repeat;
    background-position: right top;
}
```

图 16-88 　　　　　　　　　　　　　　　　　图 16-89

（5）返回页面设计视图，可以看到所设置的背景图像的效果，如图 16-90 所示。执行"文件>保存"命令，保存页面，在浏览器中预览该页面，效果如图 16-91 所示。

图 16-90   图 16-91

16.2.8　背景样式详解

在"CSS 设计器"面板中的"属性"选项区中单击"背景"按钮，在"属性"选项区中显示背景相关的 CSS 属性，如图 16-92 所示。

background-color：该属性用于设置页面元素的背景颜色值。

background-image：该属性用于设置元素的背景图像，在 url 的文本框后可以直接输入背景图像的路径，也可以单击"浏览"按钮，浏览到需要的背景图像。

gradient：该属性是 CSS3.0 的新增属性，主要用于填充 HTML5 中绘图的渐变色。

图 16-92

background-position：该属性用于设置背景图像在页面水平和垂直方向上的位置。水平方向上可以是 left（左对齐）、right（右对齐）和 center（居中对齐），垂直方向上可以是 top（上对齐）、bottom（底对齐）和 center（居中对齐），还可以设置数值与单位相结合表示背景图像的位置。

background-size/clip/origin：这 3 个属性为 CSS3.0 的新增属性，分别用于设置背景图像的尺寸、定位区域和绘制区域。

background-repeat：该属性用于设置背景图像的平铺方式。该属性提供了 4 种重复方式，分别为repeat，设置背景图像可以在水平和垂直方向平铺；repeat-x，设置背景图像只在水平方向平铺；repeat-y，设置背景图像只在垂直方向平铺；no-repeat，设置背景图像不平铺，只显示一次。

background-attachment：如果以图像作为背景，可以设置背景图像是否随着页面一同滚动，在该下拉列表中可以选择 fixed（固定）或 scroll（滚动），默认为背景图像随着页面一同滚动。

box-shadow：该属性是 CSS3.0 中的新增属性，为元素添加阴影。h-shadow 属性设置水平阴影的位置，v-shadow 设置垂直阴影的位置，blur 设置阴影的模糊距离，spread 设置阴影的尺寸，color 设置阴影的颜色，inset 将外部投影设置为内部投影。

16.2.9 课堂案例——美化新闻列表

【案例学习目标】掌握列表相应 CSS 样式的设置。

【案例知识要点】创建复合 CSS 样式，对指定的 Div 中的 li 标签进行设置，通过 CSS 样式设置该部分新闻列表的效果，如图 16-93 所示。

图 16-93

【效果所在位置】光盘\最终效果\第 16 章\16-2-9.html。

（1）执行“文件>打开”命令，打开页面“光盘\源文件\第 16 章\16-2-9.html”，效果如图 16-94 所示。转换到代码视图中，可以看到页面中新闻列表部分的代码，如图 16-95 所示。

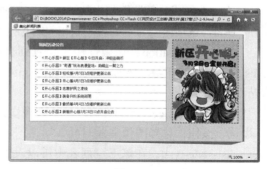

图 16-94

```
<div class="border01" id="news">
  <ul>
    <li>《开心乐园》新区【开心服】今日开启，冲级送萌币</li>
    <li>《开心乐园》&ldquo;奇遇&rdquo;玩法浪漫登场，助萌主一臂之力</li>
    <li>【开心乐园】轻松服4月5日2点维护更新公告</li>
    <li>【开心乐园】开心服4月5日2点维护更新公告</li>
    <li>【开心乐园】忠君护民之凌统</li>
    <li>【开心乐园】装备升阶系统说明</li>
    <li>【开心乐园】傲娇服4月4日2点维护更新公告</li>
    <li>【开心乐园】新服开心服3月28日10点开启公告</li>
  </ul>
</div>
```

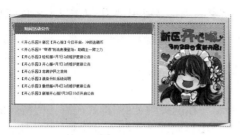

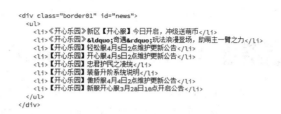

图 16-95

（2）单击“CSS 设计器”面板“选择器”选项区右上角的“添加选择器”按钮，在文本框中输入#news li，如图 16-96 所示，该复合 CSS 样式是对 ID 名称为 news 的 Div 中的 li 标签起作用的。在“属性”选项区中单击“其他”按钮，对相关 CSS 属性进行设置，如图 16-97 所示。

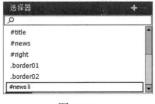

图 16-96

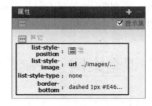

图 16-97

（3）转换到所链接的样式表文件中，可以看到名为#news li 的复合 CSS 样式代码，如图 16-98 所示。返回页面设计视图，执行“文件>保存”命令，保存页面，在浏览器中预览该页面，效果如图 16-99 所示。

```
#news li {
    list-style-type: none;
    list-style-image: url(../images/172904.gif);
    list-style-position: inside;
    border-bottom: dashed 1px #E46B1A;
}
```

图 16-98

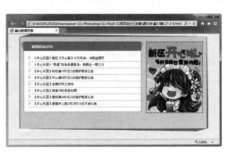

图 16-99

16.2.10　其他样式详解

在"CSS 设计器"面板中的"属性"选项区中单击"其他"按钮，在"属性"选项区中显示列表控制相关的 CSS 属性，如图 16-100 所示。

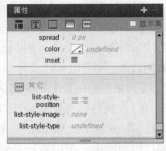

list-style-position：该属性用于设置列表项目缩进的程度。单击 inside（内）按钮▤，则列表缩进；单击 outside（外）按钮▤，则列表贴近左侧边框。

list-style-image：该属性可以选择图像作为项目的引导符号，单击"浏览"按钮，选择图像文件即可。

list-style-type：在该下拉列表中可以设置引导列表项目的符号类型。可以选择 disc（圆点）、circle（圆圈）、square（方块）、decimal

图 16-100

（数字）、lower-roman（小写罗马数字）、upper-roman（大写罗马数字）、lower-alpha（小写字母）、upper-alpha（大写字母）和 none（无）等多个常用选项。

16.3　CSS 样式的特殊应用

前面对 CSS 样式的创建、设置和编辑等操作进行了介绍，在网页中 CSS 样式还有一些特殊的应用，例如可以多个 CSS 样式应用于同一页面元素等，在本节中将向读者介绍有关 CSS 类选区、Web 字体和 Adobe Edge Web Fonts 的功能。

命令介绍

CSS 类选区：CSS 类选区的作用是将多个类 CSS 样式应用于页面中的同一个元素，操作起来很方便。

Web 字体：通过使用 Web 字体功能，用户可以在网页中添加特殊字体，并通过所添加的特殊字体实现网页中的特殊字体效果。

16.3.1　课堂案例——制作游戏网站新闻

【案例学习目标】理解并掌握 CSS 类选区的使用方法。

【案例知识要点】创建两个类 CSS 样式，这两个类 CSS 样式中的属性设置是完全不同的，将两个类 CSS 样式同时应用于页面中同一元素，如图 16-101 所示。

【效果所在位置】光盘\最终效果\第 16 章\16-3-1.html。

图 16-101

（1）执行“文件>打开”命令，打开页面“光盘\源文件\第 16 章\16-3-1.html”，如图 16-102 所示。转换到该网页所链接的外部 CSS 样式文件中，创建两个类 CSS 样式，如图 16-103 所示。

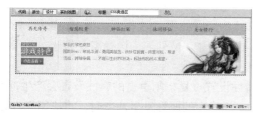

图 16-102

```
.font01 {
    font-family: "微软雅黑";
    font-size: 14px;
    line-height: 35px;
    font-weight: bold;
}
.border01 {
    border-bottom-width: 1px;
    border-bottom-style: dashed;
    border-bottom-color: #069;
}
```

图 16-103

（2）在网页中选中需要应用类 CSS 样式的文字，如图 16-104 所示。在“属性”面板上的“类”下拉列表中选择“应用多个类”选项，如图 16-105 所示。

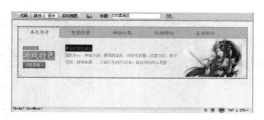

图 16-104

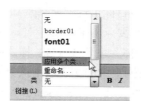

图 16-105

（3）弹出“多类选区”对话框，选中需要同时应用的多个类 CSS 样式，如图 16-106 所示。单击“确定”按钮，即可将选中的多个类的 CSS 样式应用于所选中的文字，如图 16-107 所示。

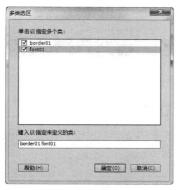

图 16-106

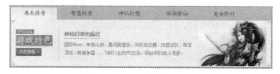

图 16-107

（4）转换到代码视图中，可以看到为刚选中的文字应用多个类的 CSS 样式的代码效果，如图 16-108 所示。保存页面，在浏览器中预览页面，效果如图 16-109 所示。

```
<body>
<div id="box"> <span class="border01 font01">神仙打架也疯狂
</span><br>
围殴Boss、单挑斗剑、勇闯英雄岛、锁妖塔封魔、阵营对抗、帮派
混战、跨服争霸……不断衍生的PK玩法，释放你的战斗渴望。</div>
        </body>
```

图 16-108

图 16-109

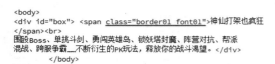

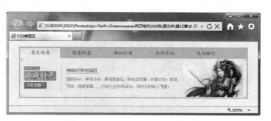

16.3.2　CSS 类选区

在"多类选区"对话框中将显示当前页面的 CSS 样式中所有的类 CSS 样式，而 ID 样式、标签样式、复合样式等其他的 CSS 样式并不会显示在该对话框的列表中，从列表中选择需要为选中元素应用的多个类 CSS 样式即可。

注意，如果同时应用的多个类 CSS 样式中有部分属性设置重复，则重复的属性设置会产生冲突，应用类 CSS 样式有一个靠近原则，即当两个或多个 CSS 样式中的属性发生冲突时，将应用靠近元素的 CSS 样式中的属性。

16.3.3　课堂案例——在网页中实现特殊字体效果

【案例学习目标】理解并掌握 Web 字体的使用方法。

【案例知识要点】在"管理字体"对话框中添加需要使用的外部特殊字体，创建类 CSS 样式并设置字体为所添加的 Web 字体，为网页中的文字应用该类 CSS 样式，可以看到使用 Web 字体的效果，如图 16-110 所示。

【效果所在位置】光盘\最终效果\第 16 章\16-3-3.html。

图 16-110

（1）执行"文件>打开"命令，打开页面"光盘\源文件\第 16 章\16-3-3.html"，效果如图 16-111 所示。在"CSS 设计器"面板中单击"选择器"选项区右上角的"添加选择器"按钮 ，在文本框中输入.font01，创建名称为 font01 的类 CSS 样式，如图 16-112 所示。

图 16-111

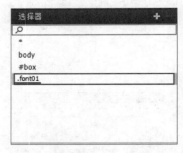

图 16-112

（2）在"属性"选项区中的 font-family 下拉列表中选择"管理字体"选项，如图 16-113 所示。弹出"管理字体"对话框，切换至"本地 Web 字体"选项卡中，如图 16-114 所示。

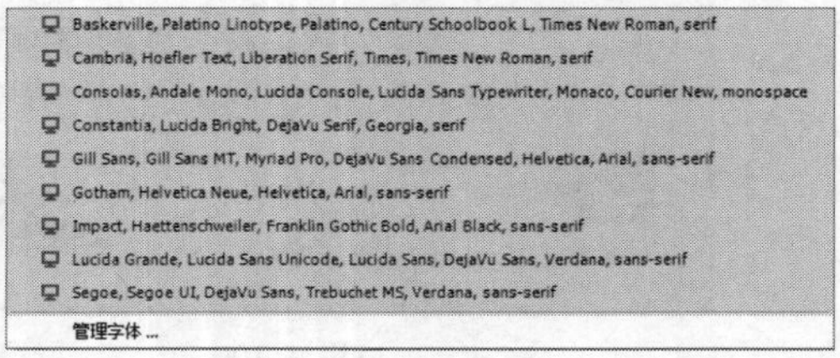

图 16-114

图 16-113

提示： 在 "本地 Web 字体" 选项卡中，可以添加 4 种格式的字体文件，分别单击各字体格式选项后的 "浏览" 按钮，即可添加相应格式的字体。

（3）单击 "TTF 字体" 选项后的 "浏览" 按钮，弹出 "打开" 对话框，选择需要添加的字体，如图 16-115 所示。单击 "打开" 按钮，添加该字体，选中相应的复选框，如图 16-116 所示。

图 16-115 图 16-116

（4）单击 "添加" 按钮，可将所选择的字体添加到 "本地 Web 字体的当前列表" 中，如图 16-117 所示。单击 "完成" 按钮，即可完成 Web 字体的添加。在 font-family 下拉列表中选择刚定义的 Web 字体，如图 16-118 所示。

图 16-117 图 16-118

（5）转换到该文件所链接的外部 CSS 样式文件中，可以在页面头部看到所添加代码，如图 16-119 所示。返回 Dreamweaver 设计视图中，在 "CSS 设计器" 面板中的 "属性" 选项区中对相关 CSS 属性进行设置，如图 16-120 所示。

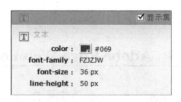

图 16-119 图 16-120

（6）选中相应的文字，在 "属性" 面板上的 "类" 下拉列表中选择刚定义的名为 font01 的类 CSS 样式应用，如图 16-121 所示。保存页面，在浏览器中预览页面，可以看到使用 Web 字体的效果，如图 16-122 所示。

图 16-121

图 16-122

（7）使用相同的制作方法，在"管理字体"面板中添加另一种 Web 字体，如图 16-123 所示。创建相应的类 CSS 样式，并为页面中相应的文字应用该类 CSS 样式。保存页面，在 Chrome 浏览器中预览页面，可以看到使用 Web 字体的效果，如图 16-124 所示。

图 16-123

图 16-124

> **提示：** 目前，对于 Web 字体的应用很多浏览器的支持方式并不完全相同，例如，IE11 就并不支持 Web 字体，所以，目前在网页中还是要尽量少用 Web 字体，并且如果在网页中使用的 Web 字体过多，会导致网页下载时间过长。

16.3.4　Web 字体

以前在网页中想要使用特殊的字体实现特殊的文字效果，只能是通过图片的方式来实现，非常麻烦也不利于修改。Web 字体是从 Dreamweaver CS6 开始加入的新功能，通过使用 Web 字体，用户可以在 Dreamweaver 中加载特殊的字体，并在网页中使用这种特殊字体，从而在网页中实现特殊文字的效果。

16.3.5　Adobe Edge Web Fonts

Adobe Edge Web Fonts 功能是 Dreamweaver CC 新增的功能，该功能同样是为了解决网页中字体过于单一，不能使用特殊字体而添加的功能。在 Adobe Edge Web Fonts 中预置了多种不同的特殊字体效果，用户可以在制作网页的过程中通过提供的特殊字体在网页中实现特殊的字体效果。

Adobe Edge Web Fonts 功能的使用方法与 Web 字体的使用方法非常相似，读者可以自己动手试一试。

16.4 Div+CSS 布局

Div 与其他 HTML 标签一样，是一个 HTML 所支持的普通标签，在使用时也是同样以<div></div>的形式出现。通过使用 Div 标签将网页中某一区域标识出来，再通过 CSS 样式对该区域的外观效果进行设置，这就是 Div+CSS 布局，也称为 CSS 布局。

命令介绍

盒模型：盒模型是 Div+CSS 布局页面时一个重要的概念。只有很好地掌握了盒模型以及其中每个元素的用法，才能真正地控制页面中各个元素的位置。

margin 属性：用于设置页面中元素和元素之间的距离，即定义元素周围的空间范围。

padding 属性：可以通过设置 padding 属性定义内容与边框之间的距离，即内边距。

border 属性：该属性是内边距和外边距的分界线，可以分离不同的 HTML 元素，border 的外边是元素的最外围。在网页设计中，如果计算元素的宽和高，则需要把 border 属性值计算在内。

16.4.1 课堂案例——CSS 盒模型

【案例学习目标】理解 CSS 盒模型。

【案例知识要点】在 Div 中插入图像，创建该 Div 的 ID CSS 样式；在 CSS 样式设置中通过 margin 和 padding 属性，控制 Div 的位置以及图像与 Div 边界的距离；创建类 CSS 样式，通过 border 属性设置边框的效果，为图像应用该类 CSS 样式，如图 16-125 所示。

图 16-125

【效果所在位置】光盘\最终效果\第 16 章\16-4-1.html。

（1）执行"文件>打开"命令，打开页面"光盘\源文件\第 16 章\16-4-1.html"，效果如图 16-126 所示。光标移至名为 banner 的 Div 中，将多余文字删除，插入图像"光盘\源文件\第 16 章\images\174101.jpg"，如图 16-127 所示。

图 16-126

图 16-127

（2）单击"CSS 设计器"面板上的"选择器"选项区右上角的"添加选择器"按钮，在文本框中输入#banner，如图 16-128 所示，创建 ID 名称为 banner 的 CSS 样式。在"属性"选项区中对相关 CSS 属性进行设置，如图 16-129 所示。

（3）转换到所链接的外部样式表文件中，可以看到名为#banner 的 CSS 样式代码，如图 16-130 所示。返回页面设计视图，可以看到页面的效果，如图 16-131 所示。

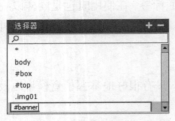

图 16-128

图 16-129

```
#banner {
    height: 352px;
    width: 940px;
    margin-top: 10px;
    margin-bottom: 10px;
    padding-right: 10px;
    padding-left: 10px;
}
```

图 16-130

图 16-131

（4）使用相同的制作方法，创建名为.img02 的类 CSS 样式，如图 16-132 所示。并在"属性"选项区中对其相关选项进行设置，如图 16-133 所示。

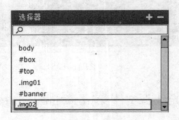

图 16-132

图 16-133

（5）选中刚插入的图像，在"属性"面板上的 Class 下拉列表中选择 img02 类 CSS 样式应用，如图 16-134 所示。保存页面，在浏览器中预览页面，效果如图 16-135 所示。

图 16-134

图 16-135

16.4.2　了解 CSS 盒模型

CSS 中，所有的页面元素都包含在一个矩形框内，这个矩形框就称为盒模型。盒模型描述了元素及其属性在页面布局中所占的空间大小，因此盒模型可以影响其他元素的位置及大小。一般来说这些被占据的空间往往比单纯的内容要大。换句话说，可以通过整个盒子的边框和距离等参数，来调节盒子的位置。

盒模型是由 margin（边界）、border（边框）、padding（填充）和 content（内容）几个部分组成的，此外，在盒模型中，还具备高度和宽度两个辅助属性，如图 16-136 所示。

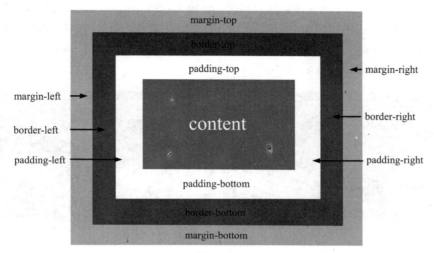

图 16-136

从图中可以看出，盒模型包含 4 个部分的内容。
margin 属性：称为边界或称为外边距，用来设置内容与内容之间的距离。
border 属性：称为边框，内容边框线，可以设置边框的粗细、颜色和样式等。
padding 属性：称为填充或称为内边距，用来设置内容与边框之间的距离。
content：称为内容，是盒模型中必须的一部分，可以放置文字、图像等内容。

> **提示：** 一个盒子的实际高度或宽度是由 content+padding+border+margin 组成的。在 CSS 中，可以通过设置 width 或 height 属性来控制 content 部分的大小，并且对于任何一个盒子，都可以分别设置 4 边的 border、margin 和 padding。

16.4.3　CSS 盒模型要点

关于 CSS 盒模型，有以下几个要点是在使用过程中需要注意的。
（1）边框默认的样式（border-style）可设置为不显示（none）。
（2）填充值（padding）不可为负。
（3）边界值（margin）可以为负，其显示效果在各浏览器中可能不同。
（4）内联元素，例如<a>，定义上下边界不会影响到行高。
（5）对于块级元素，未浮动的垂直相邻元素的上边界和下边界会被压缩。例如有上下两个元素，上面元素的下边界为 10 px，下面元素的上边界为 5 px，则实际两个元素的间距为 10 px（两个边界值中较大的值），这就是盒模型的垂直空白边叠加的问题。

（6）浮动元素（无论是左还是右浮动）边界不压缩。如果浮动元素不声明宽度，则其宽度趋向于 0，即压缩到其内容能承受的最小宽度。

（7）如果盒中没有内容，则即使定义了宽度和高度都为 100%，实际上只占 0%，因此不会被显示，此处在使用 Div+CSS 布局的时候需要特别注意。

16.5 课堂练习——创建网页中超链接 CSS 样式

【练习知识要点】为网页中的文字创建空链接，创建类 CSS 样式并创建该类 CSS 样式的 4 种伪类 CSS 样式，为超链接文字应用该 CSS 样式，可以看到超链接文字的效果，如图 16-137 所示。

【素材所在位置】光盘\源文件\第 16 章\16-5.html。

【效果所在位置】光盘\最终效果\第 16 章\16-5.html。

图 16-137

16.6 课后习题——网页布局中的空白边叠加

【习题知识要点】为网页中上下两个元素分别设置下边距和上边距，并且两个边距设置为不同的值，这两个边距值会产生空白边叠加，只会显示值较大的效果，如图 16-138 所示。

【素材所在位置】光盘\源文件\第 16 章\16-6.html。

【效果所在位置】光盘\最终效果\第 16 章\16-6.html。

图 16-138

第**17**章 制作网页表单

本章介绍

表单是 Internet 用户同服务器进行信息交流的最重要工具。通常，一个表单中会包含多个对象，有时它们也被称为控件，如用于输入文本的文本域、用于发送命令的按钮、用于选择项目的单选按钮和复选框以及用于显示选项列表的列表框等。本章主要向读者介绍如何使用 Dreamweaver 中的各种表单制作网页中常见的表单页面。

学习目标

● 了解常用的表单元素
● 掌握常用表单元素属性设置
● 了解 HTML5 新增表单元素
● 掌握 HTML5 新增表单元素的使用方法

技能目标

● 掌握"制作用户登录页面"的方法
● 掌握"制作网站投票"的方法
● 掌握"制作搜索栏"的方法
● 掌握"制作网站留言表单页面"的方法

17.1 在网页中应用常用表单元素

表单提供了从用户那里收集信息的方法，表单可以用于实现调查、定购和搜索等功能。每个表单都是由一个表单域和若干个表单元素组成的，本节将向读者介绍如何在网页中插入各种表单元素，并对表单元素属性进行设置。

命令介绍

"表单"按钮：单击"插入"面板上的"表单"选项卡中的"表单"按钮，即可在网页中插入表单域。表单域是表单中必不可少的一项元素，所有的表单元素都要放在表单域中才会有效，制作表单页面的第 1 步就是插入表单域。

"文本"按钮：单击"插入"面板上的"表单"选项卡中的"文本"按钮，即可在网页中插入文本域。

"密码"按钮：单击"插入"面板上的"表单"选项卡中的"密码"按钮，即可在网页中插入密码域。

"图像按钮"按钮：单击"插入"面板上的"表单"选项卡中的"图像按钮"按钮，即可在弹出的对话框中选择需要作为图像按钮的图像。

"复选框"按钮：复选框对每个单独的响应进行关闭和打开状态切换，因此用户可以从复选框组中选择多个选项。

"单选按钮"按钮：单选按钮可以作为一个组使用，提供彼此排斥的选项值，用户在单选按钮组内只能选择一个选项。

"选择"按钮：单击"插入"面板上的"表单"选项卡中的"选择"按钮，即可在网页中插入选择域，在选择域中可以添加多个选项供用户选择。

17.1.1 课堂案例——制作用户登录页面

【案例学习目标】掌握如何在网页中插入表单、文本、密码、图像按钮等表单元素。

【案例知识要点】单击"插入"面板上的"表单"选项卡中的"表单按钮"，可以在网页中插入表单域，光标置于表单域中，单击"插入"面板上的"表单"选项卡中的其他表单元素按钮，即可插入其他的表单元素，并且可以创建 CSS 样式来按钮制表单元素，如图 17-1 所示。

图 17-1

【效果所在位置】光盘\最终效果\第 17 章\17-1-1.html。

（1）执行"文件>打开"命令，打开页面"光盘\源文件\第 17 章\17-1-1.html"，效果如图 17-2 所示。光标移至页面中名为 left 的 Div 中，将多余的文本删除，如图 17-3 所示。

（2）单击"插入"面板"表单"选项卡中的"表单"按钮，如图 17-4 所示。在该 Div 中插入带有红色虚线的表单域，如图 17-5 所示。

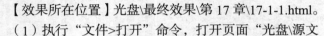

> **提示：** 如果插入表单域后，在 Dreamweaver 设计视图中并没有显示红色的虚线框，只要执行"查看>可视化助理>不可见元素"命令，即可在 Dreamweaver 设计视图中看到红色虚线的表单域。红色虚线的表单域在浏览器中浏览时是看不到的。

图 17-2

图 17-3

图 17-4

图 17-5

（3）将光标移至表单中，输入相应的文字，如图 17-6 所示。在刚输入的文字后插入名为 login 的 Div，切换到外部 CSS 样式表文件中，创建名为#login 的 CSS 样式，如图 17-7 所示。

图 17-6

```
#login {
    width: 275px;
    height: 55px;
    background-color: #F8F6F0;
    padding: 5px 10px;
    margin-top: 10px;
}
```

图 17-7

（4）返回到设计视图中，可以看到页面的效果，如图 17-8 所示。光标移至名为 login 的 Div 中，将多余文字删除，单击"插入"面板板上的"表单"选项卡中的"文本"按钮，在网页中插入文本域，如图 17-9 所示。

（5）将光标移至刚插入的文本域之前，修改提示文字，如图 17-10 所示。单击选中刚插入的文本域，在"属性"面板中设置 Name 属性为 unmae，如图 17-11 所示。

（6）将光标移至文本域之后，按快捷键 Shift+Enter，插入换行符，单击"插入"面板上的"表单"选项卡中的"密码"按钮，插入密码域，修改提示文字，如图 17-12 所示。在"属性"面板中设置 Name 属性为 upass，如图 17-13 所示。

提示：在文本域中，可以输入任何类型的文本、数字或字母，文本域也是网页表单中最常用的一种表单元素。密码域与文本域的形式是一样的，只是在密码域中输入的内容会以星号或圆点的方式显示。

图 17-8

图 17-9

图 17-10

图 17-11

图 17-12

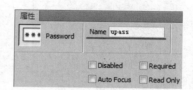

图 17-13

（7）切换外部 CSS 样式表文件中，创建名为#uname,#upass 的 CSS 样式，如图 17-14 所示。返回到设计视图中，可以看到文本域和密码域的效果，如图 17-15 所示。

```
#uname,#upass {
    width: 130px;
    height: 16px;
    border: solid 1px #D4D2CD;
}
```

图 17-14

图 17-15

（8）将光标移至"用户名："文字前，单击"插入"面板上的"表单"选项卡中的"图像按钮"按钮，如图 17-16 所示。弹出"选择图像源文件"对话框，选择需要作为图像域的图像，如图 17-17 所示。

图 17-16

图 17-17

（9）单击"确定"按钮，在网页中插入图像按钮，如图 17-18 所示。选中刚插入的图像按钮，在"属性"面板中设置 Name 属性为 button，如图 17-19 所示。

> **提示：** 向表单中插入图像按钮后，图像按钮将起到提交表单的作用，提交表单可以直接使用按钮，也可以通过图像来提交。使用图像提交可以使页面效果更美观，只需要把图像设置为图像按钮即可。

图 17-18

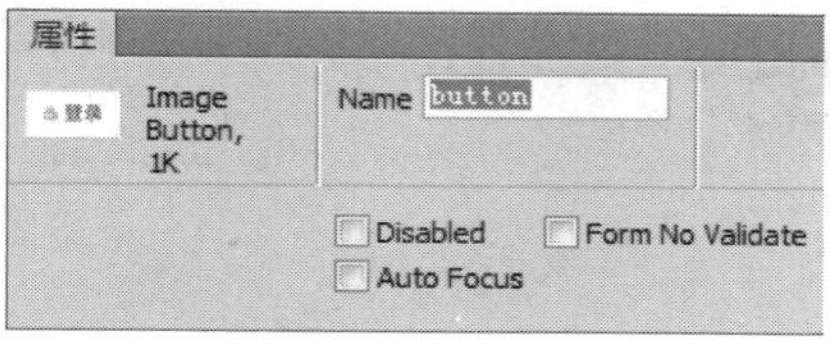

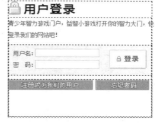

（10）切换到外部 CSS 样式表文件中，创建名为#button 的 CSS 样式，如图 17-20 所示。返回到设计视图中，可以看到图像按钮的效果，如图 17-21 所示。

（11）在名为 login 的 Div 之后插入名为 login-pic 的 Div，切换到外部 CSS 样式表文件中，创建名为#login-pic 的 CSS 样式，如图 17-22 所示。返回到设计视图中，可以看到页面的效果，如图 17-23 所示。

```
#button {
    float: right;
    margin-top: 5px;
}
```

图 17-20

图 17-21

```
#login-pic {
    height: 80px;
    margin-top: 10px;
}
```

图 17-22

（12）光标移至名为 login-pic 的 Div 中，删除多余文字，插入相应的图像，切换到外部 CSS 样式表文件中，创建名为.pic01 的 CSS 样式，如图 17-24 所示。返回到设计视图中，分别为刚插入的两个图像应用该类 CSS 样式，如图 17-25 所示。

图 17-23

```
.pic01 {
    margin-bottom: 10px;
    margin-right: 5px;
}
```

图 17-24

图 17-25

（13）光标移至刚插入的图像后，按快捷键 Shift+Enter 插入换行符，单击"插入"面板上的"表单"选项卡中的"复选框"按钮，如图 17-26 所示。在网页中插入复选框，修改提示文字内容，如图 17-27 所示。

（14）光标移至复选框文字后，插入相应的图像，切换到外部 CSS 样式表文件中，创建名为.pic02 的 CSS 样式，如图 17-28 所示。返回设计视图，分别为刚插入的两个图像应用该类 CSS 样式，效果如图 17-29 所示。

（15）完成网站登录页面的制作，效果如图 17-30 所示。执行"文件>保存"命令，保存页面，在浏览器中预览页面，效果如图 17-31 所示。

图 17-26

图 17-27

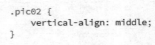
图 17-28

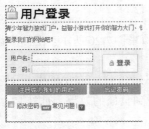
图 17-29

图 17-30

图 17-31

17.1.2　常用表单元素

在 Dreamweaver CC 的"插入"面板中有一个"表单"选项卡，单击选中"表单"选项卡，可以看到在网页中插入的表单元素按钮，如图 17-32 所示。

图 17-32

"表单"按钮▤：单击该按钮，在网页中插入一个表单域。所有表单元素想要实现作用，就必须存在于表单域中。

"文本"按钮▢：单击该按钮，在表单域中插入一个可以输入一行文本的文本域。文本域可以接受任何类型的文本、字母与数字内容。

"密码"按钮▣：单击该按钮，在表单域中插入密码域。密码域可以接受任何类型的文本、字母与数字内容，以密码域方式显示的时候，输入的文本都会以星号或项目符号的方式显示，这样可以避免别的用户看到这些文本信息。

"文本区域"按钮▢：单击该按钮，在表单域中插入一个可以输入多行文本的文本区域。

"按钮"按钮▭：单击该按钮，在表单域中插入一个普通按钮，单击该按钮，可以执行某一脚本或程序，并且用户还可以自定义按钮的名称和标签。

"提交按钮"按钮☑：单击该按钮，在表单域中插入一个提交按钮，该按钮用于向表单处理程序提交表单域中所填写的内容。

"重置按钮"按钮↩：单击该按钮，在表单域中插入一个重置按钮，重置按钮会将所有表单字段重置为初始值。

"文件"按钮▣：单击该按钮，在表单中插入一个文本字段和一个"浏览"按钮。浏览者可以使用文件域浏览本地计算机上的某个文件并将该文件作为表单数据上传。

"图像域"按钮▣：单击该按钮，在表单域中插入一个可放置图像的区域。放置的图像用于生成图形化的按钮，例如"提交"或"重置"按钮。

"隐藏域"按钮▣：单击该按钮，在表单中插入一个隐藏域。可以存储用户输入的信息，如姓名、电子邮件地址或常用的查看方式，在用户下次访问该网站的时候可使用这些数据。

"选择"按钮▤：单击该按钮，在表单域中插入选择列表或菜单。"列表"选项在一个列表框中显示选项值，浏览者可以从该列表框中选择多个选项。"菜单"选项则是在一个菜单中显示选项值，浏览者只能从中选择单个选项。

"单选按钮"按钮◉：单击该按钮，在表单域中插入一个单选按钮。单选按钮代表互相排斥的选择。在某一个单选按钮组（由两个或多个共享同一名称的按钮组成）中选择一个按钮，就会取消选择该组中的其他按钮。

"单选按钮组"按钮▣：单击该按钮，在表单域中插入一组单选按钮，也就是直接插入多个（两个或两个以上）单选按钮。

"复选框"按钮☑：单击该按钮，在表单域中插入一个复选框。复选框允许在一组选项框中选择多个选项，也就是说用户可以选择任意多个适用的选项。

"复选框组"按钮▣：单击该按钮，在表单域中插入一组复选框，复选框组能够一起添加多个复选框。在复选框组对话框中，可以添加或删除复选框的数量，在"标签"和"值"列表框中可以输入需要更改的内容，如图 17-33 所示。顾名思义，复选框组其实就是直接插入多个（两个或两个以上）复选框。

图 17-33

"域集"按钮▢：单击该按钮，可以在表单域中插入一个域集<fieldset>标签。<fieldset>标签将表单中的相关元素分组。<fieldset>标签将表单内容的一部分打包，生成一组相关表单的字段。<fieldset>标签没有必需的或唯一的属性。当一组表单元素放到 <fieldset> 标签内时，浏览器会以特殊方式来显示它们。

"标签"按钮▣：单击该按钮，可以在表单域中插入<label>标签。label 元素不会向用户呈现任何特殊的样式。不过，它为鼠标用户改善了可用性，因为如果用户点击 label 元素内的文本，则会切换到控件本身。<label> 标签的 for 属性应该等于相关元素的 id 元素，以便将它们捆绑起来。

17.1.3 文本域属性设置

在网页中插入文本域后，单击选中在页面中插入的文本域，在"属性"面板中可以对文本域的属性进行相应的设置，如图 17-34 所示。

Name：在该选项文本框中可以为该文本域指定一个名称。每个文本域都必须有一个唯一的名称，所选名称必须在表单内唯一标识该文本域。表单元素的名称不能包含空格或特殊字符，可以使用字母、数字字符和下划线的任意组合。注意，为文本域指定名称最好便于记忆。

图 17-34

Size：该选项用于设置文本域中最多可显示的字符数。

Max Length：该选项用于设置文本域中最多可输入的字符数。如果不对该选项进行设置，则浏览者可以输入任意数量的文本。

Value：在该文本框中可以输入一些提示性的文本，帮助浏览者顺利填写该文本域中的资料。当浏览者输入资料时初始文本将被输入的内容代替。

Title：该选项用于设置文本域的提示标题文字。

Place Holder：该属性为 HTML5 新增的表单属性，用户设置文本域预期值的提示信息，该提示信息会在文本域为空时显示，并会在文本域获得焦点时消失。

Disabled：选中该选项复选框，表示禁用该文本字段，被禁用的文本域既不可用，也不可点击。

Auto Focus：该属性为 HTML5 新增的表单属性，选中该复选框，表示当网页被加载时，该文本域自动获得焦点。

Required：该属性为 HTML5 新增表单属性，选中该复选框，表示在提交表单之前必须填写该文本域。

Read Only：选中该复选框，表示该文本域为只读，不能对该文本字段中的内容进行修改。

Auto Complete：该属性为 HTML5 新增的表单元素属性，选中该选项复选框，表示该文本域启用自动完成功能。

Form：该属性用于设置与该表单元素相关联的表单标签的 ID，可以在该选项后的下拉列表中选择网页中已经存在的表单域标签。

Pattern：该属性为 HTML5 新增的表单元素属性，用户设置文本域值的模式或格式。例如 pattern="[0-9]"，表示输入值必须是 0 与 9 之间的数字。

Tab Index：该属性用于设置该表单元素的 tab 键控制次序。

List：该属性是 HTML5 新增的表单元素属性，用于设置引用数据列表，其中包含文本域的预定义选项。

17.1.4　图像按钮属性设置

在网页中插入图像按钮后，单击选中页面中插入的图像按钮，在"属性"面板上可以对其相关属性进行设置，如图 17-35 所示。

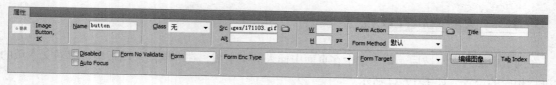

图 17-35

Name：在该文本框中可以为图像按钮设置一个名称，默认为 imageField。

Src：用来显示该图像按钮所使用的图像地址。

Form Method：method 属性规定如何发送表单数据（表单数据发送到 action 属性所规定的页面）。表单数据可以作为 URL 变量（method="get"）或者 HTTP post （method="post"）的方式来发送。

编辑图像：单击"编辑图像"按钮，将启动外部图像编辑软件，对该图像域所使用的图像进行编辑。

> **提示：** 需要注意的是，默认的图像域按钮只有提交表单的功能，如果想要改变其用途，则需要将某种"行为"附加至表单元素中。

17.1.5　课堂案例——制作网站投票

图 17-36

【案例学习目标】掌握如何在网页中插入单选按钮。

【案例知识要点】在网页中相应的位置插入表单域，单击"插入"面板上的"表单"选项卡中的"单选按钮组"按钮，在弹出的对话框中进行设置，单击"确定"按钮，在网页中插入一组单选按钮，效果如图 17-36 所示。

【效果所在位置】光盘\最终效果\第 17 章\17-1-5.html。

（1）执行"文件>打开"命令，打开页面"光盘\源文件\第 17 章\17-1-5.html"，效果如图 17-37 所示。光标移至页面中名为 box 的 Div 中，将多余的文本删除，如图 17-38 所示。

图 17-37

图 17-38

（2）单击"插入"面板"表单"选项卡中的"表单"按钮，在该 Div 中插入带有红色虚线的表单域，如图 17-39 所示。将光标移至表单中，输入相应的文字，选中文字，单击"属性"面板上的"粗体"按钮，将文字加粗显示，如图 17-40 所示。

图 17-39

图 17-40

（3）光标移至文字后，按快捷键 Shift+Enter 插入换行符，单击"插入"面板上的"表单"选项卡中的"单选按钮组"按钮，在弹出"单选按钮组"对话框中进行设置，如图 17-41 所示。单击"确定"按钮，插入单选按钮组，效果如图 17-42 所示。

图 17-41

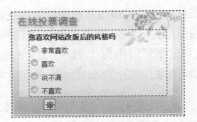

图 17-42

> **提示：** 一个实际的栏目中会拥有多个单选按钮，它们被称之为"单选按钮组"，组中的所有单选按钮必须具有相同的名称，并且名称中不能包含空格或特殊字符。

（4）光标移至单选按钮后，按快捷键 Shift+Enter 插入换行符，单击"插入"面板"表单"选项卡中的"图像按钮"按钮，在弹出的对话框中选择相应的图像，插入图像按钮，如图 17-43 所示。选中该图像按钮，在"属性"面板上设置 Name 属性为 button，如图 17-44 所示。

图 17-43

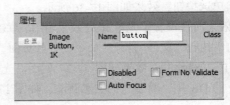

图 17-44

（5）切换链接的外部 CSS 样式表中，创建名为 #button 的 CSS 样式，如图 17-45 所示。返回到设计视图，可以看到图像按钮的效果，如图 17-46 所示。

```
#button {
    margin-left: 50px;
    margin-right: 10px;
    margin-top: 10px;
}
```

图 17-45

图 17-46

（6）光标移至刚图像按钮后，插入相应的图像，效果如图 17-47 所示。完成网站投票的制作，执行"文件>保存"命令，保存页面，在浏览器中预览页面，效果如图 17-48 所示。

图 17-47

图 17-48

17.1.6　单选按钮属性设置

在网页中插入单选按钮后，单击选中在页面中插入的单选按钮，在"属性"面板中可以对单选按钮的属性进行相应的设置，如图 17-49 所示。

图 17-49

Name：该文本框主要用来为单选按钮指定一个名称。

Value：该文本框用来设置在该单选按钮被选中时发送给服务器的值。为了便于理解，一般将该值设置为与栏目内容意思相近。

Checked：该属性用于设置单选按钮默认为选中状态还是未选中状态。如果选中该选项复选框，则表示该单选按扭默认为选中状态。

17.1.7　复选框属性设置

如果在网页中插入了复选框，单击选中在页面中插入的复选框，在"属性"面板中可以对复选框的属性进行相应的设置，如图 17-50 所示。

图 17-50

Name：为复选框指定一个名称。一个实际的栏目中会拥有多个复选框，每个复选框都必须有一个唯一的名称，所选名称必须在该表单内唯一标识该复选框，并且名称中不能包含空格或特殊字符。

Checked：用来设置在浏览器中载入表单时，该复选框是处于选中的状态还是未选中的状态。如果选中该选项复选框，则该复选框默认为选中状态。

Value：设置在该复选框被勾选中时发送给服务器的值。为了便于理解，一般将该值设置得与栏目内容意思相近。

17.1.8　课堂案例——制作搜索栏

【案例学习目标】掌握如何在网页中插入选择域并设置选择域属性。

【案例知识要点】在页面中相应的位置插入表单域，单击"插入"面板上的"表单"选项卡中的"选择"按钮，在表单中插入选择域并对相关属性进行设置，接着插入文本域和图像按钮，从而完成该搜索栏的制作，如图 17-51 所示。

【效果所在位置】光盘\源文件\第 17 章\17-1-8.html。

图 17-51

（1）执行"文件>打开"命令，打开页面"光盘\源文件\第 17 章\17-1-8.html"，效果如图 17-52 所示。光标移至页面中名为 box 的 Div 中，将多余的文本删除，如图 17-53 所示。

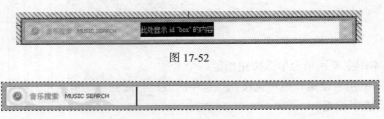

图 17-52

图 17-53

（2）单击"插入"面板上的"表单"选项卡中的"表单"按钮，在该 Div 中插入带有红色虚线的表单域，如图 17-54 所示。光标移至表单域中，单击"插入"面板上的"表单"选项卡中的"选择"按钮，将提示文字删除，效果如图 17-55 所示。

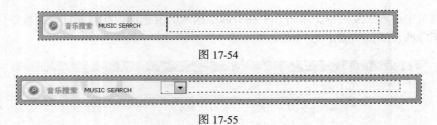

图 17-54

图 17-55

> **提示**：为什么该表单元素叫"选择"呢？其实是因为它有两种可以选择的类型，分别为"列表"和"菜单"。"菜单"是浏览者单击时产生展开效果的下拉菜单；"列表"则显示为一个列有项目的可滚动列表，使浏览者可以从该列表中选择项目。

（3）选中刚插入的选择域，在"属性"面板中设置 Name 属性为 select。切换到链接的外部 CSS 样式表中，创建名为#select 的 CSS 样式，如图 17-56 所示。返回设计视图，可以看到网页中选择域的效果，如图 17-57 所示。

```
#select {
    width: 90px;
    float: left;
    margin-right: 15px;
    margin-top: 4px;
    border: solid 1px #CCC;
}
```

图 17-56   图 17-57

（4）单击选中刚插入的选择域，在"属性"面板中单击"列表值"按钮，弹出"列表值"对话框，如图 17-58 所示。在"列表值"对话框中添加相应的列表选项，如图 17-59 所示。

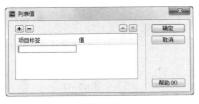

图 17-58   图 17-59

提示：在"列表值"对话框中单击"添加项"按钮 ⊞，可以向列表中添加一个项目，然后在"项目标签"选项中输入该项目的说明文字，最后在"值"选项中输入传回服务器端的表单数据。单击"删除项"按钮 ⊟，可以从列表中删除一个项目。单击"在列表中上移项"按钮 ▲ 或"在列表中下移项"按钮 ▼ 可以对这些项目进行上移或下移的排序操作。

（5）单击"确定"按钮，完成"列表值"对话框的设置，如图 17-60 所示。光标移至选择域之后，单击"插入"面板上的"表单"选项卡中的"文本"按钮，在网页中插入文本域，如图 17-61 所示。

图 17-60

图 17-61

（6）将文本域前的文字删除，选中刚插入的文本域，在"属性"面板中设置 Name 属性为 title，如图 17-62 所示。切换到链接的外部 CSS 样式表中，创建名为#title 的 CSS 样式，如图 17-63 所示。

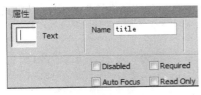

图 17-62

```
#title {
    width: 160px;
    float: left;
    margin-right: 15px;
    margin-top: 4px;
    border: solid 1px #009999;
}
```

图 17-63

（7）返回设计视图，可以看到文本域的效果，如图 17-64 所示。光标移至文本域之后，单击"插入"面板上的"表单"选项卡中的"图像按钮"按钮，在弹出的对话框中选择相应的图像，插入图像域，如图 17-65 所示。

图 17-64

图 17-65

（8）单击选中刚插入的图像按钮，在"属性"面板中设置 Name 属性为 button，如图 17-66 所示。切换到链接的 CSS 样式表中，创建名为#button 的 CSS 样式，如图 17-67 所示。

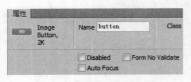

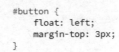

图 17-66

```
#button {
    float: left;
    margin-top: 3px;
}
```

图 17-67

（9）返回设计视图，可以看到页面中图像域的效果，如图 17-68 所示。完成搜索栏的制作，执行“文件>保存”命令，保存页面，在浏览器中预览页面，效果如图 17-69 所示。

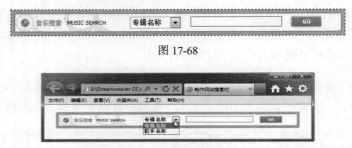

图 17-68

图 17-69

17.1.9　选择域属性设置

选择域的功能与复选框和单选按钮的功能差不多，都可以列举出很多选项供浏览者选择，其最大的好处就是可以在有限的空间内为用户提供更多的选项，非常节省版面。其中列表提供一个滚动条，它使用户可以浏览许多项，并进行多重选择。下拉菜单默认仅显示一个项，该项为活动选项，用户单击打开菜单但只能选择其中一项。

在网页中插入选择域后，选中在页面中插入的选择表单元素，在“属性”面板中可以对其属性进行相应的设置，如图 17-70 所示。

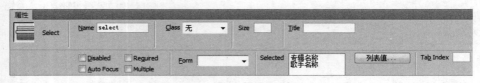

图 17-70

Name：在该文本框中可以为列表或菜单指定一个名称，并且该名称必须是唯一的。

Size：该属性规定下拉列表中可见选项的数目。如果 size 属性的值大于 1，但是小于列表中选项的总数目，浏览器会显示出滚动条，表示可以查看更多选项。

列表值：单元该按钮，会弹出“列表值”对话框，在该对话框中，用户可以进行列表/菜单中项目的操作。

Selected：当设置了多个列表值时，可以在该列表中选择某一些列表项作为列表/菜单初始状态下所选中的选项。

17.1.10　按钮、重置按钮和提交按钮

按钮的作用是当用户单击后，执行一定的任务，常见的表单有提交表单、重置表单等。浏览者在

网上申请邮箱、注册会员时都会见到。在 Dreamweaver CC 中将按钮分为 3 种类型，按钮、提交按钮和重置按钮。

按钮元素需要用户指定单击该按钮时需要执行的操作，例如添加一个 JavaScript 脚本，使得当浏览者单击该按钮时打开另一个页面。

提交按钮的功能是当用户单击该按钮时，将提交表单数据内容至表单域 Action 属性中指定的页面或脚本。

重置按钮的功能是当用户单击该按钮时，将清除表单中所做的设置，恢复为默认的选项设置内容。

17.2 在网页中运用 HTML5 表单元素

现在网页中 HTML5 的应用已经越来越多，为了适应 HTML5 的发展，在 Dreamweaver CC 中新增了许多全新的 HTML5 表单元素。HTML5 不但增加了一系列功能性的表单、表单元素和表单特性，还增加了自动验证表单的功能。本节将向读者介绍 HTML5 表单元素在网页中的应用。

命令介绍

"电子邮件"按钮：新增的电子邮件表单元素是专门为输入 E-mail 地址而定义的文本框，主要为了验证输入的文本是否符合 E-mail 地址的格式，可提示验证错误。

Url 按钮：Url 表单元素是专门为输入的 Url 地址进行定义的文本框，在验证输入的文本格式时，如果该文本框中的内容不符合 Url 地址的格式，会提示验证错误。

Tel 按钮：Tel 类型的表单元素是专门为输入电话号码而定义的文本框，没有特殊的验证规则。

17.2.1 课堂案例——制作网站留言表单页面

【案例学习目标】掌握 HTML5 新增表单元素在网页中的应用。

【案例知识要点】在页面中相应的位置插入文本域，并在"属性"面板中对该文本域的相关属性进行设置，接着插入其他的 HTML5 表单元素，分别在"属性"面板中对相关属性进行设置，最终完成网站留言表单页面的制作，如图 17-71 所示。

【效果所在位置】光盘\最终效果\第 17 章\17-2-1.html。

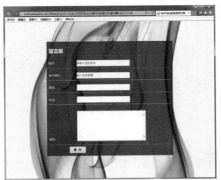

图 17-71

（1）执行"文件>打开"命令，打开页面"光盘\源文件\第 17 章\17-2-1.html"，页面效果如图 17-72 所示。光标移至页面<p>标签内容中，将多余的文字删除，单击"插入"面板"表单"选项卡中的"文本"按钮，如图 17-73 所示。

图 17-72   图 17-73

（2）在光标所在位置插入一个文本域，光标移至刚插入的文本域前，修改相应的文字，如图 17-74 所示。选中插入的文本域，在"属性"面板上设置相关属性，如图 17-75 所示。

图 17-74   图 17-75

（3）转换到外部 CSS 样式表文件中，创建名为#textfield 的 CSS 样式，如图 17-76 所示。返回网页设计视图中，可以看到文本域的效果，如图 17-77 所示。

```
#textfield{
    margin-left: 100px;
    width: 260px;
    height: 30px;
    border: solid 2px #960;
    border-radius: 3px;
    }
```

图 17-76   图 17-77

（4）光标移至刚插入的文本域后，按 Enter 键插入段落，如图 17-78 所示。单击"插入"面板上的"表单"选项卡中的"电子邮件"按钮，如图 17-79 所示。

图 17-78   图 17-79

（5）在网页中插入电子邮件表单元素，修改相应的提示文字，如图 17-80 所示。选中插入的电子邮件表单元素，在"属性"面板上设置相关属性，如图 17-81 所示。

（6）转换到外部 CSS 样式表文件中，创建名为#email 的 CSS 样式，如图 17-82 所示。返回网页设计视图中，可以看到电子邮件表单元素的效果，如图 17-83 所示。

（7）使用相同的制作方法，在网页中插入其他表单元素，并创建相应的 CSS 样式，效果如图 17-84 所示。保存页面，在浏览器中预览页面，可以看到页面中表单元素的效果，如图 17-85 所示。

图 17-80

图 17-81

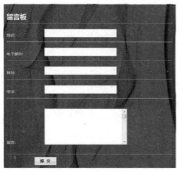

图 17-82

图 17-83

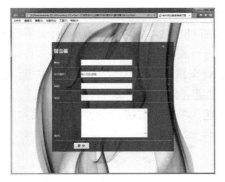

图 17-84

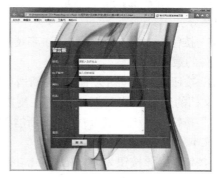

图 17-85

（8）在网页所呈现的表单中依据提示填入相应信息，当"姓名"和"电子邮件"为空时，单击"提交"按钮，网页会弹出相应的提示信息，如图 17-86 所示。当输入的信息有误时，网页同样会弹出相应的提示信息，如图 17-87 所示。

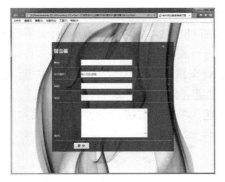

图 17-86

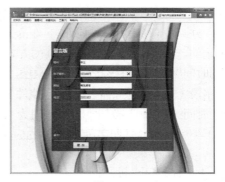

图 17-87

17.2.2　HTML5 表单元素

在 Dreamweaver CC 中提供了对 CSS3.0 和 HTML5 强大的支持，在 Dreamweaver CC 中的"插入"面板"表单"选项卡中新增了多种 HTML5 表单元素的插入按钮，以便于用户快速地在网页中插入并应用 HTML5 表单元素，如图 17-88 所示。

"电子邮件"按钮 @：该按钮为 HTML5 新增功能，单击该按钮，可以在表单域中插入电子邮件类型元素。电子邮件类型用于应该包含 e-mail 地址的输入域，在提交表单时，会自动验证 email 域的值。

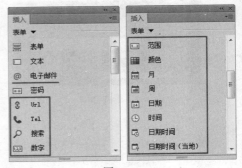

图 17-88

Url 按钮 ⑧：该按钮为 HTML5 新增功能，单击该按钮，在表单域中插入 Url 类型元素。Url 属性可返回当前文档的 URL。

Tel 按钮 📞：该按钮为 HTML5 新增功能，单击该按钮，在表单域中插入 Tel 类型元素，应用于电话号码的文本字段。

"搜索"按钮 🔍：该按钮为 HTML5 新增功能，单击该按钮，在表单域中插入搜索类型元素。该按钮用于搜索文本字段。search 属性是一个可读可写的字符串，可设置或返回当前 URL 的查询部分（问号之后的部分）。

"数字"按钮 🔢：该按钮为 HTML5 新增功能，单击该按钮，在表单域中插入数字类型元素，带有 spinner 控件的数字字段。

"范围"按钮 🔲：该按钮为 HTML5 新增功能，单击该按钮，在表单域中插入范围类型元素。Range 对象表示文档的连续范围区域，如用户在浏览器窗口中用鼠标拖动选中的区域。

"颜色"按钮 🔳：该按钮为 HTML5 新增功能，单击该按钮，在表单域中插入颜色类型元素，color 属性设置文本的颜色（元素的前景色）。

"月"按钮 🗓：该按钮为 HTML5 新增功能，单击该按钮，在表单域中插入月类型元素，日期字段的月（带有 calendar 控件）。

"周"按钮 🗓：该按钮为 HTML5 新增功能，单击该按钮，在表单域中插入周类型元素，日期字段的周（带有 calendar 控件）

"日期"按钮 🗓：该按钮为 HTML5 新增功能，单击该按钮，在表单域中插入日期类型元素，日期字段（带有 calendar 控件）。

"时间"按钮 🕐：该按钮为 HTML5 新增功能，单击该按钮，在表单域中插入时间类型元素。日期字段的时、分、秒（带有 time 控件）。<time>标签定义公历的时间（24 小时制）或日期，时间和时区偏移是可选的。该元素能够以机器可读的方式对日期和时间进行编码。

"日期时间"按钮 🗓：该按钮为 HTML5 新增功能，单击该按钮，在表单域中插入日期时间类型元素。日期字段（带有 calendar 和 time 控件），datetime 属性规定文本被删除的日期和时间。

"日期时间（当地）"按钮 🗓：该按钮为 HTML5 新增功能，单击该按钮，在表单域中插入日期时间（当地）类型元素。日期字段（带有 calendar 和 time 控件）。

17.2.3　电子邮件

如果需要在网页中插入电子邮件表单，只需要单击"插入"面板"表单"选项卡中的"电子邮件"按钮，如图 17-89 所示。即可在页面中光标所在位置插入电子邮件表单元素，如图 17-90 所示。转换到 HTML 代码视图中，可以看到电子邮件表单元素的 HTML 代码，如图 17-91 所示。

选中插入的电子邮件表单元素，在其"属性"面板上可以对其属性进行设置，如图 17-92 所示。"属性"面板中的相关属性与前面所介绍的其他表单元素的属性基本相同。

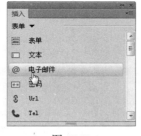

图 17-89

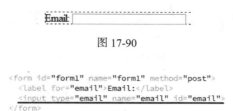

图 17-90

```
<form id="form1" name="form1" method="post">
  <label for="email">Email:</label>
  <input type="email" name="email" id="email">
</form>
```

图 17-91

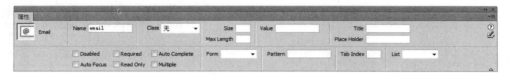

图 17-92

17.2.4 Url

如果需要在网页中插入 Url 表单元素，只需要单击“插入”面板“表单”选项卡中的 Url 按钮，如图 17-93 所示。即可在页面中光标所在位置插入 Url 表单元素，如图 17-94 所示。转换到 HTML 代码视图中，可以看到 Url 表单元素的 HTML 代码，如图 17-95 所示。

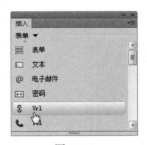

图 17-93

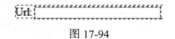

图 17-94

```
<form id="form1" name="form1" method="post">
  <label for="url">Url:</label>
  <input type="url" name="url" id="url">
</form>
```

图 17-95

17.2.5 Tel

如果需要在网页中插入 Tel 表单元素，只需要单击“插入”面板“表单”选项卡中的 Tel 按钮，如图 17-96 所示。即可在页面中光标所在位置插入 Tel 表单元素，如图 17-97 所示。转换到 HTML 代码视图中，可以看到 Tel 表单元素的 HTML 代码，如图 17-98 所示。

图 17-96

图 17-97

```
<form id="form1" name="form1" method="post">
  <label for="tel">Tel:</label>
  <input type="tel" name="tel" id="tel">
</form>
```

图 17-98

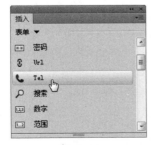

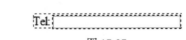

17.3　课堂练习——制作登录窗口

【习题知识要点】在网页中相应的位置插入表单域，在表单域中插入文本域、密码域和图像按钮，并通过 CSS 样式对表单元素效果进行设置，完成该登录窗口的制作，如图 17-99 所示。

【素材所在位置】光盘\源文件\第 17 章\17-3.html。

【效果所在位置】光盘\最终效果\第 17 章\17-3.html。

图 17-99

17.4　课后习题——制作用户注册页面

【习题知识要点】在网页中相应的位置插入表单域，在表单域中插入各种不同的表单元素，并通过 CSS 样式对表单元素效果进行设置，完成该用户注册页面的制作，如图 17-100 所示。

【素材所在位置】光盘\源文件\第 17 章\17-4.html。

【效果所在位置】光盘\最终效果\第 17 章\17-4.html。

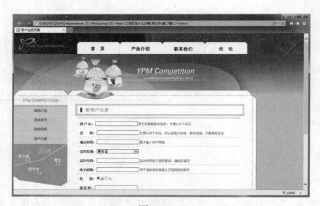

图 17-100

第**18**章 为网页添加特效

本章介绍

本章主要讲解 Dreamweaver 中行为的使用方法，行为是 Dreamweaver 中的一种强大功能，通过行为可以完成页面中一些常用的交互效果，例如，弹出信息、弹出窗口和设置状态栏文本等。行为可以使事件与动作相结合，从而实现许多精彩的网页交互效果。

学习目标

- 了解 Dreamweaver 行为
- 掌握"弹出信息"和"打开浏览器窗口"行为的添加方法
- 掌握行为触发事件的设置
- 掌握不同文本行为的添加方法
- 掌握 jQuery 效果行为的添加方法

技能目标

- 掌握"为网页添加弹出信息"的方法
- 掌握"为网页添加弹出广告"的方法
- 掌握"为网页添加状态栏文本"的方法
- 掌握"实现网页元素的动态隐藏"的方法

18.1　为网页添加行为

在 Dreamweaver 中，行为是一种运行在浏览器中的 JavaScript 代码，设计者可以将其设置在网页文档中，以允许浏览者与网页本身进行交互，从而以多种方式更改页面或引起某次任务的执行。由于行为是事件与动作的结合，一般的行为都需要由事件来激活动作。在"行为"面板中，用户可以先指定一个动作，然后指定触发该动作的事件，从而将行为添加到页面中。

命令介绍

事件：通常都是由事件来激活动作的执行，事件与动作共同构成 Dreamweaver 中的行为。事件经常是针对页面元素的，如鼠标经过、鼠标单击、键盘某个键被按下等。

动作：动作是由预先编写好的 JavaScript 代码组成的，这些代码可以执行特定的任务，如播放声音、弹出窗口等。

"弹出信息"行为：使用该行为可以在网页中某事件发生时，弹出一个信息对话框，提示相关信息。

"打开浏览器窗口"行为：使用该行为可以在网页中某事件发生时，弹出一个浏览器窗口显示所设置的页面。

18.1.1　课堂案例——为网页添加弹出信息

【案例学习目标】理解什么是行为，并掌握"弹出信息"行为的添加。

【案例知识要点】选中页面主体<body>标签，在"行为"面板中添加"弹出信息"行为，并对相关选项进行设置，在"行为"面板中设置该行为的触发事件，如图 18-1 所示。

【效果所在位置】光盘\最终效果\第 18 章\18-1-1.html。

（1）执行"文件>打开"命令，打开页面"光盘\源文件\第 18 章\18-1-1.html"，页面效果如图 18-2 所示。在标签选择器中单击选中<body>标签，如图 18-3 所示。

图 18-1

图 18-2

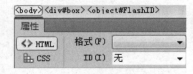

图 18-3

（2）执行"窗口>行为"命令，打开"行为"面板，单击"添加行为"按钮 ，在弹出菜单中选择"弹出信息"选项，弹出"弹出信息"对话框，设置如图 18-4 所示。单击"确定"按钮，添加"弹出信息"行为，在"行为"窗口中将触发该行为的事件修改为 onLoad，如图 18-5 所示。

图 18-4

图 18-5

（3）切换到代码视图，在<body>标签中可以看到刚添加的弹出信息行为的相关代码，如图 18-6 所示。保存页面，在浏览器中预览页面，在页面刚载入时，可以看到弹出信息行为的效果，如图 18-7 所示。

```
<script type="text/javascript">
function MM_popupMsg(msg) { //v1.0
  alert(msg);
}
</script>
</head>

<body onLoad="MM_popupMsg('Hello,World!')">
```

图 18-6

图 18-7

> **提示**：该动作的发生会在某处事件发生时，弹出一个对话框，提示用户一些信息，这个对话框只有一个按钮，即"确定"按钮。

18.1.2　什么是事件

事件实际上是浏览器生成的消息，指示该页面中在浏览时执行某种操作，例如，当浏览者将鼠标指针移动到某个链接上时，浏览器为该链接生成一个 onMouseOver 事件（鼠标经过），然后浏览器查看是否存在链接该事件时浏览器应该调用的 JavaScript 代码。而每个页面元素所能发生的事件不尽相同，例如页面文档本身能发生的 onLoad（页面被打开时的事件）和 onUnload（页面被关闭时的事件）。

在 Dreamweaver CC 中，执行"窗口>行为"命令，打开"行为"面板，如图 18-8 所示。单击"添加行为"按钮 ，在弹出菜单中列出了 Dreamweaver CC 中所预设的行为，如图 18-9 所示。

图 18-8

图 18-9

18.1.3　什么是动作

动作只有在某个事件发生时才被执行。例如，可以设置当鼠标移动到某超链接上时，执行一个动作使浏览器状态栏出现一行文字。

行为可以附加到整个文档中，还可以附加到链接、表单、图像和其他元素中，也可以为每个事件指定多个动作，动作会按照"行为"面板中的显示顺序发生。

18.1.4　课堂案例——为网页添加弹出广告

【案例学习目标】掌握"打开浏览器窗口"行为的使用方法。

【案例知识要点】选中页面主体<body>标签，在"行为"面板中添加"打开浏览器窗口"行为，并对相关选项进行设置，在"行为"面板中设置该行为的触发事件，如图 18-10 所示。

【效果所在位置】光盘\最终效果\第 18 章\18-1-4.html。

（1）执行"文件>打开"命令，打开页面"光盘\源文件\第 18 章\18-1-4.html"，页面效果如图 18-11 所示。在标签选择器中单击选中<body>标签，如图 18-12 所示。

图 18-10

图 18-11

图 18-12

（2）单击"行为"面板中的"添加行为"按钮，在弹出菜单中选择"打开浏览器窗口"选项，弹出"打开浏览器窗口"对话框，设置如图 18-13 所示。单击"确定"按钮，添加该行为，将触发该行为的事件修改为 onLoad，如图 18-14 所示。

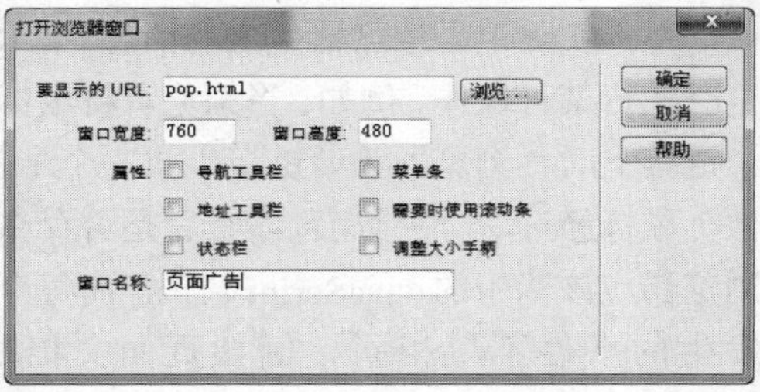

（3）执行"文件>保存"命令，保存页面，在浏览器中预览页面，当页面打开时，会自动弹出设置好的浏览器窗口，如图 18-15 所示。

图 18-13

提示： 使用"打开浏览器窗口"行为可以在打开一个页面时，同时在一个新的窗口中打开指定的 URL。可以指定新窗口的属性（包括其大小）、特性（它是否可以调整大小、是否具有菜单条等）和名称。

图 18-14　　　　　　　　　　　　　　　　　图 18-15

18.1.5 "打开浏览器窗口"对话框

在"打开浏览器窗口"对话框中可以对所要打开的浏览器窗口的相关属性进行设置，如图 18-16 所示。

要显示的 URL：设置在新打开的浏览器窗口中显示的页面，可以是相对路径的地址，也可以是绝对路径的地址。

窗口的宽度和窗口的高度："窗口宽度"和"窗口高度"可以用来设置弹出的浏览器窗口的大小。

属性：在"属性"选项中可以选择是否在弹出窗口

图 18-16

中显示"导航工具栏""地址工具栏""状态栏"和"菜单条"。"需要时使用滚动条"用来指定在内容超出可视区域时显示滚动条。"调整大小手柄"用来指定用户能够调整窗口的大小。

窗口名称："窗口名称"用来设置新浏览器窗口的名称。

18.2 为网页添加文本行为

在"设置文本"行为中包含了 4 个选项，分别是"设置容器的文本""设置文本域文字""设置框架文本"和"设置状态栏文本"。通过"设置文本"行为可以为指定的对象内容替换文本。

命令介绍

设置容器的文本：该行为将页面上的现有容器（即可以包含文本或其他元素的任何元素）的内容和格式替换为指定的内容。该内容可以包括任何有效的 HTML 源代码。

设置文本域文字：通过使用该行为，可以使用指定的内容替换表单文本域的内容。

设置框架文本：该行为用于包含框架结构的页面，可以动态地改变框架的文本、转变框架的显示和替换框架的内容。

设置状态栏文本：使用该行为可以使页面在浏览器左下方的状态栏上显示一些文本信息。

18.2.1 课堂案例——为网页添加状态栏文本

【案例学习目标】掌握"设置状态栏文本"行为的添加。

【案例知识要点】选中页面主体<body>标签，在"行为"面板中添加"设置状态栏文本"行为，并对相关选项进行设置，在"行为"面板中设置该行为的触发事件，如图 18-17 所示。

【效果所在位置】光盘\最终效果\第 18 章\18-2-1.html。

（1）执行"文件>打开"命令，打开页面"光盘\源文件\第 18 章\18-2-1.html"，如图 18-18 所示。在标签选择器中单击选中<body>标签，如图 18-19 所示。

图 18-17

图 18-18

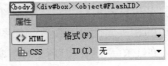

图 18-19

（2）单击"行为"面板中的"添加行为"按钮 +，在弹出菜单中选择"设置文本>设置状态栏文本"选项，弹出"设置状态栏文本"对话框，设置如图 18-20 所示。单击"确定"按钮，在"行为"窗口中将触发该行为的事件修改为 onLoad，如图 18-21 所示。

（3）执行"文件>保存"命令，保存页面。在浏览器中预览页面，可以看到在浏览器状态栏上出现了设置的状态栏文本，如图 18-22 所示。

图 18-20

图 18-21

图 18-22

18.2.2　设置容器的文本

如果需要在网页中添加"设置容器的文本"行为，可以在页面中选中需要添加该行为的对象，单击"行为"窗口上的"添加行为"按钮，在弹出菜单中选择"设置文本>设置容器的文本"选项，弹

出"设置容器的文本"对话框，如图 18-23 所示。在
"容器"下拉列表中选择要改变内容的 Div 名称。在"新
建 HTML"文本框中输入取代 Div 内容的 HTML 代码
或文本。单击"确定"按钮，即可在网页中为相应的
对象添加该行为。

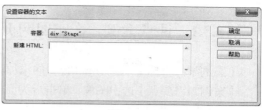

图 18-23

18.2.3　设置文本域文本

如果需要在网页中添加"设置文本域文本"行为，
可以在网页中选中需要添加该行为的对象，在"行为"
面板中单击"添加行为"按钮 **+** ，在弹出菜单中选择
"设置文本>设置文本域文字"选项，弹出"设置文本
域文字"对话框，如图 18-24 所示。在"文本域"下
拉列表中选择要改变内容的文本域名称，在"新建文
本"文本框中输入文本。单击"确定"按钮，即可在
网页中为相应的对象添加该行为。

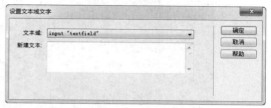

图 18-24

18.2.4　设置框架文本

在框架页面中选中页面中某个对象后，单击"行为"面
板上的"添加行为"按钮，在弹出菜单中选择"设置文本>
设置框架文本"选项，弹出"设置框架文本"对话框，如图
18-25 所示。

框架：在该选项的下拉列表中选择显示设置文本的框架。

新建 HTML：在该文本框中设置在选定框架中显示的
HTML 代码。

图 18-25

获取当前 HTML：单击该按钮，可以在窗口中显示框架中<body>标签之间的代码。

保留背景色：选中该复选框，可以保留原来框架中的背景颜色。

完成对话框的设置，单击"确定"按钮。在"行为"窗口中确认激活该行为的动作是否正确。如
果不正确，单击扩展按钮，在弹出的菜单中选择正确的事件。

18.3　为网页添加 jQuery 效果

Dreamweaver CC 中新增了一系列 jQuery 效果，用于创建动画过渡或者以可视方式修改页面元素。
可以将效果直接应用于 HTML 元素，而不需要其他自定义标签。Dreamweaver CC 中的"效果"行为
可以增强页面的视觉功能，可以将它们应用于 HTML 页面上的几乎所有的元素。

命令介绍

"效果"行为："效果"行为可以修改元素的不透明度、缩放比例、位置和样式属性，可以组合两
个或多个属性来创建有趣的视觉效果。

18.3.1　课堂案例——实现网页元素的动态隐藏

【案例学习目标】掌握 Blind 行为的添加。

【案例知识要点】选中图像，单击行为面板，为该图像添加相应的行为，单击确定，修改该触发事件，最终效果如图 18-26 所示。

【效果所在位置】光盘\源文件\第 18 章\18-3-1.html。

图 18-26

（1）执行"文件>打开"命令，打开页面"光盘\源文件\第 18 章\18-3-1.html"，效果如图 18-27 所示。单击选中页面中相应的图像，需要在该图像上附加相应的动作，如图 18-28 所示。

图 18-27　　　　　　　　　　　　　　　图 18-28

（2）单击"行为"面板上的"添加行为"按钮，在弹出菜单中选择"效果>Blind"选项，弹出 Blind 对话框，设置如图 18-29 所示。单击"确定"按钮，添加 Blind 行为，修改触发事件为 onClick，如图 18-30 所示。

图 18-29　　　　　　　　　　　　　　　图 18-30

提示：添加 Blind 行为，在弹出的 Blind 对话框中可以设置网页元素在某个方向进行折叠隐藏或显示。

（3）转换到代码视图中，可以看到在页面代码中自动添加了相应的 JavaScript 脚本代码，如图 18-31 所示。执行"文件>保存"命令，弹出"复制相关文件"对话框，如图 18-32 所示，单击"确定"按钮，保存文件。

图 18-31

图 18-32

提示：在网页中为元素添加 jQuery 效果时，会自动复制相应的 jQuery 文件到站点根目录中的 jQueryAssets 文件夹中，这些文件是实现 jQuery 效果所必需的，一定不能删除，否则这些 jQuery 效果将不起作用。

（4）在浏览器中预览该页面，页面效果如图 18-33 所示。当单击页面中设置了 jQuery 效果的元素时，发生相应的 jQuery 交互动画效果，如图 18-34 所示。

图 18-33

图 18-34

18.3.2 了解 jQuery 效果

Dreamweaver CC 中提供的"效果"行为都是基于 jQuery，因此在用户单击应用了效果的元素时，仅会动态更新该元素，而不会刷新整个 HTML 页面。在 Dreamweaver CC 中为页面元素添加"效果"行为时，单击"行为"面板上的"添加行为"按钮，弹出 Dreamweaver CC 默认的"效果"行为菜单，如图 18-35 所示。

Blind：添加该 jQuery 行为，可以控制网页中元素的显示和隐藏，并且可以控制显示和隐藏的方向。
Bounce：添加该 jQuery 行为，可以使网页中的元素产生抖动的效果，可以控制抖动的频率和幅度。
Clip：添加该 jQuery 行为，可以使网页中的元素实现收缩隐藏的效果。
Drop：添加该 jQuery 行为，可以控制网页元素向某个方向实现渐隐或渐现的效果。

Fade：添加该 jQuery 行为，可以控制网页元素在当前位置实现渐隐或渐现的效果。

Fold：添加该 jQuery 行为，可以控制网页元素在水平和垂直方向上的动态隐藏或显示。

Hightlight：添加该 jQuery 行为，可以实现网页元素过渡到所设置的高光颜色再隐藏或显示的效果。

Puff：添加该 jQuery 行为，可以实现网页元素逐渐放大并渐隐或渐现的效果。

Pulsate：添加该 jQuery 行为，可以实现网页元素在原位置闪烁并最终隐藏或显示的效果。

Scale：添加该 jQuery 行为，可以实现网页元素按所设置的比例进行缩放并渐隐或渐现的效果。

Shake：添加该 jQuery 行为，可以实现网页元素在原位置晃动的效果，可以设置其晃动的方向和次数。

Slide：添加该 jQuery 行为，可以实现网页元素向指定的方向位移一定距离后隐藏或显示的效果。

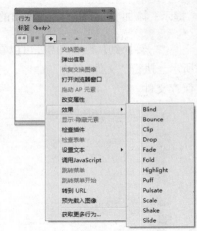

图 18-35

> **提示：** 如果需要为某个元素应用效果，首先必须选中该元素，或者该元素必须具有一个 ID 名。例如，如果需要向当前未选定的 Div 标签应用高亮显示效果，该 Div 必须具有一个有效的 ID 值，如果该元素还没有有效的 ID 值，可以在"属性"面板上为该元素定义 ID 值。

18.4　课堂练习——检查网页表单

【练习知识要点】为网页中的表单添加"检查表单"行为，在弹出对话框中对相关选项进行设置，在代码中将提示文字修改为中文内容，修改相应的触发事件，效果如图 18-36 所示。

【素材所在位置】光盘\源文件\第 18 章\18-4.html。

【效果所在位置】光盘\最终效果\第 18 章\18-4.html。

图 18-36

18.5　课后习题——改变网页元素的属性

【习题知识要点】为网页添加"改变属性"行为，在弹出的对话框中对相关选项进行设置，修改触发事件，效果如图 18-37 所示。

【素材所在位置】光盘\源文件\第 18 章\18-5.html。

【效果所在位置】光盘\最终效果\第 18 章\18-5.html。

图 18-37

第**19**章 制作社区类网站

本章介绍

与社区生活相关的网站种类多种多样,例如社区生活、社区购物、社区活动、社区资讯等。与社区生活相关的网站虽然根据其种类有很大的差异,但也存在普遍性。比如都要有让人感觉富裕、幸福的感觉,有追求明朗、舒适的氛围等倾向。本章将详细介绍社区类网站的设计制作方法。

学习目标

- 了解 Dreamweaver 行为
- 掌握"弹出信息"和"打开浏览器窗口"行为的添加方法
- 掌握行为触发事件的设置
- 掌握不同文本行为的添加方法
- 掌握 jQuery 效果行为的添加方法

技能目标

- 掌握"为网页添加弹出信息"的方法
- 掌握"为网页添加弹出广告"的方法
- 掌握"为网页添加状态栏文本"的方法
- 掌握"实现网页元素的动态隐藏"的方法

19.1 设计社区类网站首页面

【案例学习目标】掌握 Photoshop 中各种绘图工具的使用。

【案例知识要点】拖入相应的素材图像，在画布中输入文字，并使用各大种绘图工具绘制图形，最终完成该网站页面的设计，如图 19-1 所示。

【效果所在位置】光盘\源文件\第 19 章\设计社区类网站首页面.psd。

（1）执行"文件>新建"命令，在弹出的"新建文档"对话框中进行设置，如图 19-2 所示，单击"确定"按钮，新建一个空白文档。执行"视图>标尺"命令，在文档中显示标尺，拖出相应的参考线，如图 19-3 所示。

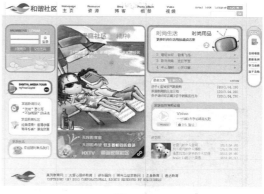

图 19-1

图 19-2

图 19-3

（2）新建图层组将其重命名为"导航部分"，打开并拖入素材图像"光盘\源文件\第 19 章\素材\18901.png"，移至合适的位置，效果如图 19-4 所示。使用"横排文字工具"，打开"字符"面板进行设置，在画布中输入文字，文字效果如图 19-5 所示。

图 19-4

图 19-5

（3）使用相同的制作方法，输入其他文字部分，效果如图 19-6 所示。使用"圆角矩形工具"，在"选项"栏中进行相应的设置，在画布中绘制圆角矩形，并为其添加"描边"图层样式，在弹出的"图层样式"对话框中进行设置，如图 19-7 所示。

（4）单击"确定"按钮，可以看到圆角矩形的效果，如图 19-8 所示。使用相同的方法，完成相似内容的制作，效果如图 19-9 所示。

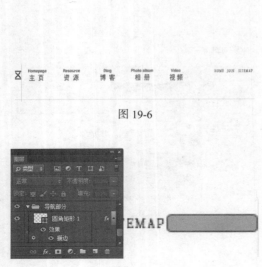

图 19-6

图 19-7

图 19-8

图 19-9

（5）新建图层组将其重命名为"内容 01"，使用"圆角矩形工具"，在"选项"栏中进行相应的设置，在画布中绘制圆角矩形，为其添加"描边"图层样式，在弹出的"图层样式"对话框中进行设置，如图 19-10 所示。单击"确定"按钮，可以看到圆角矩形的效果，如图 19-11 所示。

图 19-10

图 19-11

（6）使用"横排文字工具"，打开"字符"面板进行设置，在画布中输入文字，并修改部分文字的颜色，如图 19-12 所示。根据前面的方法，使用"矩形工具"和"圆角矩形工具"在画布中绘制形状图形，输入文字，打开并拖入素材图像 18902.png，效果如图 19-13 所示。

图 19-12

图 19-13

（7）使用"矩形工具"，在"选项"栏中进行设置，在画布中绘制矩形，复制该图层，并移至合适的位置，效果如图 19-14 所示。使用相同的方法，完成相似内容的绘制，输入相应的文字，打开并拖入素材图像 18903.png，效果如图 19-15 所示。

图 19-14

图 19-15

（8）使用"圆角矩形工具"，在"选项"栏中进行设置，在画布中绘制形状，效果如图 19-16 所示。打开并拖入素材图像 18904.png，调整至合适的位置，如图 19-17 所示。

图 19-16

图 19-17

（9）使用相同的制作方法，绘制形状输入相应的文字，并拖入素材图像至合适的位置，效果如图 19-18 所示，"图层"面板如图 19-19 所示。

图 19-18

图 19-19

（10）新建图层组将其重命名为"内容 02"，使用"圆角矩形工具"，在"选项"栏中进行设置，在画布中绘制圆角矩形，效果如图 19-20 所示。使用相同的方法，使用"圆角矩形工具"进行绘制，并为其添加"投影"图层样式，在弹出的"图层样式"对话框中设置，如图 19-21 所示。

（11）单击"确定"按钮，可以看到圆角矩形的效果，如图 19-22 所示。使用"横排文字工具"，打开"字符"面板进行设置，在画布中输入文字。使用相同方法，输入其他文字，文字效果如图 19-23 所示。

图 19-20

图 19-21

图 19-22

图 19-23

（12）使用"椭圆工具"，在"选项"栏中进行设置，在画布中绘制正圆形，为其添加"描边"图层样式，在弹出的"图层样式"对话框中进行设置，如图 19-24 所示。单击"确定"按钮，可以看到圆形效果，如图 19-25 所示。

图 19-24

图 19-25

（13）使用相同的方法，绘制图形，输入文字，并拖入素材图像 18909.png，进行相应的旋转操作，效果如图 19-26 所示。调整相应的图层顺序，并创建剪贴蒙版，效果如图 19-27 所示。

图 19-26

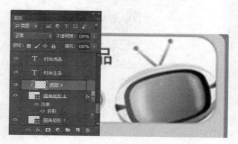

图 19-27

（14）使用相同的方法，可以完成该网页中其他内容的绘制，效果如图 19-28 所示。新建图层，使用相应的工具，为页面添加一个渐变背景，并调整相应的图层顺序。完成该社区类网站页面的设计，执行"文件>存储"命令，将文档保存为"光盘\源文件\第 19 章\设计社区类网站首页面.psd"，最终效果如图 19-29 所示。

图 19-28

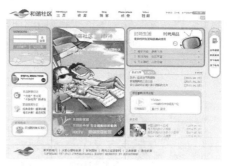
图 19-29

19.2 制作网站 Flash 动画

【案例学习目标】掌握 Flash 中各种基本动画的制作方法。

【案例知识要点】新建图形元件，绘制出动画中需要的图形效果，新建影片剪辑元件，在影片剪辑元件中通过传统补间动画与遮罩动画相结合制作出各影片剪辑的动画效果，最终完成 Flash 动画的制作，如图 19-30 所示。

【效果所在位置】光盘\源文件\第 19 章\制作网站 Flash 动画.fla。

图 19-30

（1）执行"文件>新建"命令，弹出"新建文档"对话框，设置如图 19-31 所示，单击"确定"按钮，新建一个空白的 Flash 文件。执行"文件>导入>导入到库"命令，将相应的素材图像导入到"库"面板中，如图 19-32 所示。

图 19-31

图 19-32

（2）执行"插入>新建元件"命令，弹出"创建新元件"对话框，设置如图 19-33 所示。单击"确定"按钮。使用"基本矩形工具"，在"属性"面板上设置如图 19-34 所示，在舞台中绘制一个"宽度"值为 335.5，"高度"值为 522.5 的圆角矩形。

图 19-33

图 19-34

（3）使用"线条工具"，在"属性"面板上设置如图 19-35 所示。在舞台中绘制一条线段，如图 19-36 所示。

图 19-35

图 19-36

（4）执行"插入>新建元件"命令，弹出"创建新元件"对话框，设置如图 19-37 所示，单击"确定"按钮。使用"椭圆工具"，在舞台中绘制一个"宽度"和"高度"均为 31 的圆形，如图 19-38 所示。

图 19-37

图 19-38

（5）执行"插入>新建元件"命令，弹出"创建新元件"对话框，设置如图 19-39 所示。单击"确定"按钮。使用"钢笔工具"，在"属性"面板上设置"填充颜色"为#FCA600，在舞台中绘制图形。使用相同的方法，绘制其他的图形，如图 19-40 所示。

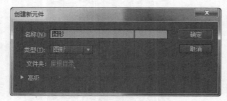

图 19-39

图 19-40

（6）使用相同的制作方法，可以制作出其他图形元件，如图 19-41 所示，"库"面板如图 19-42 所示。

图 19-41　　　　　　　　　　　　　　　　　　　图 19-42

（7）执行"插入>新建元件"命令，弹出"创建新元件"对话框，设置如图 19-43 所示。单击"确定"按钮。在"库"面板中将图像 19001.png 拖到舞台中，如图 19-44 所示。

图 19-43　　　　　　　　　　　　　　　　　　　图 19-44

（8）执行"插入>新建元件"命令，弹出"创建新元件"对话框，设置如图 19-45 所示。单击"确定"按钮。在"库"面板中将"图像 1"元件拖入到舞台中，如图 19-46 所示。

图 19-45　　　　　　　　　　　　　　　　　　　图 19-46

（9）选择刚拖入到舞台中的元件，在"属性"面板中添加"模糊"滤镜，对相关选项进行设置，如图 19-47 所示，在舞台中可以看到元件效果，如图 19-48 所示。

图 19-47　　　　　　　　　　　　　　　　　　　图 19-48

（10）在第 33 帧按 F6 键插入关键帧，新建"图层 2"，将"图像 1"元件拖入到舞台中。在第 21 帧按 F6 键插入关键帧，选择第 1 帧中的元件，在"属性"面板中添加"模糊"滤镜，对相关选项进行设置，如图 19-49 所示，在舞台中可以看到元件效果，如图 19-50 所示。

（11）新建"图层 3"，将"遮罩"元件拖入到舞台中，如图 19-51 所示。在第 9 帧按 F6 键插入关键帧，并调整该帧的元件大小和位置，如图 19-52 所示。在第 23 帧按 F6 键插入关键帧，调整该帧的元件大小和位置，如图 19-53 所示。

图 19-49

图 19-50

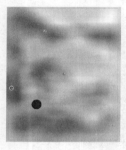

图 19-51

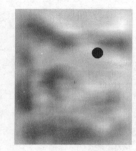

图 19-52

图 19-53

（12）分别在第 1 帧和第 9 帧创建传统补间动画，在"图层 3"名称上单击鼠标右键，在弹出的菜单中选择"遮罩层"选项，创建遮罩动画，如图 19-54 所示。使用相同的制作方法，完成其他图层中动画效果的制作，如图 19-55 所示。

图 19-54

图 19-55

（13）新建"图层 8"，在第 33 帧按 F6 键插入关键帧，打开"动作"面板，在"动作"面板中输入脚本语言，如图 19-56 所示，"时间轴"面板如图 19-57 所示。

图 19-56

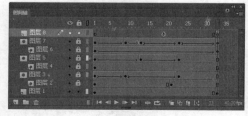

图 19-57

（14）执行"插入>新建元件"命令，弹出"创建新元件"对话框，设置如图 19-58 所示。单击"确定"按钮。使用"钢笔工具",在"属性"面板上设置"填充颜色"为 Alpha 值为 35%的#666666,在舞台中绘制图形,如图 19-59 所示。

图 19-58

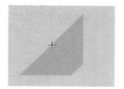

图 19-59

(15)在第 11 帧按 F6 键插入关键帧,在第 20 帧按 F5 键插入帧,在第 6 帧按 F7 插入空白关键帧,"时间轴"面板如图 19-60 所示。执行"插入>新建元件"命令,弹出"创建新元件"对话框,设置如图 19-61 所示,单击"确定"按钮。

图 19-60

图 19-61

(16)在"指针经过"帧按 F6 键插入关键帧,将"按钮元件"拖入到舞台中,如图 19-62 所示。分别在"按下""点击"帧按 F6 键插入关键帧,如图 19-63 所示。

图 19-62

图 19-63

(17)执行"插入>新建元件"命令,弹出"创建新元件"对话框,设置如图 19-64 所示。单击"确定"按钮。在"库"面板中将图像 19002.png 拖入到舞台中,如图 19-65 所示。

图 19-64

图 19-65

(18)新建"图层 2",将"按钮"元件拖入到舞台中,如图 19-66 所示。执行"插入>新建元件"命令,弹出"创建新元件"对话框,设置如图 19-67 所示,单击"确定"按钮。

(19)将"图形"元件拖入到舞台中,如图 19-68 所示。分别在第 16 帧、第 23 帧和第 32 帧按 F6 键插入关键帧,选择第 16 帧帧上的元件,设置 Alpha 值为 50%,调整该的元件角度,如图 19-69 所示。使用相同的方法,分别设置第 23 帧和第 32 帧上的元件效果,如图 19-70 所示。

图 19-66

图 19-67

图 19-68

图 19-69

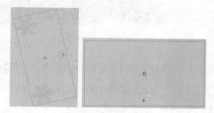

图 19-70

（20）分别在第 1 帧、第 16 帧和第 23 帧创建传统补间动画，如图 19-71 所示，新建"图层 2"，将"光晕"元件拖入到舞台中，效果如图 19-72 所示。

（21）执行"插入>新建元件"命令，新建"名称"为"遮罩动画 2"的"影片剪辑"元件，将"遮罩动画 1"元件拖入到舞台中，如图 19-73 所示。在第 21 帧按 F6 键插入关键帧，并将该帧的元件等比例缩小，如图 19-74 所示，在第 1 帧创建传统补间动画。

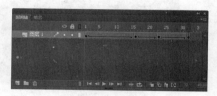

图 19-71

图 19-72

图 19-73

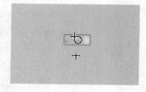

图 19-74

（22）执行"插入>新建元件"命令，弹出"创建新元件"对话框，设置如图 19-75 所示。单击"确定"按钮。使用"文本工具"，在"属性"面板中设置如图 19-76 所示。在舞台中输入文字，并使用相同的方法输入其他文字。

图 19-75

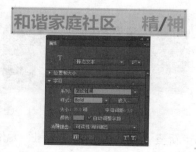

图 19-76

（23）执行"插入>新建元件"命令，弹出"创建新元件"对话框，设置如图 19-77 所示。单击"确定"按钮。在第 34 帧按 F6 键插入关键帧，将"文字"元件拖入到舞台中，如图 19-78 所示。

（24）在第 163 帧按 F5 键插入帧，新建"图层 2"，在第 34 帧按 F6 键插入关键帧，将"遮罩 2"

元件拖入到舞台中，如图 19-79 所示。在第 56 帧按 F6 键插入关键帧，将该帧上的元件向左移动，效果如图 19-80 所示。

图 19-77

图 19-78

图 19-79

图 19-80

（25）在第 34 帧创建传统补间动画，将"图层 2"设置为遮罩层，创建遮罩动画，如图 19-81 所示。使用相同的方法，可以制作出"图层 3"和"图层 4"的遮罩动画，"时间轴"面板如图 19-82 所示。

图 19-81

图 19-82

（26）新建"图层 5"，在第 34 帧按 F6 键插入关键帧，将"遮罩动画 2"元件拖入到舞台中，如图 19-83 所示。在第 55 帧按 F6 键插入关键帧，将该帧上的元件向左移动，选择该帧上的元件，在"属性"面板上设置其"亮度"为 100%，效果如图 19-84 所示。

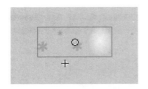

图 19-83

图 19-84

（27）使用相同的方法，在第 56 帧和第 75 帧分别插入关键帧，并完成动画效果的制作，如图 19-85 所示。"时间轴"面板如图 19-86 所示。

图 19-85

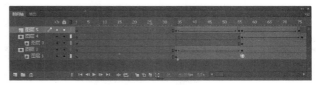

图 19-86

（28）返回"场景 1"编辑状态，将"主场景动画 1"元件拖入到舞台中，如图 19-87 所示。新建"图层 2"，将"主场景动画 2"元件拖入到舞台中，如图 19-88 所示。新建"图层 3"，将"边框"元件拖入到舞台中，新建"图层 4"，将"遮罩动画 3"元件拖入到舞台中，如图 19-89 所示。

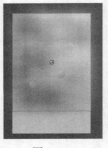

图 19-87

图 19-88

图 19-89

（29）完成动画的制作，执行"文件>保存"命令，将动画保存为"光盘\源文件\第 19 章\制作网站 Flash 动画.fla"，按快捷键 Ctrl+Enter 测试动画，如图 19-90 所示。

图 19-90

19.3 制作社区网站页面

【案例学习目标】掌握使用 Div+CSS 布局制作网页的方法。

【案例知识要点】新建网页和外部 CSS 样式表文件，在网页中链接外部 CSS 样式表文件，创建通配符和 body 标签的 CSS 样式，对网页整体属性进行设置，在网页中插入 Div 并通过 CSS 样式对其进行控制，在 Div 中制作其他网页元素，通过 CSS 样式进行控制，效果如图 19-91 所示。

【效果所在位置】光盘\源文件\第 19 章\19-3.html。

图 19-91

（1）执行"文件>新建"命令，弹出"新建文档"对话框，设置如图 19-92 所示，单击"创建"按钮，新建一个空白 HTML 页面，将该页面保存为"光盘\源文件\第 19 章\19-3.html"。使用相同方法，新建一个 CSS 样式表文件，弹出"新建文档"对话框，设置如图 19-93 所示，并将其保存为"光盘\源文件\第 19 章\style\19-3.css"。

（2）单击"CSS 设计器"面板上的"源"选项区的"添加 CSS 源"按钮 ，在弹出菜单中选择"附加现有的 CSS 文件"选项，弹出"使用现有的 CSS 文件"对话框，设置如图 19-94 所示。单击"确定"按钮，切换到所链接的外部 CSS 样式表文件中，创建名为*的通配符 CSS 样式和名为 body 的标签 CSS

样式，如图 19-95 所示。

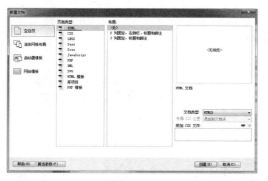

图 19-92

图 19-93

图 19-94

```
* {
    border: 0px;
    padding: 0px;
    margin: 0px;
}
body {
    font-family: "宋体";
    font-size: 12px;
    color: #000;
    background-color: #f9f3ec;
    background-image: url(../images/19101.jpg);
    background-repeat: repeat-x;
}
```

图 19-95

（3）返回设计视图中，可以看到页面效果，如图 19-96 所示。将光标放置在页面中，插入名为 box 的 Div，切换到外部 CSS 样式表文件中，创建名为#box 的 CSS 样式，如图 19-97 所示。

图 19-96

```
#box {
    width: 1003px;
    height: 100%;
    overflow: hidden;
}
```

图 19-97

（4）返回设计视图中，可以看到页面效果，如图 19-98 所示。光标移至名为 box 的 Div 中，将多余文字删除，在该 Div 中插入名为 top 的 Div，切换到外部 CSS 样式表文件中，创建名为#top 的 CSS 样式，如图 19-99 所示。

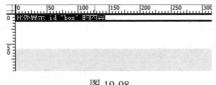

图 19-98

```
#top {
    width: 100%;
    height: 50px;
    margin-left: 12px;
    padding-top: 5px;
}
```

图 19-99

（5）返回设计视图中，可以看到页面效果，如图 19-100 所示。光标移至名为 top 的 Div 中，将多余文字删除，在该 Div 中插入名为 logo 的 Div，切换到外部 CSS 样式表文件中，创建名为#logo 的 CSS 样式，如图 19-101 所示。

（6）返回设计视图中，可以看到页面效果，如图 19-102 所示。光标移至名为 logo 的 Div，将多余文字删除，插入素材图像"光盘\源文件\第 19 章\images\19102.jpg"，效果如图 19-103 所示。

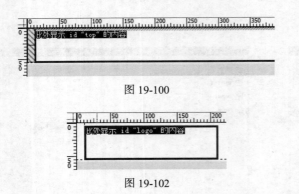

图 19-100

```
#logo {
    width: 199px;
    height: 50px;
    float: left;
}
```

图 19-101

图 19-102

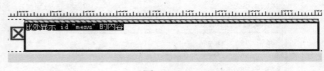

图 19-103

（7）在名为 logo 的 Div 后插入名为 menu 的 Div，切换到外部 CSS 样式表文件中，创建名为#menu 的 CSS 样式，如图 19-104 所示。返回设计视图中，可以看到页面效果，如图 19-105 所示。

```
#menu {
    width: 445px;
    height: 45px;
    float: left;
    margin-top: 5px;
}
```

图 19-104

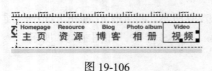

图 19-105

（8）光标移至名为 menu 的 Div 中，将多余的文字删除，依次插入相应的素材图像，页面效果如图 19-106 所示。切换到外部 CSS 样式表文件中，创建名为#menu img 的 CSS 样式，如图 19-107 所示。

图 19-106

```
#menu img {
    margin-left: 12px;
    margin-right: 12px;
}
```

图 19-107

（9）返回设计视图中，可以看到页面效果，如图 19-108 所示。在名为 menu 的 Div 后插入名为 sear 的 Div，切换到外部 CSS 样式表文件中，创建名为#sear 的 CSS 样式，如图 19-109 所示。

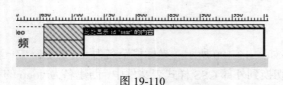

图 19-108

```
#sear {
    width: 283px;
    height: 44px;
    float: left;
    margin-left: 62px;
    margin-top: 6px;
    font-size: 10px;
}
```

图 19-109

（10）返回到设计视图中，可以看到页面效果，如图 19-110 所示。光标移至名为 sear 的 Div 中，将多余文字删除，输入文字并插入素材图像，效果如图 19-111 所示。

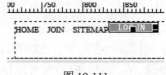

图 19-110

图 19-111

（11）切换到外部 CSS 样式表文件中，创建名为#sear img 的 CSS 样式，如图 19-112 所示。返回到设计视图中，可以看到页面效果，如图 19-113 所示。

```
#sear img {
    vertical-align: bottom;
    margin-left: 10px;
}
```

图 19-112

图 19-113

（12）将光标移至刚插入的素材图像后，单击"插入"面板上的"表单"选项卡中的"表单"按钮，插入表单域，如图 19-114 所示。将光标移至表单域中，单击"表单"选项卡中的"文本"按钮，插入文本域，在"属性"面板中设置 Name 属性为 form，如图 19-115 所示。

图 19-114

图 19-115

（13）切换到外部 CSS 样式表文件中，创建名为#form 的 CSS 样式，如图 19-116 所示。返回到设计视图中，可以看到该文本域的效果，如图 19-117 所示。

```
#form {
    width: 100px;
    height: 17px;
    margin-left: 56px;
    margin-top: 5px;
    border: 1px solid #ece4db;
}
```

图 19-116

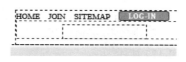

图 19-117

（14）将光标移至刚插入的文本域前，单击"插入"面板上的"表单"选项卡中的"图像按钮"按钮，在弹出的"选择图像源文件"对话框中选择相应的图像，如图 19-118 所示。单击"确定"按钮，插入图像按钮，在"属性"面板上设置其 Name 属性为 button01，如图 19-119 所示。

图 19-118

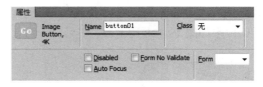

图 19-119

（15）切换到外部 CSS 样式表文件中，创建名为#button01 的 CSS 样式，如图 19-120 所示。返回到设计视图中，可以看到页面效果，如图 19-121 所示。

```
#button01 {
    float: right;
    margin-top: 5px;
    margin-right: 94px;
}
```

图 19-120

图 19-121

（16）在名为 top 的 Div 后插入名为 main 的 Div，切换到外部 CSS 样式表文件中，创建名为#main 的 CSS 样式，如图 19-122 所示。返回到设计视图中，可以看到页面效果，如图 19-123 所示。

```
#main {
    width: 1003px;
    height: 100%;
    overflow: hidden;
    padding-top: 33px;
    margin-left: 12px;
}
```

图 19-122

图 19-123

（17）光标移至名为 main 的 Div 中，将多余文字删除，插入名为 left 的 Div，切换到外部 CSS 样式表文件中，创建名为#left 的 CSS 样式，如图 19-124 所示。返回到设计视图中，可以看到页面效果，如图 19-125 所示。

```
#left {
    width: 195px;
    height: 100%;
    overflow: hidden;
    float: left;
}
```

图 19-124

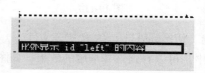

图 19-125

（18）光标移至名为 left 的 Div 中，将多余文字删除，插入名为 left01 的 Div，切换到外部 CSS 样式表文件中，创建名为#left01 的 CSS 样式，如图 19-126 所示。返回到设计视图中，可以看到页面效果，如图 19-127 所示。

```
#left01 {
    width: 195px;
    height: 153px;
    background-image: url(../images/19110.png);
    background-repeat: no-repeat;
    padding-top: 38px;
}
```

图 19-126

图 19-127

（19）使用表单的制作方法，完成登录表单的制作，效果如图 19-128 所示。光标移至刚插入的域码域之后，依次插入相应的素材图像，切换到外部 CSS 样式表文件中，分别创建名为#left01 img 的 CSS 样式和名为.img 的类 CSS 样式，如图 19-129 所示。返回到设计视图中，为相应的图像应用该类样式，效果如图 19-130 所示。

图 19-128

```
#left01 img {
    margin-top: 8px;
}
.img {
    margin-left: 20px;
    margin-right: 3px;
}
```

图 19-129

图 19-130

（20）在名为 left01 的 Div 后插入名为 left02 的 Div，切换到外部 CSS 样式表文件中，创建名为#left02 的 CSS 样式，如图 19-131 所示。返回到设计视图中，可以看到页面效果，如图 19-132 所示。

（21）光标移至名为 left02 的 Div 中，将多余文字删除，插入素材图像"光盘\源文件\第 19 章\images\19114.png"，如图 19-133 所示。在名为 left02 的 Div 后插入名为 left03 的 Div，切换到外部 CSS 样式表文件中，创建名为#left03 的 CSS 样式，如图 19-134 所示。

```
#left02 {
    width: 171px;
    height: 60px;
    margin-top: 18px;
    margin-left: 12px;
}
```

图 19-131

图 19-132

图 19-133

（22）返回到设计视图中，可以看到页面效果，如图 19-135 所示。使用相同的制作方法，插入素材图像并输入文字，完成相似内容的制作，效果如图 19-136 所示。

```
#left03 {
    width: 172px;
    height: 136px;
    margin-top: 17px;
    margin-left: 12px;
    background-image: url(../images/19115.png);
    background-repeat: no-repeat;
    padding-top: 16px;
    line-height: 17px;
    color: #5b5b5b;
}
```

图 19-134

图 19-135

图 19-136

（23）在名为 left 的 Div 后插入名为 center 的 Div，切换到外部 CSS 样式表文件中，创建名为#center 的 CSS 样式，如图 19-137 所示。返回到设计视图在中，可以看到页面效果，如图 19-138 所示。

```
#center {
    width: 341px;
    height: 100%;
    overflow: hidden;
    float: left;
    margin-left: 6px;
}
```

图 19-137

图 19-138

（24）光标移至名为 center 的 Div 中，将多余文字删除，插入 Flash 动画"光盘\源文件\第 19 章\images\19-2.swf"，效果如图 19-139 所示。选择刚插入的 flash，在"属性"面板中进行相应的设置，如图 19-140 所示。

图 19-139

图 19-140

（25）在名为 center 的 Div 后插入名为 right 的 Div，切换到外部 CSS 样式表文件中，创建名为#right

的 CSS 样式，如图 19-141 所示。返回设计视图中，可以看到页面效果，如图 19-142 所示。

```
#right {
    width: 368px;
    height: 100%;
    overflow: hidden;
    float: left;
    margin-left: 6px;
}
```

图 19-141

图 19-142

（26）光标移至名为 right 的 Div 中，将多余文字删除，插入名为 right01 的 Div，切换到外部 CSS 样式表文件中，创建名为#right01 的 CSS 样式，如图 19-143 所示。返回到设计视图在中，可以看到页面效果，如图 19-144 所示。

```
#right01 {
    width: 350px;
    height: 84px;
    background-image: url(../images/19120.png);
    background-repeat: no-repeat;
    padding-top: 108px;
    padding-left: 18px;
    color: #678019;
    line-height: 22px;
}
```

图 19-143

图 19-144

（27）光标移至名为 right01 的 Div 中，将多余文字删除，输入相应的文字并插入素材图像，如图 19-145 所示。选中刚输入的段落文字，为其创建项目列表，切换到代码视图中，可以看到项目列表的代码，如图 19-146 所示。

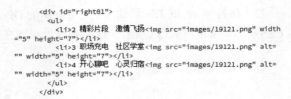

```
<div id="right01">
    <ul>
        <li>2 精彩片段　激情飞扬<img src="images/19121.png" width
="5" height="7"></li>
        <li>3 职场充电　社区学堂<img src="images/19121.png" alt=
"" width="5" height="7"></li>
        <li>4 开心聊吧　心灵归宿<img src="images/19121.png" alt=
"" width="5" height="7"></li>
    </ul>
</div>
```

图 19-145

图 19-146

（28）切换到外部 CSS 样式表文件中，创建名为#right01 li 和名为#right01 li img 的 CSS 样式，如图 19-147 所示。返回到设计视图中，可以看到页面效果，如图 19-148 所示。

```
#right01 li{
    list-style: none;
    border-bottom: 1px solid #98bb1e;
    width: 318px;
    padding-left: 20px;
}
#right01 li img {
    margin-left: 166px;
}
```

图 19-147

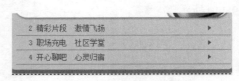

图 19-148

（29）在名为 right01 的 Div 后，插入名为 right02 的 Div，切换到外部 CSS 样式表文件中，创建名为#right02 的 CSS 样式，如图 19-149 所示。返回到设计视图中，可以看到页面效果，如图 19-150 所示。

（30）光标移至名为 right02 的 Div 中，将多余文字删除，插入名为 title01 的 Div，切换到外部 CSS 样式表文件中，创建名为#title01 和名为#title01 img 的 CSS 样式，如图 19-151 所示。返回到设计视图中，可以看到页面效果，如图 19-152 所示。

```
#right02 {
    width: 356px;
    height: 100%;
    overflow: hidden;
    margin-top: 13px;
    padding-left: 13px;
}
```

图 19-149

图 19-150

```
#title01 {
    width: 344px;
    height: 27px;
    background-image: url(../images/19122.png);
    background-repeat: no-repeat;
    text-align: right;
}
#title01 img {
    margin-top: 6px;
}
```

图 19-151

图 19-152

（31）光标移至名为 title01 的 Div 中，将多余文字删除，插入相应的素材图像，效果如图 19-153 所示。在名为 title01 的 Div 后，插入名为 news01 的 Div，切换到外部 CSS 样式表文件中，创建名为 #news01 的 CSS 规则，如图 19-154 所示。

图 19-153

```
#news01 {
    width: 344px;
    height: 100%;
    overflow: hidden;
    padding-top: 6px;
    line-height: 18px;
    color: #ff3f00;
}
```

图 19-154

（32）返回到设计视图中，可以看到页面效果，如图 19-155 所示。光标移至名为 news01 的 Div 中，将多余文字删除，输入相应的段落文字，如图 19-156 所示。

（33）切换到代码视图中，修改相应的代码部分，如图 19-157 所示。切换到外部 CSS 样式表文件中，创建相应的 CSS 样式，如图 19-158 所示。

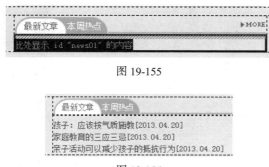

图 19-155

图 19-156

```
<div id="news01">
  <dl>
    <dt>孩子：应该按气质施教</dt>
    <dd>[2013.04.20]</dd>
    <dt>家庭教育的三应三忌</dt>
    <dd>[2013.04.20]</dd>
    <dt>亲子活动可以减少孩子的抵抗行为</dt>
    <dd>[2013.04.20]</dd>
  </dl>
</div>
```

图 19-157

（34）返回到设计视图中，为相应的文字应用刚定义的类 CSS 样式，可以看到页面效果，如图 19-159 所示。使用相同的制作方法，可以完成页面中其他内容的制作，效果如图 19-160 所示。

```
.font01 {
    color: #666666;
}
#news01 dt {
    width: 256px;
    float: left;
}
#news02 dd {
    width: 163px;
    float: left;
}
```

图 19-158

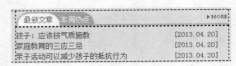

图 19-159

（35）完成该网站页面的制作，执行"文件>保存"命令，保存该页面，在浏览器中预览页面，效果如图 19-161 所示。

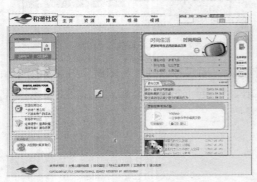

图 19-160

图 19-161